駿台

2025 大学入学共通テスト 実戦問題集

数 学 II・B・C

駿台文庫編

は　じ　め　に

　1990 年度から 31 年間にわたって実施されてきた大学入試センター試験に代わり，2021 年度から「大学入学共通テスト」が始まった。次回で 5 年目に突入する共通テストであるが，その問題には目新しいものも多く，また，2025 年度は新課程初年度ということもあり，どのような問題が出題されるか不安に感じる受験生も少なくないだろう。

　出題範囲については，従来通り教科書の範囲から出題されるので，教科書の内容を正しく把握していれば特に問題はないと思われる。また，共通テスト特有の思考力を問う問題については，様々なタイプの問題にあたっておくことが有効な対策となろう。

　本書は，本番に予想される問題のねらい・形式・内容・レベルなどを徹底的に研究した**実戦問題 5 回分**に加え，**試作問題**および 2024・2023 年度本試験の**過去問題 2 回分**を収録した対策問題集である。そして，**わかりやすく，ポイントをついた解説**によって**学力を補強し，ゆるぎない自信を保証**しようとするものである。

　次に，特に注意すべき点を記しておく。

1　基礎事項は正確に覚えよ。　教科書をもう一度ていねいに読み返すこと。忘れていたことや知らなかったことは，内容をしっかり理解した上で徹底的に覚える。

2　公式・定理は的確に活用せよ。　限られた時間内に正しい結果を得るためには，何をどのように用いればよいかを的確に判断することが肝要。このためには，重要な公式や定理は，事実をただ暗記するのではなく，その意味と証明も理解し，どのような形で用いるのかをまとめておきたい。

3　図形を描け。　穴埋め問題だからといって，図やグラフをいい加減に扱ってはいけない。図形を正しく描けば，容易に答が見えてくることが多い。関数のグラフについても同じことが言える。

4　計算力をつける。　考え方が正しくても，途中の計算が違っていれば 0 点である。特に，答だけが要求される共通テストでは，よほど慎重に計算しないと駄目。普段から，易しい問題でも最後まで計算するようにしておくことがたいせつである。

5　解答欄に注意する。　解答欄の形を見れば，どのような答になるのか，大略の見当がつくことがある。考え違い・計算ミスを防ぐためにも，まず解答欄を見ておくとよい。

　この「**大学入学共通テスト　実戦問題集**」および姉妹編の「**大学入学共通テスト実戦パッケージ問題　青パック**」を徹底的に学習することによって，みごと栄冠を勝ち取られることを祈ってやまない。

（編集責任者）　榎明夫・吉川浩之

本書の特長と利用法

●特　長

1　実戦問題５回分，試作問題，過去問題２回分の計８回分の問題を掲載！

　　計８回の全てに，ていねいでわかりやすい解説を施しました。また，本書収録の実戦問題は，全５回すべてが2022年度大学入試センター公表の試作問題の形式に対応しています。

2　重要事項の総復習ができる！

　　別冊巻頭には，共通テストに必要な重要事項をまとめた「直前チェック総整理」を掲載しています。コンパクトにまとめてありますので，限られた時間で効率よく重要事項をチェックすることができます。

3　各問に難易度を掲載！

　　８回分の全ての解説に，**設問ごとの難易度**を掲載しました。学習の際の参考としてください。

　　★…教科書と同レベル，★★…教科書よりやや難しい，★★★…教科書よりかなり難しい

4　自分の偏差値がわかる！

　　共通テスト本試験の各回の解答・解説のはじめに，大学入試センター公表の平均点と標準偏差をもとに作成した偏差値表を掲載しました。「自分の得点でどのくらいの偏差値になるのか」が一目でわかります。

5　わかりやすい解説で２次試験の準備も！

　　解説は，ていねいでわかりやすいだけでなく，そのテーマの背景，周辺の重要事項まで解説してありますので，２次試験の準備にも効果を発揮します。

●利用法

1　問題は，実際の試験に臨むつもりで，必ずマークシート解答用紙を用いて，制限時間を設けて取り組んでください。

2　解答したあとは，自己採点（結果は解答ページの自己採点欄に記入しておく）を行い，ウイークポイントの発見に役立ててください。ウイークポイントがあったら，再度同じ問題に挑戦し，わからないところは教科書や「直前チェック総整理」で調べるなどして克服しましょう！

●マークシート解答用紙を利用するにあたって

※実戦問題，試作問題，過去問題ではそれぞれマークシートの内容が異なります。

1　氏名・フリガナ，受験番号・試験場コードを記入する

　　受験番号・試験場コード欄には，クラス番号などを記入して，練習用として使用してください。

2　解答科目欄をマークする

　　特に，解答科目が無マークまたは複数マークの場合は，０点になります。

3　１つの欄には１つだけマークする

新課程における 大学入学共通テスト・数学 出題分野対応一覧

科目	内容	大問の番号
数学Ⅱ	いろいろな式	第1問
	図形と方程式	第1問
	三角関数	第1問
	指数・対数関数	第1問
	微分・積分の考え	第2問
数学B	数列	第4問
	統計的な推測	第3問
数学C	ベクトル	第5問
	平面上の曲線と複素数平面	————

(注)
1° 旧課程で出題された 2023, 2024 年度の数学Ⅱ・B の問題が，新課程のどの分野に相当するのかを，大問の番号で表している。ただし，おおまかな分類であって厳密なものではない。
2° ———— 印をつけたものは，旧課程では出題されていないことを表している。

2025 年度版 共通テスト実戦問題集『数学Ⅱ・B・C』 出題分野一覧

科目	分野	内容	第1回	第2回	第3回	第4回	第5回	試作問題	2024本試	2023本試
数学Ⅱ	いろいろな式	整式，分数式の計算					○		○	
		等式・不等式の性質						○		
		2次方程式の解の性質					○			
		高次方程式			○		○			
	図形と方程式	点と直線		○	○	○	○			
		円			○	○	○			
		軌跡と領域	○	○	○	○			○	
	三角関数	三角関数と相互関係	○		○			○		
		加法定理	○		○	○		○		○
		方程式・不等式			○					○
		最大・最小	○		○			○		
	指数・対数関数	指数・対数の性質	○	○		○		○	○	○
		方程式・不等式	○	○		○				
		最大・最小								
	微分・積分の考え	極限の計算								
		接線・法線の方程式	○		○	○	○	○	○	
		極値と最大・最小	○	○	○	○	○	○	○	○
		方程式への応用								
		積分の計算	○	○	○	○	○			
		面積	○	○	○	○	○			
数学B	数列	等差数列・等比数列	○	○	○			○	○	○
		いろいろな数列と和	○				○			
		群数列				○	○			
		漸化式の解法	○	○			○			○
		数学的帰納法							○	
	統計的な推測	確率分布と平均・分散		○	○	○	○		○	○
		二項分布と正規分布	○	○	○	○		○	○	○
		母平均・母比率の推定	○	○				○	○	
		仮説検定			○	○		○		
数学C	ベクトル	平面のベクトル				○		○		
		空間のベクトル	○	○		○	○	○	○	○
		内積の計算	○	○		○	○	○	○	○
		ベクトル方程式	○			○			○	
		ベクトルの成分	○						○	
	2次曲線	2次曲線	○	○	○	○	○	○		
		2次曲線の平行移動			○					
		2次曲線と直線		○		○				
		媒介変数					○			
	複素数平面	複素数の計算	○	○	○	○	○	○		
		極形式	○	○	○	○	○			
		図形への応用	○	○	○	○	○	○		
		直線・円の方程式					○			

(注)　出題されている分野を○で上の表に示した。

2025 年度版 共通テスト実戦問題集『数学Ⅱ・B・C』 難易度一覧

	年度・回数	第1問	第2問	第3問	第4問	第5問	第6問	第7問
実戦問題	第1回	★★	★	★★	★★	★★	★★	〔1〕…★ 〔2〕…★
	第2回	★★	★	★★	★★	★	★★	〔1〕…★ 〔2〕…★★
	第3回	★★	★	〔1〕…★ 〔2〕…★	★★	★	★★	〔1〕…★★ 〔2〕…★
	第4回	★★	★	〔1〕…★ 〔2〕…★	★★	★★	★★	〔1〕…★★ 〔2〕…★★
	第5回	★	★	〔1〕…★ 〔2〕…★★	★★	★	★	〔1〕…★ 〔2〕…★★
過去問題	試作問題	★	★	★	★★	★	★	〔1〕…★ 〔2〕…★★
	2024 本試験	〔1〕…★★ 〔2〕…★	★★	★	★★	★		
	2023 本試験	〔1〕…★★ 〔2〕…★	〔1〕…★ 〔2〕…★	★★	★	★		

（注）
1° 表記に用いた記号の意味は次の通りである。
　★　　……教科書と同じレベル
　★★　……教科書よりやや難しいレベル
　★★★……教科書よりかなり難しいレベル
2° 難易度評価は現行課程教科書を基準とした。

2025年度　大学入学共通テスト　出題教科・科目

以下は，大学入試センターが公表している大学入学共通テストの出題教科・科目等の一覧表です。
最新の情報は，大学入試センターwebサイト（http://www.dnc.ac.jp）でご確認ください。
不明点について個別に確認したい場合は，下記の電話番号へ，原則として志願者本人がお問い合わせください。
●問い合わせ先　大学入試センター　TEL　03-3465-8600　（土日祝日，5月2日，12月29日〜1月3日を除く　9時30分〜17時）

教科	グループ	出題科目	出題方法 （出題範囲，出題科目選択の方法等） 出題範囲について特記がない場合，出題科目名に含まれる学習指導要領の科目の内容を総合した出題範囲とする。	試験時間（配点）
国語		『国　語』	・「現代の国語」及び「言語文化」を出題範囲とし，近代以降の文章及び古典（古文，漢文）を出題する。	90分（200点）（注1）
地理歴史		『地理総合，地理探究』 『歴史総合，日本史探究』 『歴史総合，世界史探究』→(b) 『公共，倫理』 『公共，政治・経済』 『地理総合／歴史総合／公共』 　　　　　　　　　　→(a) ※(a)：必履修科目を組み合わせた出題科目 　(b)：必履修科目と選択科目を組み合わせた出題科目	・左記出題科目の6科目のうちから最大2科目を選択し，解答する。 ・(a)の『地理総合／歴史総合／公共』は，「地理総合」，「歴史総合」及び「公共」の3つを出題範囲とし，そのうち2つを選択解答する（配点は各50点）。 ・2科目を選択する場合，以下の組合せを選択することはできない。 　(b)のうちから2科目を選択する場合 　　『公共，倫理』と『公共，政治・経済』の組合せを選択することはできない。 　(b)のうちから1科目及び(a)を選択する場合 　　(b)については，(a)で選択解答するものと同一名称を含む科目を選択することはできない。（注2） ・受験する科目数は出願時に申し出ること。	1科目選択 60分（100点） 2科目選択 130分（注3） （うち解答時間120分） （200点）
公民				
数学	①	『数学Ⅰ，数学A』 『数学Ⅰ』	・左記出題科目の2科目のうちから1科目を選択し，解答する。 ・「数学A」については，図形の性質，場合の数と確率の2項目に対応した出題とし，全てを解答する。	70分（100点）
	②	『数学Ⅱ，数学B，数学C』	・「数学B」及び「数学C」については，数列（数学B），統計的な推測（数学B），ベクトル（数学C）及び平面上の曲線と複素数平面（数学C）の4項目に対応した出題とし，4項目のうち3項目の内容の問題を選択解答する。	70分（100点）
理科		『物理基礎／化学基礎／生物基礎／地学基礎』 『物　理』 『化　学』 『生　物』 『地　学』	・左記出題科目の5科目のうちから最大2科目を選択し，解答する。 ・『物理基礎／化学基礎／生物基礎／地学基礎』は，「物理基礎」，「化学基礎」，「生物基礎」及び「地学基礎」の4つを出題範囲とし，そのうち2つを選択解答する（配点は各50点）。 ・受験する科目数は出願時に申し出ること。	1科目選択 60分（100点） 2科目選択 130分（注3） （うち解答時間120分） （200点）
外国語		『英　語』 『ドイツ語』 『フランス語』 『中国語』 『韓国語』	・左記出題科目の5科目のうちから1科目を選択し，解答する。 ・『英語』は「英語コミュニケーションⅠ」，「英語コミュニケーションⅡ」及び「論理・表現Ⅰ」を出題範囲とし，【リーディング】及び【リスニング】を出題する。受験者は，原則としてその両方を受験する。その他の科目については，『英語』に準じる出題範囲とし，【筆記】を出題する。 ・科目選択に当たり，『ドイツ語』，『フランス語』，『中国語』及び『韓国語』の問題冊子の配付を希望する場合は，出願時に申し出ること。	『英　語』 【リーディング】 80分（100点） 【リスニング】 60分（注4） （うち解答時間30分）（100点） 『ドイツ語』『フランス語』『中国語』『韓国語』 【筆記】 80分（200点）
情報		『情報Ⅰ』		60分（100点）

（備考）　『　』は大学入学共通テストにおける出題科目を表し，「　」は高等学校学習指導要領上設定されている科目を表す。
　　　　また，『地理総合／歴史総合／公共』や『物理基礎／化学基礎／生物基礎／地学基礎』にある"／"は，一つの出題科目の中で複数の出題範囲を選択解答することを表す。

（注1）　『国語』の分野別の大問数及び配点は，近代以降の文章が3問110点，古典が2問90点（古文・漢文各45点）とする。

（注2）　地理歴史及び公民で2科目を選択する受験者が，(b)のうちから1科目及び(a)を選択する場合において，選択可能な組合せは以下のとおり。
　　　・(b)のうちから『地理総合，地理探究』を選択する場合，(a)では「歴史総合」及び「公共」の組合せ
　　　・(b)のうちから『歴史総合，日本史探究』又は『歴史総合，世界史探究』を選択する場合，(a)では「地理総合」及び「公共」の組合せ
　　　・(b)のうちから『公共，倫理』又は『公共，政治・経済』を選択する場合，(a)では「地理総合」及び「歴史総合」の組合せ

　　　　［参考］地理歴史及び公民において，(b)のうちから1科目及び(a)を選択する場合に選択可能な組合せについて

○：選択可能　　×：選択不可

		(a)		
		「地理総合」「歴史総合」	「地理総合」「公共」	「歴史総合」「公共」
	『地理総合，地理探究』	×	×	○
	『歴史総合，日本史探究』	×	○	×
(b)	『歴史総合，世界史探究』	×	○	×
	『公共，倫理』	○	×	×
	『公共，政治・経済』	○	×	×

（注3）　地理歴史及び公民並びに理科の試験時間において2科目を選択する場合は，解答順に第1解答科目及び第2解答科目に区分し各60分間で解答を行うが，第1解答科目及び第2解答科目の間に答案回収等を行うために必要な時間を加えた時間を試験時間とする。

（注4）　【リスニング】は，音声問題を用い30分間で解答を行うが，解答開始前に受験者に配付したICプレーヤーの作動確認・音量調節を受験者本人が行うために必要な時間を加えた時間を試験時間とする。
　　　　なお，『英語』以外の外国語を受験した場合，【リスニング】を受験することはできない。

2019～2024年度　共通テスト・センター試験　受験者数・平均点の推移（大学入試センター公表）

センター試験←　　→共通テスト

科目名	2019年度 受験者数	平均点	2020年度 受験者数	平均点	2021年度第1日程 受験者数	平均点	2022年度 受験者数	平均点	2023年度 受験者数	平均点	2024年度 受験者数	平均点
英語 リーディング（筆記）	537,663	123.30	518,401	116.31	476,173	58.80	480,762	61.80	463,985	53.81	449,328	51.54
英語 リスニング	531,245	31.42	512,007	28.78	474,483	56.16	479,039	59.45	461,993	62.35	447,519	67.24
数学Ⅰ・数学A	392,486	59.68	382,151	51.88	356,492	57.68	357,357	37.96	346,628	55.65	339,152	51.38
数学Ⅱ・数学B	349,405	53.21	339,925	49.03	319,696	59.93	321,691	43.06	316,728	61.48	312,255	57.74
国語	516,858	121.55	498,200	119.33	457,304	117.51	460,966	110.26	445,358	105.74	433,173	116.50
物理基礎	20,179	30.58	20,437	33.29	19,094	37.55	19,395	30.40	17,978	28.19	17,949	28.72
化学基礎	113,801	31.22	110,955	28.20	103,073	24.65	100,461	27.73	95,515	29.42	92,894	27.31
生物基礎	141,242	30.99	137,469	32.10	127,924	29.17	125,498	23.90	119,730	24.66	115,318	31.57
地学基礎	49,745	29.62	48,758	27.03	44,319	33.52	43,943	35.47	43,070	35.03	43,372	35.56
物理	156,568	56.94	153,140	60.68	146,041	62.36	148,585	60.72	144,914	63.39	142,525	62.97
化学	201,332	54.67	193,476	54.79	182,359	57.59	184,028	47.63	182,224	54.01	180,779	54.77
生物	67,614	62.89	64,623	57.56	57,878	72.64	58,676	48.81	57,895	48.46	56,596	54.82
地学	1,936	46.34	1,684	39.51	1,356	46.65	1,350	52.72	1,659	49.85	1,792	56.62
世界史B	93,230	65.36	91,609	62.97	85,689	63.49	82,985	65.83	78,185	58.43	75,866	60.28
日本史B	169,613	63.54	160,425	65.45	143,363	64.26	147,300	52.81	137,017	59.75	131,309	56.27
地理B	146,229	62.03	143,036	66.35	138,615	60.06	141,375	58.99	139,012	60.46	136,948	65.74
現代社会	75,824	56.76	73,276	57.30	68,983	58.40	63,604	60.84	64,676	59.46	71,988	55.94
倫理	21,585	62.25	21,202	65.37	19,954	71.96	21,843	63.29	19,878	59.02	18,199	56.44
政治・経済	52,977	56.24	50,398	53.75	45,324	57.03	45,722	56.77	44,707	50.96	39,482	44.35
倫理，政治・経済	50,886	64.22	48,341	66.51	42,948	69.26	43,831	69.73	45,578	60.59	43,839	61.26

（注1）2020年度までのセンター試験『英語』は，筆記200点満点，リスニング50点満点である。
（注2）2021年度以降の共通テスト『英語』は，リーディング及びリスニングともに100点満点である。
（注3）2021年度第1日程及び2023年度の平均点は，得点調整後のものである。

2024年度　共通テスト本試「数学Ⅱ・B」データネット（自己採点集計）による得点別人数

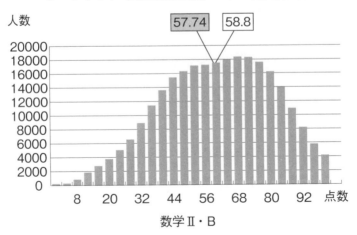

　上のグラフは，2024年度大学入学共通テストデータネット（自己採点集計）に参加した，数学Ⅱ・B：269,164名の得点別人数をグラフ化したものです。
　2024年度データネット集計による平均点は 58.8 ，大学入試センター公表の2024年度本試平均点は 57.74 です。

共通テスト 攻略のポイント

過去問を徹底分析！

1979年度から始まった共通1次試験は，1990年度からセンター試験と名前を変えて，2020年度まで42年間にわたって実施されました。この間，何度か教育課程（カリキュラム）の変更があり，これに伴い出題分野も変化しながら毎年行われました。そして，2021年度から「知識の深い理解と思考力・判断力・表現力を重視」する大学入学共通テストが始まりました。さらに，2025年度からは，新しい課程のもとでの第1回目の共通テストが始まります。

2024年度の共通テストは4回目の共通テストでした。昨年と比べるとやや難しくなっていますが，昨年同様，「数学Ⅰ・数学A」の平均点の方が，「数学Ⅱ・数学B」の平均点より低くなりました。

ここでは，2022年11月に公表された試作問題と2024〜2021年度共通テストを参考にして，共通テストの出題形式や問題の傾向と対策について考えてみたいと思います。

共通テストの出題形式はマークシート形式であり，数字または記号をマークして答える方式となります。計算結果としての数値をマークする場合に加え，共通テストでは，いくつかの記述の中から正しいもの（あるいは誤っているもの）を選ぶという選択式の問題が多くなっており，2024，2023年度の共通テストでは，解答群の中から選択する形式の問題が増えています。2024年の「数学Ⅱ・数学B」第1問〔1〕では，グラフの概形や領域を選択する問題が出題されています。また，「数学Ⅱ・数学B」第1問〔2〕，第2問では，正しい記述を選ぶ問題が出題されています。このような問題は，各分野における基本事項を正しく理解することが要求されるため，日頃の学習習慣として身に着けておくことが大事になってきます。

共通テストの出題内容は，「より考える力」を要求する問題が出題されています。本試験，試行調査のねらいは「思考力・判断力・表現力」を重視したことであり，実際の問題にはこのような「力」を要求される問題が多く含まれています。

2024年「数学Ⅰ・数学A」第1問〔2〕電柱の高さを求める問題，「数学Ⅱ・数学B」第2問3次曲線の点対称性に関する問題，2023年「数学Ⅱ・数学B」第1問〔1〕の三角不等式の解を求める問題など，与えられた条件から状況を正しく推測・判断していく能力を養うことも大切です。

また，共通テストでは，従来のような「公式を用いて答を出す」ような問題も出題されていますが，試行調査と同様に

- ・公式の証明の過程を問う問題
- ・与えられた問題に対して，自らが変数を導入し，立式して答を出す問題
- ・条件を変えることによって，状況がどのように変わっていくかを問う問題
- ・高度な数学の問題を誘導によって解いていく問題

など，レベルの高い問題も出題されました。2024年「数学Ⅰ・数学A」第2問〔1〕，2023年「数学Ⅰ・数学A」第3問，第5問，「数学Ⅱ・数学B」第2問〔2〕，また，2024年「数学Ⅰ・数学A」第3問においては，同じテーマの問題を繰り返し解くという形の出題でした。

また，2021年第2日程の「数学Ⅰ・数学A」第4問は，整数問題としてラグランジュの定理の具体例に関する問題であり，このような出題は，2018年試行調査の「数学Ⅰ・数学A」第5問の平面図形でフェルマー点に関する問題がありました。

問題の形式についても，共通テスト特有の点がいくつかあります。その一つが，**会話文の導入**です。先生と生徒または生徒同士が，会話を通しながら問題の解決へと考察を進めていきます。

また，コンピュータのグラフ表示ソフトを用いた設定によって，グラフの問題を考える場面もあります。

さらに，問題の解法は一つだけに限りません。いわゆる別解がある場合は，2024年「数学Ⅱ・数学B」第5問で，花子さんと太郎さんの会話によって，2通りの解法を考えています。2023年「数学Ⅱ・数学B」第4問では方針1と方針2の両方を考えて答を導く場合もありました。

いろいろな工夫がこらされた問題の形式ですが，このことによって問題文が長文になりますので，根気強く長文の問題を読み柔軟に対応する必要もあります。

最後に，問題の題材について，従来のように数学の問題を誘導に従って解いていく問題の他に，**日常生活における現実の問題**を題材とし，それを数学的に表現し解決するタイプの問題が出題されています。また，会話文の中で，誤った解法を検討し正しい解法へと導くプロセスを示す場合などがあり，過去の入試問題ではあまり扱わ

れなかった題材が数学の問題として出題される可能性があります。この点については、「データの分析」のように、目新しいテーマに対する正しい理解と速い反応が要求されることになります。

以上のように、2024, 2023年度共通テストをもとにして共通テストの出題内容について考えてきましたが、共通テストは4年実施されたとはいえ、新しい試みであるため未知の部分も多い状態です。まずは試作問題と2024, 2023年度の問題に挑戦してみましょう。そして来年の共通テストに向けて着実に勉強を進めていきましょう。

● 共通テスト数学への取り組み方

当然のことではありますが、実力がなくては共通テストの数学は解くことができません。**基本的な定理、公式を単に記憶するだけではなく、その使い方にも慣れていなければなりません。**さらに、定石的な解法も覚えておく必要があります。

しかし、共通テストの性格上、**非常に特殊な知識や巧妙なテクニックといったものは必要ではありません。**あくまでも、教科書の範囲内の考え方や知識で十分に解決することができる問題が出題されます。したがって、教科書の内容を十分に学習し、公式や定理などの深い理解と考える力を養うことが重要になります。その上で共通テストの出題形式は2次試験とは異なり特殊ですから、このことを踏まえた効率のよい学習が必要でしょう。

共通テスト数学では、途中に空所があり、空所にあてはまる答を順にマークしていく形式が今後も引き続き出題されるものと予想されます。すなわち、最後の結果をいきなり問う形式ではなく、誘導に従って順次空所を埋めていくという形式です。つまり、自分で自由に方針を決定して、最終結果に向けて推論し計算していく2次試験とは異なっています。まず最初に、出題者の意図した誘導の意味を把握しようとすることが先決です。出題者の意図した誘導の順に考えることさえできれば、最終の結果に到達することができるという点では気楽ではあります。ところが、これがなかなか難しいのです。設定された条件の下で、最終の結果に到達するアプローチは1つとは限らないし、出題者の意図した誘導の意味がつかみにくいこともあります。また、最初から出題者の意図を把握しきれずに、順次空所を埋めていくに従って、徐々に出題者の意図した誘導の意味が判然としてくるという場合もあります。

出題者の意図した誘導の意味を把握するためには、順次空所を埋めていくだけでは不十分です。最初の空所を埋める前に、まず最初の空所から最終結果の空所まで、**一通り目を通すことが肝心です。**一通り目を通すことにより、最終的に出題者がどのような内容を尋ねようとしているのか、また、そのためにどのようなプロセスを踏ませようとしているのかということを、途中の空所に埋めるべき内容から探らねばならないのです。

また、出題者の意図とは1つの解答方針です。数ある方針の中から、特に出題者の設定した解答方針を選び出すのですから、相当の実力が要求されます。問題を読んだとき、即座に、最終の解答を求めるための解答方針を複数思いつかねばなりません。その中から出題者の意図する解答方針を選び出すわけです。常日頃の学習態度が問われる部分です。「解ければよい」というような安易な学習態度では、共通テストの数学に対応することはできません。

しかし、共通テストの数学はマークシート形式であるため、それなりに対処しやすい面もあります。

空所のカタカナ1文字に対して、数学①（「数学Ⅰ、数学A」または「数学Ⅰ」）、数学②（「数学Ⅱ、数学B、数学C」）では、ともに符号 −、0から9までの1つの数字のいずれかの1つがマークされます。したがって、自分の出した答に対して**マークされる部分が不足したり余ったりした場合は、明らかに間違いであるか、分数の場合は約分しきれていないことがわかります。**

また、$\boxed{\text{ア}}\,a$ の場合に、$\boxed{\text{ア}}$ に1が入ることはありません。……$+\boxed{\text{ア}}\,a$ の場合に、$\boxed{\text{ア}}$ に −（マイナス）が入ることもありません。

特に座標平面上において、点の座標を求める場合、空所の形式から考えて整数値しか入らないとわかれば、丁寧に図やグラフを書くことにより、答の見当がつくこともあります。

また、答はかならず入るのだから、1つ答が得られれば、**これ以上答を探す必要もないし、十分性の確認をする必要もない**ということになります（ただし、これは必要条件としての答が正しい場合に限りますが）。

このように、マークシート形式であるがゆえに、正解への手掛かりをつかむことができるというメリットもあります。

以上が、共通テストの数学の一般的な特徴とそのための学習上の注意、および解答する場合の注意です。

以下、出題科目別にねらわれる部分について考えてみましょう。

数学Ⅱ

いろいろな式，図形と方程式，三角関数，指数・対数関数，微分・積分の考えから出題されます。

いろいろな式
- 式と計算
  - 二項定理，整式の割り算，分数式の計算など
- 等式・不等式の性質
  - 恒等式，相加平均と相乗平均の関係など
- 2次方程式の解に関する性質
  - 判別式，解と係数の関係など
- 高次方程式の解法
  - 複素数の計算，剰余の定理と因数定理など

図形と方程式
- 点と直線
  - 2点間の距離，内分点・外分点の座標，直線の方程式，2直線の関係，点と直線の距離公式など
- 円の方程式
  - 円の方程式，円と直線の位置関係，2円の位置関係，接線の方程式など
- 軌跡と領域
  - 軌跡と方程式，アポロニウスの円，不等式と領域など

三角関数
- 三角関数の定義と相互関係
- 三角関数のグラフ
- 加法定理と倍角・半角の公式
- 三角関数の合成

とともに
- 三角関数についての方程式・不等式
- 三角関数の最大・最小問題

などが重要です。また，図形への応用問題や大小比較の問題も出題されることがあります。

指数・対数関数
- 指数・対数関数の性質
- 指数関数・対数関数のグラフ
- 指数・対数についての方程式・不等式
- 指数関数・対数関数の最大・最小問題

　この分野も，三角関数と同様に，多くの公式を正確に覚え，その使い方に習熟することが重要です。なお，対数については常用対数の応用（桁数など）にも注意しましょう。

微分・積分の考え
- 接線，法線の方程式
- 関数の極大・極小
- 関数の最大・最小
- 方程式の実数解の個数
- 積分の計算
- 図形の面積

この分野は計算量が多いので，十分な計算練習をする必要があります。また，グラフの描き方や特徴を理解することも大切です。

数学B・C

　数列，統計的な推測，ベクトル，平面上の曲線・複素数平面から出題されます。（4つの分野から3つの分野を選択して解答します。）

数列
- 等差数列の一般項と和
- 等比数列の一般項と和
- いろいろな数列の一般項と和
  - 和の記号Σとその公式
  - 階差数列
  - いろいろな数列の和
  - 和 S_n と一般項 a_n の関係
  - 群数列
- 漸化式の解法
- 数学的帰納法

　この分野における漸化式などの問題は教科書の内容を越える知識や応用力が必要となりますので，しっかり勉強しましょう。

統計的な推測
- 確率変数の平均・分散・標準偏差
- 二項分布と正規分布
- 母平均，母比率の推定
- 仮説検定

　この分野は，数学Aで学習する確率をもとにして，確率変数とその分布から平均・分散などの値を求める問題，および二項分布と正規分布の特徴やその関係性を問う問題や，標本平均から母平均，母比率の値を推定する問題などが出題されています。また，標本から得られた

— 13 —

結果によって，母集団についての仮説が正しいかどうか
を判断する仮説検定の問題も出題されます。

ベクトル
- ・ベクトルの演算（和・差・実数倍）
- ・ベクトルの成分計算
- ・位置ベクトル
- ・内積とその応用
- ・ベクトル方程式（直線，平面）

　この分野では，ベクトルの図形への応用という形で出
題されます。平面ベクトル，空間ベクトルのどちらも出
題され，いろいろな公式を利用して図形の性質を調べた
り，量の計算をするなど多彩な内容をもっています。し
たがって，十分な実力と応用力を養うことが大切です。

２次曲線
- ・２次曲線の性質とグラフの概形
  　　放物線の焦点と準線など
  　　楕円の焦点と長軸・短軸の長さなど
  　　双曲線の焦点と漸近線など
- ・２次曲線の平行移動
- ・２次曲線と直線の位置関係
- ・曲線の媒介変数表示

複素数平面
- ・複素数の計算と共役複素数，絶対値の性質
- ・複素数の極形式とド・モアブルの定理
- ・図形への応用
  　　２直線のなす角，平行条件，垂直条件
  　　分点の公式
  　　点の回転と拡大移動
  　　直線の方程式，円の方程式

　共通テストでは，２次曲線・複素数平面の分野から大
問１題が出題されることになっていますが，２次曲線の
分野と複素数平面の分野では，その内容が全く異なって
います。したがって，それぞれの分野について，基本的
な知識と内容の理解を十分に身につけておく必要があり
ます。

解答上の注意

1 解答は，解答用紙の問題番号に対応した解答欄にマークしなさい。

2 問題の文中の ┃ ア ┃，┃ イウ ┃ などには，符号（−）又は数字(0〜9) が入ります。ア，イ，ウ，…の一つ一つは，これらのいずれか一つに対応します。それらを解答用紙のア，イ，ウ，…で示された解答欄にマークして答えなさい。

例 ┃ アイウ ┃ に − 83 と答えたいとき

ア	● ⊖ ⓪ ① ② ③ ④ ⑤ ⑥ ⑦ ⑧ ⑨
イ	⊖ ⓪ ① ② ③ ④ ⑤ ⑥ ⑦ ● ⑨
ウ	⊖ ⓪ ① ② ● ④ ⑤ ⑥ ⑦ ⑧ ⑨

3 分数形で解答する場合，分数の符号は分子につけ，分母につけてはいけません。

例えば，$\dfrac{\boxed{エオ}}{\boxed{カ}}$ に $-\dfrac{4}{5}$ と答えたいときは，$\dfrac{-4}{5}$ として答えなさい。

また，それ以上約分できない形で答えなさい。

例えば，$\dfrac{3}{4}$ と答えるところを，$\dfrac{6}{8}$ のように答えてはいけません。

4 小数の形で解答する場合，指定された桁数の一つ下の桁を四捨五入して答えなさい。また，必要に応じて，指定された桁まで⓪にマークしなさい。

例えば，┃ キ ┃.┃ クケ ┃ に 2.5 と答えたいときは，2.50 として答えなさい。

5 根号を含む形で解答する場合，根号の中に現れる自然数が最小となる形で答えなさい。

例えば，┃ コ ┃$\sqrt{\boxed{サ}}$ に $4\sqrt{2}$ と答えるところを，$2\sqrt{8}$ のように答えてはいけません。

6 根号を含む分数形で解答する場合，例えば $\dfrac{\boxed{シ}+\boxed{ス}\sqrt{\boxed{セ}}}{\boxed{ソ}}$ に

$\dfrac{3+2\sqrt{2}}{2}$ と答えるところを，$\dfrac{6+4\sqrt{2}}{4}$ や $\dfrac{6+2\sqrt{8}}{4}$ のように答えてはいけません。

7 問題の文中の二重四角で表記された ┃┃ タ ┃┃ などには，選択肢から一つを選んで，答えなさい。

8 同一の問題文中に ┃ チツ ┃，┃ テ ┃ などが2度以上現れる場合，原則として，2度目以降は，┃ チツ ┃，┃ テ ┃ のように細字で表記します。

— 15 —

第 1 回

実 戦 問 題

(100 点 70 分)

● 標 準 所 要 時 間 ●

第 1 問	11 分	第 4 問	11 分
第 2 問	11 分	第 5 問	11 分
第 3 問	15 分	第 6 問	11 分
		第 7 問	11 分

(注) 第1問，第2問，第3問は必答，第4問〜第7問のうち3問選択解答

数　学　II・B・C

第1問（必答問題）（配点 15）

関数 $f(x) = \sin\left(x + \dfrac{3}{8}\pi\right)$ について考える。

(1) $f(\pi) = \boxed{\text{ア}}$ である。また

$$f\left(\dfrac{\pi}{4}\right) \boxed{\text{イ}} f(0)$$

である。

$\boxed{\text{ア}}$ の解答群

| ⓪ $\cos\dfrac{\pi}{8}$ | ① $\cos\dfrac{3}{8}\pi$ | ② $\cos\dfrac{5}{8}\pi$ | ③ $\cos\dfrac{7}{8}\pi$ |

$\boxed{\text{イ}}$ の解答群

| ⓪ $<$ | ① $=$ | ② $>$ |

(2) $y = f(x)$ のグラフの概形は $\boxed{\text{ウ}}$ である。

$\boxed{\text{ウ}}$ については、最も適当なものを、次の ⓪～③ のうちから一つ選べ。

⓪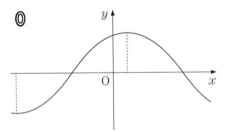

①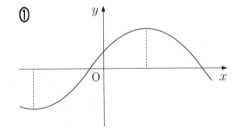

②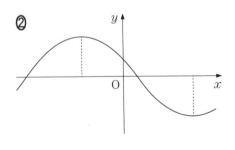

③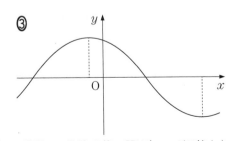

（数学 II，数学 B，数学 C 第 1 問は次ページに続く。）

第1回　数学II・B・C

(3)　$0 \leqq x \leqq \dfrac{\pi}{2}$ のとき，関数 $y = f(x)$ の

　　　　最大値は $\boxed{\text{エ}}$，　最小値は $\boxed{\text{オ}}$

である。最大値をとるときの x の値は $\dfrac{\pi}{\boxed{\text{カ}}}$ である。

$\boxed{\text{エ}}$，$\boxed{\text{オ}}$ の解答群(同じものを繰り返し選んでもよい。)

⓪ 0	① $\dfrac{1}{2}$	② $\dfrac{\sqrt{2}}{2}$	③ $\dfrac{\sqrt{3}}{2}$	④ 1
⑤ $\sin\dfrac{\pi}{16}$	⑥ $\sin\dfrac{\pi}{8}$	⑦ $\sin\dfrac{3}{16}\pi$	⑧ $\sin\dfrac{3}{8}\pi$	

(4)　α は $\sin\alpha = \dfrac{\sqrt{7}}{4}$ $\left(0 < \alpha < \dfrac{\pi}{2}\right)$ を満たす実数とする。このとき，

　$\cos 2\alpha = \dfrac{\boxed{\text{キ}}}{\boxed{\text{ク}}}$ であるから，α，$\dfrac{\pi}{8}$，$\dfrac{\pi}{4}$ の大小関係は $\boxed{\text{ケ}}$ である。

　よって，$0 \leqq x \leqq \alpha$ のとき，$y = f(x)$ の

　　　　最大値は $\boxed{\text{コ}}$，　最小値は $\boxed{\text{サ}}$

である。

$\boxed{\text{ケ}}$ の解答群

⓪ $\alpha < \dfrac{\pi}{8} < \dfrac{\pi}{4}$	① $\dfrac{\pi}{8} < \alpha < \dfrac{\pi}{4}$	② $\dfrac{\pi}{8} < \dfrac{\pi}{4} < \alpha$

$\boxed{\text{コ}}$，$\boxed{\text{サ}}$ の解答群(同じものを繰り返し選んでもよい。)

⓪ 0	① $\dfrac{1}{2}$	② $\dfrac{\sqrt{2}}{2}$	③ $\dfrac{\sqrt{3}}{2}$
④ 1	⑤ $\sin\dfrac{\pi}{8}$	⑥ $\sin\dfrac{3}{8}\pi$	⑦ $\sin\alpha$
⑧ $\sin\left(\alpha + \dfrac{\pi}{8}\right)$	⑨ $\sin\left(\alpha + \dfrac{3}{8}\pi\right)$		

— 3 —

第2問 （必答問題）（配点 15）

(1) a を 1 でない正の定数として，関数 $y = a^{x+2} - 4$ のグラフを C とする。

C は a の値にかかわらず点 $\left(\boxed{\text{ア}}, \boxed{\text{イ}} \right)$ を通る。

C と x 軸との交点の x 座標を s とすると

$$s = \log_a \boxed{\text{ウ}} - \boxed{\text{エ}}$$

である。$s = -4$ を満たす a の値は $a = \dfrac{\boxed{\text{オ}}}{\boxed{\text{カ}}}$ であり，$s > 0$ を満たす a の

値の範囲は $\boxed{\text{キ}} < a < \boxed{\text{ク}}$ である。

$\boxed{\text{ア}}$，$\boxed{\text{イ}}$ の解答群

⓪ -3	① -2	② -1	③ 0
④ 1	⑤ 2	⑥ 3	⑦ 4

（数学 II，数学 B，数学 C 第 2 問は次ページに続く。）

— 4 —

第1回　数学 II・B・C

(2)　関数 $y = \log_2 x$ のグラフを D とする。D 上に点 P をとり，P から y 軸に引いた垂線と y 軸の交点を Q として，線分 PQ を $3:1$ に内分する点を R とする。

　　P の x 座標を t とすると，R の座標は $\left(\boxed{\text{ケ}}, \boxed{\text{コ}} \right)$ である。

　　P が D 上を動くとき，R の軌跡の方程式は $\boxed{\text{サ}}$ であり，$\boxed{\text{サ}}$ のグラフは $y = \log_2 x$ のグラフを y 軸方向に $\boxed{\text{シ}}$ だけ平行移動したものである。

$\boxed{\text{ケ}}$，$\boxed{\text{コ}}$ の解答群

⓪　$\dfrac{t}{4}$　　　　　　①　$\dfrac{t}{2}$　　　　　　②　$\dfrac{3}{4}t$

③　$\dfrac{1}{2}\log_2 t$　　　　④　$\log_2 t$　　　　　⑤　$2\log_2 t$

$\boxed{\text{サ}}$ の解答群

⓪　$y = \log_2 x + 1$　　①　$y = \log_2 x + 2$　　②　$y = \log_2 x + 4$

③　$y = \log_2 x - 1$　　④　$y = \log_2 x - 2$　　⑤　$y = \log_2 x - 4$

$\boxed{\text{シ}}$ の解答群

⓪　1　　①　2　　②　4　　③　-1　　④　-2　　⑤　-4

第3問 （必答問題）（配点 22）

a を実数とし，$f(x) = \dfrac{1}{3}x^3 - (a+1)x^2 + (2a+1)x$ とおく。$f(x)$ の導関数は

$$f'(x) = \left(x - \boxed{\text{ア}}\right)\left(x - \boxed{\text{イ}}\,a - \boxed{\text{ウ}}\right)$$

である。

(1) $a = 1$ とする。

曲線 $y = f(x)$ 上の点 $(2,\ f(2))$ における接線の方程式は

$$y = \boxed{\text{エ}}\,x + \frac{\boxed{\text{オ}}}{\boxed{\text{カ}}}$$

である。

$g(x) = \boxed{\text{エ}}\,x + \dfrac{\boxed{\text{オ}}}{\boxed{\text{カ}}}$ とする。$f(x) = g(x)$ を満たす実数 x の値は

$\boxed{\text{キ}}$ 個であることに注意すると，$y = f(x)$ のグラフと $y = g(x)$ のグラフの

概形は $\boxed{\text{ク}}$ であることがわかる。

また，曲線 $y = f(x)$，直線 $y = g(x)$，および y 軸で囲まれた図形の面積は

$\dfrac{\boxed{\text{ケ}}}{\boxed{\text{コ}}}$ である。

（数学 II，数学 B，数学 C 第 3 問は次ページに続く。）

— 6 —

第1回　数学II・B・C

ク については，最も適当なものを，次の⓪～⑤のうちから一つ選べ。なお，x 軸と y 軸は省略しているが，x 軸は右方向，y 軸は上方向がそれぞれ正の方向である。

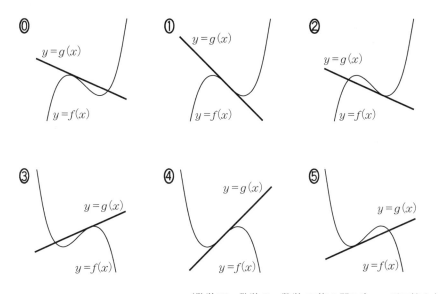

（数学II，数学B，数学C 第3問は次ページに続く。）

(2)

(i) $a = \boxed{サ}$ のとき, $f(x)$ は極値をもたない。

また, $a < \boxed{サ}$ のとき, $f(x)$ は $x = \boxed{シ}$ で極大値 $\boxed{ス}$ をとる。

$\boxed{シ}$ の解答群

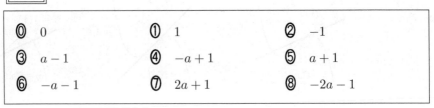

⓪ 0　　① 1　　② −1
③ $a-1$　　④ $-a+1$　　⑤ $a+1$
⑥ $-a-1$　　⑦ $2a+1$　　⑧ $-2a-1$

$\boxed{ス}$ の解答群

⓪ $a + \dfrac{1}{3}$　　① $-a - \dfrac{1}{3}$

② $\dfrac{(a-1)(2a^2-4a-7)}{3}$　　③ $-\dfrac{(a-1)(2a^2-4a-7)}{3}$

④ $\dfrac{(a+1)(2a^2-2a+1)}{3}$　　⑤ $-\dfrac{(a+1)(2a^2-2a+1)}{3}$

⑥ $\dfrac{(2a+1)^2(a-1)}{3}$　　⑦ $-\dfrac{(2a+1)^2(a-1)}{3}$

(ii) $a \neq \boxed{サ}$ とし, $f(x)$ の極大値を Y, そのときの x の値を X とする。a が $\boxed{サ}$ 以外の実数をとって変化するとき, 点 (X, Y) が座標平面上で描く図形を考えよう。

$a < \boxed{サ}$ のとき, Y を X の式で表すと

$$Y = \dfrac{\boxed{セソ}}{\boxed{タ}} X^3 + \dfrac{\boxed{チ}}{\boxed{ツ}} X^2$$

である。

(数学 II, 数学 B, 数学 C 第 3 問は次ページに続く。)

— 8 —

第1回　数学Ⅱ・B・C

また，$a > \boxed{サ}$ のときも調べることにより，点 (X, Y) が座標平面上で描く図形の概形は $\boxed{テ}$ であることがわかる。ただし，白丸○で表される点は除く。

$\boxed{テ}$ については，最も適当なものを，次の ⓪〜⑦ のうちから一つ選べ。

⓪ 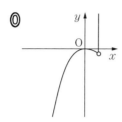　① 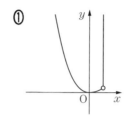　②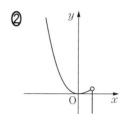

③ 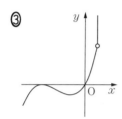　④ 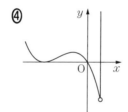　⑤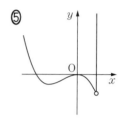

⑥ 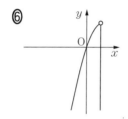　⑦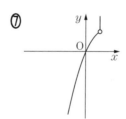

第4問～第7問は，いずれか3問を選択し，解答しなさい。

第4問 （選択問題） （配点 16）

初項8，公差4の等差数列の一般項は $\boxed{\text{ア}}$ である。また，初項1，公比2の等比数列の一般項は $\boxed{\text{イ}}$ である。

$\boxed{\text{ア}}$ ， $\boxed{\text{イ}}$ の解答群

⓪ $4n+2$　　① $4n+4$　　② $4n+6$　　③ $4n+8$

④ 2^{n-1}　　⑤ 2^n　　⑥ 2^{n+1}　　⑦ 2^{n+2}

(1) 太郎さんと花子さんは，数列の漸化式の**問題1**について考えている。

$\boxed{\text{問題1}}$ 　数列 $\{a_n\}$ は

$$a_1 = \frac{1}{4}, \quad a_{n+1} = a_n - \left(\boxed{\text{ア}}\right)a_n a_{n+1} \quad (n = 1, 2, 3, \cdots)$$

を満たしている。数列 $\{a_n\}$ の一般項と $\displaystyle\sum_{k=1}^{n} a_k$ を求めよ。

太郎：数列のおき換えをしてみよう。

花子：そうだね。$b_n = \dfrac{1}{a_n}$ とおくのかな。

太郎：分母が0にならないことは簡単に示すことができるね。

（数学 II，数学 B，数学 C 第4問は次ページに続く。）

— 10 —

$b_n = \dfrac{1}{a_n}$ $(n = 1, 2, 3, \cdots)$ とおくと，$b_1 = \boxed{\text{ウ}}$ であり

$$b_{n+1} = b_n + \boxed{\text{エ}}\, n + \boxed{\text{オ}} \quad (n = 1, 2, 3, \cdots)$$

が成り立つ。よって，数列 $\{b_n\}$ の一般項は

$$b_n = \boxed{\text{カ}}\, n^2 + \boxed{\text{キ}}\, n$$

であり，数列 $\{a_n\}$ の一般項は

$$a_n = \dfrac{1}{\boxed{\text{カ}}\, n^2 + \boxed{\text{キ}}\, n}$$

である。

このとき

$$a_n = \dfrac{1}{\boxed{\text{ク}}} \left(\dfrac{1}{\boxed{\text{ケ}}} - \dfrac{1}{\boxed{\text{コ}}} \right)$$

と変形できることを利用すると

$$\sum_{k=1}^{n} a_k = \dfrac{\boxed{\text{サ}}}{\boxed{\text{シ}} \left(\boxed{\text{ス}} \right)}$$

である。

$\boxed{\text{ケ}} \sim \boxed{\text{サ}}$，$\boxed{\text{ス}}$ の解答群(同じものを繰り返し選んでもよい。)

⓪ n	① $n+1$	② $n+2$	③ $n+3$	④ $n+4$

(数学 II，数学 B，数学 C 第 4 問は次ページに続く。)

(2) 次の**問題2**について考えてみよう。

問題2 数列 $\{c_n\}$ は

$$c_1 = 2, \quad (n+1)c_{n+1} = (n+2)c_n - \left(\boxed{\text{イ}}\right)c_n c_{n+1}$$

$$(n = 1, \ 2, \ 3, \ \cdots)$$

を満たしている。数列 $\{c_n\}$ の一般項と $\displaystyle\sum_{k=1}^{n} c_k$ を求めよ。

太郎：**問題1**と似ているね。

花子：$d_n = \dfrac{n+1}{c_n}$ とおいてみよう。

数列 $\{c_n\}$ の一般項は

$$c_n = \frac{\boxed{\text{セ}}}{\boxed{\text{ソ}}}$$

であり

$$\sum_{k=1}^{n} c_k = \boxed{\text{タ}} - \frac{\boxed{\text{チ}}}{\boxed{\text{ツ}}}$$

である。

$\boxed{\text{セ}}$，$\boxed{\text{チ}}$ の解答群(同じものを繰り返し選んでもよい。)

⓪ n	① $n+1$	② $n+2$	③ $n+3$	④ $n+4$

$\boxed{\text{ソ}}$，$\boxed{\text{ツ}}$ の解答群(同じものを繰り返し選んでもよい。)

⓪ 2^{n-1}	① 2^n	② 2^{n+1}	③ 2^{n+2}	④ 2^{n+3}

— 12 —

第 1 回　数学 II・B・C

（下 書 き 用 紙）

数学 II，数学 B，数学 C の試験問題は次に続く。

第4問～第7問は，いずれか3問を選択し，解答しなさい。

第5問 （選択問題）（配点 16）

以下の問題を解答するにあたっては，必要に応じて19ページの正規分布表を用いてもよい。

Q高校では，2年生と3年生の全員を対象として，休日の勉強時間を調査した。この調査の結果は下の表のようになった。ただし，数値はすべて正確な値であり，四捨五入されていないものとする。

	1時間未満	1時間以上3時間未満	3時間以上
2年生	50%	35%	15%
3年生	48%	16%	36%

(1) Q高校の3年生である太郎さんは上記の調査結果に興味をもち，同じ学校の3年生のうち，身近な16人の休日の勉強時間を調べた。その結果，休日の勉強時間が3時間未満の人は6人であった。

Q高校の3年生全員から無作為に1人を選ぶとき，その生徒の休日の勉強時間が3時間未満である確率は $\boxed{アイ}$ %である。

また，Q高校の3年生全員から無作為に16人を抽出したとき，休日の勉強時間が3時間未満の人の人数を表す確率変数を X とする。X は二項分布 $B\left(16,\ 0.\boxed{アイ}\right)$ に従い，X の期待値は $\boxed{ウエ}.\boxed{オカ}$，X の標準偏差は $\boxed{キ}.\boxed{クケ}$ である。

（数学 II，数学 B，数学 C 第5問は次ページに続く。）

— 14 —

第1回 数学II・B・C

これらのことをもとにして，Q高校の3年生から無作為に16人を抽出したとき，休日の勉強時間が3時間未満である人が6人以下となる確率を求めよう。

標本の大きさ16が十分に大きく $Z = \dfrac{X - \boxed{ウエ}.\boxed{オカ}}{\boxed{キ}.\boxed{クケ}}$ が近似的に標準正規分布に従うと考える。休日の勉強時間が3時間未満の人が6人以下となる確率は $\boxed{コ}$ ％である。

$\boxed{コ}$ の解答群

⓪ 0.01   ① 0.49   ② 0.99

③ 1.36   ④ 12.51   ⑤ 48.64

（数学II，数学B，数学C第5問は次ページに続く。）

(2)　Q高校の2年生である花子さんは，14ページの調査結果と(1)の太郎さんの話に興味をもった。そして，太郎さんが大学に進学する予定であることから，その身近な16人の中にも，大学に進学する予定で勉強時間の長い人が多いのではないかと考えた。Q高校では，例年約6割の生徒が大学への進学を希望するため，花子さんは次のように仮定した。

花子さんの仮定

(i)　大学に進学する予定であるQ高校の3年生は全体のちょうど6割である。

(ii)　大学に進学する予定でないQ高校の3年生の勉強時間の確率分布は，Q高校の2年生全体の勉強時間の確率分布とまったく同じである。

　この仮定に基づくと，大学に進学する予定であるQ高校の3年生から無作為に1人を選ぶとき，休日の勉強時間が3時間未満である確率は　サシ　％である。また，大学に進学する予定であるQ高校の3年生から無作為に16人を抽出したとき，標本の大きさ16が十分に大きいと考えると，休日の勉強時間が3時間未満の人が6人以下となる確率は　ス　％である。

　　ス　の解答群

⓪　0.01	①　0.34	②　0.84
③　15.87	④　30.85	⑤　34.13

（数学II，数学B，数学C第5問は次ページに続く。）

第1回　数学 II・B・C

(3)　花子さんは Q 高校の新聞部に所属しており，大学に進学する予定である Q 高校の 3 年生の休日の勉強時間について，詳細な調査を行うことにした。この調査の標本の大きさ n について検討しよう。ただし，n は十分大きいとする。

大学に進学する予定である Q 高校の 3 年生の休日の勉強時間の平均値，すなわち母平均を m とする。また，過去に行われた同様の調査を参考に，母標準偏差を 2.5 時間と仮定する。このとき，標本平均の標準偏差は $\boxed{セ}$ と表せる。

よって，m に対する信頼度 95% の信頼区間 $t_1 \leqq m \leqq t_2$ を考えたとき，信頼区間の幅 $L = t_2 - t_1$ が 1 となるような n の値を求めると $n = \boxed{ソタ}$ である。ただし，$\boxed{ソタ}$ の計算においては $1.96^2 = 3.84$ とする。

$\boxed{セ}$ の解答群

⓪　$2.5n^2$　　　　　① $2.5n$　　　　　② $2.5\sqrt{n}$

③　$\dfrac{2.5}{\sqrt{n}}$　　　　　④ $\dfrac{2.5}{n}$　　　　　⑤ $\dfrac{2.5}{n^2}$

（数学 II，数学 B，数学 C 第 5 問は 19 ページに続く。）

（下 書 き 用 紙）

数学 II，数学 B，数学 C の試験問題は次に続く。

第 1 回　数学 II・B・C

正 規 分 布 表

次の表は，標準正規分布の分布曲線における右図の灰色部分の面積の値をまとめたものである。

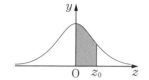

z_0	0.00	0.01	0.02	0.03	0.04	0.05	0.06	0.07	0.08	0.09
0.0	0.0000	0.0040	0.0080	0.0120	0.0160	0.0199	0.0239	0.0279	0.0319	0.0359
0.1	0.0398	0.0438	0.0478	0.0517	0.0557	0.0596	0.0636	0.0675	0.0714	0.0753
0.2	0.0793	0.0832	0.0871	0.0910	0.0948	0.0987	0.1026	0.1064	0.1103	0.1141
0.3	0.1179	0.1217	0.1255	0.1293	0.1331	0.1368	0.1406	0.1443	0.1480	0.1517
0.4	0.1554	0.1591	0.1628	0.1664	0.1700	0.1736	0.1772	0.1808	0.1844	0.1879
0.5	0.1915	0.1950	0.1985	0.2019	0.2054	0.2088	0.2123	0.2157	0.2190	0.2224
0.6	0.2257	0.2291	0.2324	0.2357	0.2389	0.2422	0.2454	0.2486	0.2517	0.2549
0.7	0.2580	0.2611	0.2642	0.2673	0.2704	0.2734	0.2764	0.2794	0.2823	0.2852
0.8	0.2881	0.2910	0.2939	0.2967	0.2995	0.3023	0.3051	0.3078	0.3106	0.3133
0.9	0.3159	0.3186	0.3212	0.3238	0.3264	0.3289	0.3315	0.3340	0.3365	0.3389
1.0	0.3413	0.3438	0.3461	0.3485	0.3508	0.3531	0.3554	0.3577	0.3599	0.3621
1.1	0.3643	0.3665	0.3686	0.3708	0.3729	0.3749	0.3770	0.3790	0.3810	0.3830
1.2	0.3849	0.3869	0.3888	0.3907	0.3925	0.3944	0.3962	0.3980	0.3997	0.4015
1.3	0.4032	0.4049	0.4066	0.4082	0.4099	0.4115	0.4131	0.4147	0.4162	0.4177
1.4	0.4192	0.4207	0.4222	0.4236	0.4251	0.4265	0.4279	0.4292	0.4306	0.4319
1.5	0.4332	0.4345	0.4357	0.4370	0.4382	0.4394	0.4406	0.4418	0.4429	0.4441
1.6	0.4452	0.4463	0.4474	0.4484	0.4495	0.4505	0.4515	0.4525	0.4535	0.4545
1.7	0.4554	0.4564	0.4573	0.4582	0.4591	0.4599	0.4608	0.4616	0.4625	0.4633
1.8	0.4641	0.4649	0.4656	0.4664	0.4671	0.4678	0.4686	0.4693	0.4699	0.4706
1.9	0.4713	0.4719	0.4726	0.4732	0.4738	0.4744	0.4750	0.4756	0.4761	0.4767
2.0	0.4772	0.4778	0.4783	0.4788	0.4793	0.4798	0.4803	0.4808	0.4812	0.4817
2.1	0.4821	0.4826	0.4830	0.4834	0.4838	0.4842	0.4846	0.4850	0.4854	0.4857
2.2	0.4861	0.4864	0.4868	0.4871	0.4875	0.4878	0.4881	0.4884	0.4887	0.4890
2.3	0.4893	0.4896	0.4898	0.4901	0.4904	0.4906	0.4909	0.4911	0.4913	0.4916
2.4	0.4918	0.4920	0.4922	0.4925	0.4927	0.4929	0.4931	0.4932	0.4934	0.4936
2.5	0.4938	0.4940	0.4941	0.4943	0.4945	0.4946	0.4948	0.4949	0.4951	0.4952
2.6	0.4953	0.4955	0.4956	0.4957	0.4959	0.4960	0.4961	0.4962	0.4963	0.4964
2.7	0.4965	0.4966	0.4967	0.4968	0.4969	0.4970	0.4971	0.4972	0.4973	0.4974
2.8	0.4974	0.4975	0.4976	0.4977	0.4977	0.4978	0.4979	0.4979	0.4980	0.4981
2.9	0.4981	0.4982	0.4982	0.4983	0.4984	0.4984	0.4985	0.4985	0.4986	0.4986
3.0	0.4987	0.4987	0.4987	0.4988	0.4988	0.4989	0.4989	0.4989	0.4990	0.4990

第4問～第7問は，いずれか3問を選択し，解答しなさい。

第6問 （選択問題）（配点 16）

O を原点とする座標空間に3点

$$A(4, \ 3, \ 3), \quad B(3, \ 1, \ 5), \quad C(2, \ 2, \ 4)$$

をとる。3点 A，B，C の定める平面を α とする。また，点 D は α 上にあり

$$\overrightarrow{AB} \cdot \overrightarrow{AD} = 3, \quad \overrightarrow{AC} \cdot \overrightarrow{AD} = 4 \qquad\qquad \cdots\cdots ①$$

を満たすとする。

(1) $|\overrightarrow{AB}| = \boxed{\text{ア}}$，$|\overrightarrow{AC}| = \sqrt{\boxed{\text{イ}}}$ であり，$\overrightarrow{AB} \cdot \overrightarrow{AC} = \boxed{\text{ウ}}$ である。

また，△ABC の面積は

$$\frac{\boxed{\text{エ}}\sqrt{\boxed{\text{オ}}}}{\boxed{\text{カ}}}$$

である。

（数学 II，数学 B，数学 C 第6問は次ページに続く。）

— 20 —

第1回　数学 II・B・C

(2)　点 D は平面 α 上にあるので，実数 p, q を用いて

$$\overrightarrow{\text{AD}} = p\overrightarrow{\text{AB}} + q\overrightarrow{\text{AC}} \qquad \cdots\cdots ②$$

と表すことができる。このとき，①から

$$p = \frac{\boxed{\text{キク}}}{\boxed{\text{ケ}}}, \qquad q = \boxed{\text{コ}}$$

である。したがって，$|\overrightarrow{\text{AD}}| = \sqrt{\boxed{\text{サ}}}$ である。

(3)　②により

$$\overrightarrow{\text{CD}} = \frac{\boxed{\text{シス}}}{\boxed{\text{セ}}}\overrightarrow{\text{AB}}$$

であるから，平面 α 上の四角形 ABCD は $\boxed{\text{ソ}}$ ことがわかる。

また，四角形 ABCD の面積は $\boxed{\text{タ}}\sqrt{\boxed{\text{チ}}}$ である。

$\boxed{\text{ソ}}$ の解答群

⓪ 正方形である

① 正方形ではないが，長方形である

② 正方形ではないが，ひし形である

③ 長方形でもひし形でもないが，平行四辺形である

④ 平行四辺形ではないが，台形である

⑤ 台形ではない

（数学 II，数学 B，数学 C 第 6 問は次ページに続く。）

(4) 四角形 ABCD を底面とする四角錐 OABCD の体積 V を求めよう。

平面 α 上に，点 H を $\overrightarrow{\mathrm{OH}} \perp \overrightarrow{\mathrm{AB}}$ と $\overrightarrow{\mathrm{OH}} \perp \overrightarrow{\mathrm{AC}}$ が成り立つようにとる。$|\overrightarrow{\mathrm{OH}}|$ は四角錐 OABCD の高さである。

H は α 上の点であるから，実数 r, s を用いて $\overrightarrow{\mathrm{AH}} = r\overrightarrow{\mathrm{AB}} + s\overrightarrow{\mathrm{AC}}$ と表すことができる。

$\overrightarrow{\mathrm{OH}} \cdot \overrightarrow{\mathrm{AB}} = \overrightarrow{\mathrm{OH}} \cdot \overrightarrow{\mathrm{AC}} = 0$ により

$$r = \frac{\boxed{\text{ツテ}}}{\boxed{\text{ト}}}, \qquad s = \frac{\boxed{\text{ナ}}}{\boxed{\text{ニ}}}$$

である。

よって，$|\overrightarrow{\mathrm{OH}}| = \boxed{\text{ヌ}} \sqrt{\boxed{\text{ネ}}}$ が得られ，$V = \boxed{\text{ノ}}$ であることがわかる。

— 22 —

第1回　数学 **II・B・C**

（下 書 き 用 紙）

数学 II，数学 B，数学 C の試験問題は次に続く。

第4問〜第7問は，いずれか3問を選択し，解答しなさい。

第7問 （選択問題）（配点 16）

〔1〕 太郎さんと花子さんは，楕円を描く方法について話している。

> 太郎：2点からの距離の和が一定であれば楕円を描くことができるから，糸を適当な長さに切って，端を固定してたるまないように糸をペンで引っ張りながらくるっと回せば楕円が描けるね。
> 花子：描きたい楕円の大きさから糸の長さと固定する糸の両端の距離が計算できるね。

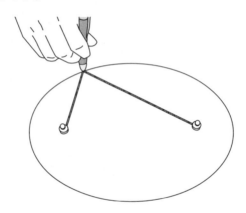

長軸の長さが 10 cm，短軸の長さが 6 cm の楕円を描くには，糸の長さは ア cm にして，その糸の両端を イ cm 離した位置に固定すればよい。

ア ， イ の解答群

⓪ 4　　① 5　　② 6　　③ 8　　④ 10
⑤ $\sqrt{5}$　⑥ $\sqrt{6}$　⑦ $2\sqrt{2}$　⑧ $\sqrt{10}$

（数学 II，数学 B，数学 C 第7問は次ページに続く。）

第1回 数学Ⅱ・B・C

〔2〕 複素数平面上の原点を中心とする半径1の円に正六角形が下図のように内接し，その頂点を表す複素数を $z_0, z_1, z_2, z_3, z_4, z_5$ とする。

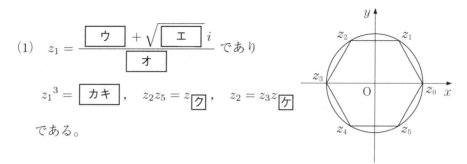

(1) $z_1 = \dfrac{\boxed{ウ} + \sqrt{\boxed{エ}}\, i}{\boxed{オ}}$ であり

$z_1{}^3 = \boxed{カキ}$, $z_2 z_5 = z_{\boxed{ク}}$, $z_2 = z_3 z_{\boxed{ケ}}$

である。

(2) $z_2 + z_3 = r(\cos\theta + i\sin\theta)\ (r > 0,\ 0 \leqq \theta < 2\pi)$ とすると

$r = \sqrt{\boxed{コ}}$, $\theta = \boxed{サ}$

である。また，$(z_2 + z_3)^n$ が実数となる最小の自然数 n の値は

$n = \boxed{シ}$

である。

$\boxed{サ}$ の解答群

⓪ $\dfrac{2}{3}\pi$	① $\dfrac{3}{4}\pi$	② $\dfrac{5}{6}\pi$	③ π	④ $\dfrac{7}{6}\pi$
⑤ $\dfrac{5}{4}\pi$	⑥ $\dfrac{4}{3}\pi$	⑦ $\dfrac{5}{3}\pi$	⑧ $\dfrac{7}{4}\pi$	⑨ $\dfrac{11}{6}\pi$

第 2 回
実 戦 問 題
（100点　70分）

───●　標 準 所 要 時 間　●───

第1問	11分	第4問	11分
第2問	11分	第5問	11分
第3問	15分	第6問	11分
		第7問	11分

（注）　第1問，第2問，第3問は必答，第4問～第7問のうち3問選択解答

(注) この科目には，選択問題があります。

数　学　II・B・C

第1問 （必答問題） （配点　15）

次の問題について考えよう。

問題　$0 \leqq \theta < 2\pi$ において

$$4\sqrt{2}\sin\theta\cos\theta = \left(\sqrt{3}+1\right)\sin\theta + \left(\sqrt{3}-1\right)\cos\theta \qquad \cdots\cdots ①$$

を満たす θ の値を求めよ。

---

(1)　太郎さんと花子さんは，この**問題**に取り組んでいる。

太郎：①の左辺に θ は二つあるけど，これらは一つにまとめられるね。

花子：それなら，①の右辺にある θ も一つにまとめたいね。

(i)　①の左辺は

$$\boxed{\text{ア}}\ \sqrt{\boxed{\text{イ}}}\ \sin\boxed{\text{ウ}}$$

と表すことができる。

$\boxed{\text{ウ}}$ の解答群

⓪ $\dfrac{\theta}{2}$	① $\left(-\dfrac{\theta}{2}\right)$	② θ
③ $(-\theta)$	④ 2θ	⑤ (-2θ)

（数学 II，数学 B，数学 C 第 1 問は次ページに続く。）

— 2 —

第2回　数学II・B・C

(ii)　加法定理により

$$\sin\frac{\pi}{12} = \frac{\sqrt{\boxed{エ}} - \sqrt{\boxed{オ}}}{\boxed{カ}}$$

$$\cos\frac{\pi}{12} = \frac{\sqrt{\boxed{エ}} + \sqrt{\boxed{オ}}}{\boxed{カ}}$$

であるから，これと三角関数の合成により，①の右辺は

$$\boxed{キ}\sqrt{\boxed{ク}}\sin\left(\boxed{ケ}\right)$$

と表すことができる。

$\boxed{ケ}$ の解答群

⓪ $\dfrac{\theta}{2} + \dfrac{\pi}{12}$ 　　① $\dfrac{\theta}{2} - \dfrac{\pi}{12}$ 　　② $\theta + \dfrac{\pi}{12}$

③ $\theta - \dfrac{\pi}{12}$ 　　④ $2\theta + \dfrac{\pi}{12}$ 　　⑤ $2\theta - \dfrac{\pi}{12}$

(2)　$0 \leqq \theta < 2\pi$ において①を満たす θ の値は $\boxed{コ}$ 個あり，そのうち最小の

ものは $\dfrac{\pi}{\boxed{サシ}}$ ，最大のものは $\dfrac{\boxed{スセ}}{\boxed{ソタ}}\pi$ である。

— 3 —

第2問 （必答問題）（配点 15）

(1) 正の数 $x,\ y$ は

$$\log_4 x = \log_9 y = \log_6(2y - 3x) \qquad \cdots\cdots ①$$

を満たしている。このとき，$\dfrac{y}{x}$ の値を求めよう。

真数は正であるから

$$y > \dfrac{\boxed{\text{ア}}}{\boxed{\text{イ}}}x > 0$$

である。

① より

$$\log_4 x = \log_9 y = \log_6(2y - 3x) = a$$

とおくと

$$x = \boxed{\text{ウ}}\ , \qquad y = \boxed{\text{エ}}\ , \qquad 2y - 3x = \boxed{\text{オ}}$$

である。

よって，$x,\ y$ は

$$\boxed{\text{カ}}\,y^2 - \boxed{\text{キク}}\,xy + \boxed{\text{ケ}}\,x^2 = 0$$

を満たすので，$\dfrac{y}{x} = \dfrac{\boxed{\text{コ}}}{\boxed{\text{サ}}}$ である。

$\boxed{\text{ウ}} \sim \boxed{\text{オ}}$ の解答群（同じものを繰り返し選んでもよい。）

⓪ 2^a	① 2^{2a}	② 3^a
③ 3^{2a}	④ $2^a \cdot 3^a$	⑤ $2^{2a} \cdot 3^{2a}$

（数学 II，数学 B，数学 C 第 2 問は 6 ページに続く。）

第2回　数学 II・B・C

（下 書 き 用 紙）

数学 II，数学 B，数学 C の試験問題は次に続く。

(2)　ある有機物由来の試料が採取されたとき，その試料がいつの年代のものかを調べる方法に放射性炭素年代測定法というものがある。

　　地球上の大気中には，通常の炭素原子と異なる放射性炭素原子「炭素14」とよばれるものが存在している。大気中の炭素原子全体に対する「炭素14」の割合はどの年代でもつねに一定であるとする。この「炭素14」は不安定なため，生物が生命活動を行っているうちは，その生物内の「炭素14」は大気中と同じ割合であるが，死んだり枯れたりして大気中から「炭素14」が取り込まれなくなると一定の割合で減り続け，5730年経過すると半分になる。

　　したがって，大気中から「炭素14」が取り込まれなければ，試料に含まれる「炭素14」の量は，5730年後には $\dfrac{1}{2}$ 倍に，11460年後には $\dfrac{\boxed{シ}}{\boxed{ス}}$ 倍になる。

　　以下，ある試料に含まれる「炭素14」の量を k とし，x 年後の「炭素14」の量を y とすると

$$y = k\left(\dfrac{1}{2}\right)^{\frac{x}{5730}}$$

という関係式が成り立つものとする。

（数学 II，数学 B，数学 C 第 2 問は次ページに続く。）

第2回　数学II・B・C

(i)　太郎さんの町では，材木を利用して工芸品を作っている。現在の工芸品に含まれる「炭素14」の量を m とすると，1900 年後の「炭素14」の量は約　セ　である。

　　セ　については，最も適当なものを，次の ⓪〜⑤ のうちから一つ選べ。

⓪ $\dfrac{m}{\sqrt{2}}$　　　　　① $\dfrac{m}{\sqrt[3]{2}}$　　　　　② $\dfrac{m}{\sqrt[4]{2}}$

③ $\dfrac{m}{\sqrt{3}}$　　　　　④ $\dfrac{m}{\sqrt[3]{3}}$　　　　　⑤ $\dfrac{m}{\sqrt[4]{3}}$

(ii)　花子さんの住んでいる地方で，マンモスの骨が発見された。このマンモスの骨について「炭素14」の量を測定したところ，大気中に含まれる「炭素14」の量の $\dfrac{1}{100}$ であった。したがって，このマンモスは約　ソ　年前に死んだことになる。ただし，$\log_{10} 2 = 0.301$，$\log_{10} 3 = 0.477$，$\log_{10} 7 = 0.845$ とする。

　　ソ　については，最も適当なものを，次の ⓪〜⑤ のうちから一つ選べ。

⓪　20000　　　　① 26000　　　　② 32000

③　38000　　　　④ 44000　　　　⑤ 50000

— 7 —

第3問 （必答問題）（配点 22）

$f(x) = x^2 + 2x - 3$ とおき，座標平面上の放物線 $y = f(x)$ を C_1 とする。また，C_1 上に点 A$(a, f(a))$，B$(2a - 2, f(2a - 2))$，D$(0, -3)$ をとる。

(1) $1 < a < 2$ とする。

直線 AD の方程式は

$$y = \left(a + \boxed{\text{ア}}\right)x - \boxed{\text{イ}}$$

である。C_1 と線分 AD で囲まれる図形の面積を S_1 とすると

$$S_1 = \frac{a^3}{\boxed{\text{ウ}}}$$

である。また，直線 BD の方程式は

$$y = \boxed{\text{エ}}\,ax - \boxed{\text{オ}}$$

であり，C_1 と線分 BD で囲まれる図形の面積は $\dfrac{(2a - 2)^3}{\boxed{\text{ウ}}}$ である。

（数学 II，数学 B，数学 C 第 3 問は次ページに続く。）

— 8 —

第2回　数学II・B・C

連立不等式

$$\begin{cases} y \geqq f(x) \\ y \leqq \left(a + \boxed{\text{ア}}\right)x - \boxed{\text{イ}} \\ y \geqq \boxed{\text{エ}}\,ax - \boxed{\text{オ}} \end{cases}$$

の表す領域の面積を S_2 とする。$1 < a < 2$ のとき，$0 < 2a - 2 < a$ であることに注意すると

$$S_2 = \frac{\boxed{\text{カキ}}}{\boxed{\text{ク}}}a^3 + \boxed{\text{ケ}}\,a^2 - \boxed{\text{コ}}\,a + \frac{\boxed{\text{サ}}}{\boxed{\text{シ}}}$$

である。$1 < a < 2$ の範囲において，S_2 は $\boxed{\text{ス}}$ 。

$\boxed{\text{ス}}$ の解答群

⓪ 減少する　　　　　**①** 極小値をとるが，極大値はとらない

② 増加する　　　　　**③** 極大値をとるが，極小値はとらない

④ 一定である　　　　**⑤** 極小値と極大値の両方をとる

（数学 II，数学 B，数学 C 第 3 問は次ページに続く。）

(2) $a > 0$ とする。

$g(x) = -x^2 + px$ とおき，座標平面上の放物線 $y = g(x)$ を C_2 とする。

C_2 は異なる2点 $(a,\ f(a))$ と $(b,\ f(b))$ を通るとする。このとき

$$p = \boxed{\text{セ}}\, a - \frac{\boxed{\text{ソ}}}{a} + \boxed{\text{タ}}$$

であり，$ab = \dfrac{\boxed{\text{チツ}}}{\boxed{\text{テ}}}$ が成り立つ。

また，C_1 と C_2 で囲まれる図形のうち，$x \geqq 0$ の範囲にある部分の面積を S_3，$x \leqq 0$ の範囲にある部分の面積を S_4 とする。

このとき

$$S_3 = \frac{\boxed{\text{ト}}}{\boxed{\text{ナ}}}\, a^3 + \frac{\boxed{\text{ニ}}}{\boxed{\text{ヌ}}}\, a$$

である。

（数学 II，数学 B，数学 C 第 3 問は次ページに続く。）

第2回　数学 II・B・C

S_4 を b を用いて表すことにより，$S_3 = S_4$ となる a の値は

$$a = \frac{\sqrt{\boxed{\text{ネ}}}}{\boxed{\text{ノ}}}$$

である。

— 11 —

第4問～第7問は，いずれか3問を選択し，解答しなさい。

第4問 （選択問題）（配点 16）

太郎さんと花子さんは，ある工場の廃油の処理について話している。

(1) この工場では朝8時から操業を始め，製品を生産する際に発生した廃油はすべて廃油処理装置P（以下，装置P）に送られる。夜10時に操業が終了した後，装置Pは次の日の操業までに装置Pの中にある廃油の質量の $\frac{1}{2}$ 倍を処理する。また，この工場では製品を生産する際，朝8時から夜10時までの操業の間は装置Pは停止しており，その間に毎日 A kg の廃油が新たに発生する。

太郎：ある日の夜10時に装置Pの中にある廃油が B kg だとすると，$\frac{B}{2}$ kg の廃油が処理されて，翌日には操業中に A kg の廃油が発生するから，翌日の夜10時に装置Pの中にある未処理の廃油は $\left(\frac{B}{2} + A \right)$ kg だね。

花子：夜10時に装置Pの中にある廃油が B kg の日を1日目として，n 日目の夜10時に装置Pの中にある未処理の廃油の質量を n の式で表すことはできないかな。

---

n 日目の夜10時に装置Pの中にある未処理の廃油の質量を a_n kg とおいて，数列 $\{a_n\}$ の一般項を求めよう。ただし，$a_1 = B$ とする。

a_n と a_{n+1} について漸化式

$$a_{n+1} = \frac{\boxed{ア}}{\boxed{イ}} a_n + \boxed{ウ} \quad (n = 1, 2, 3, \cdots)$$

が成り立つ。この等式は

$$a_{n+1} - \boxed{エ} = \frac{\boxed{ア}}{\boxed{イ}} \left(a_n - \boxed{エ} \right)$$

と変形できる。

（数学II，数学B，数学C 第4問は次ページに続く。）

— 12 —

したがって

$$a_n = \boxed{\text{オ}} + \left(\boxed{\text{カ}}\right) \cdot \left(\frac{\boxed{\text{ア}}}{\boxed{\text{イ}}}\right)^{\boxed{\text{キ}}}$$

である。

$\boxed{\text{ウ}} \sim \boxed{\text{オ}}$ の解答群(同じものを繰り返し選んでもよい。)

⓪ $\dfrac{A}{2}$	① A	② $2A$

$\boxed{\text{カ}}$ の解答群

⓪ $A - 2B$	① $A + 2B$	② $B - 2A$	③ $B + 2A$

$\boxed{\text{キ}}$ の解答群

⓪ $n - 2$	① $n - 1$	② n	③ $n + 1$	④ $n + 2$

(数学 II, 数学 B, 数学 C 第 4 問は次ページに続く。)

(2) この工場に新しい廃油処理装置 Q を設置した。この装置 Q は添加剤を投入することにより廃油から潤滑油を再生できる。添加剤は初日に 1 kg 投入し，1 日ごとに前日より 4 kg ずつ増やして投入する。装置 Q によって再生された n 日目の潤滑油の質量は n の式で表すことができ，n 日目までに再生された潤滑油の質量の合計は，n 日目に再生された潤滑油の質量の 2 倍からそれまでに投入された添加剤の質量の合計を差し引いた質量となることがわかっている。ただし，潤滑油を再生するための廃油は十分あるものとする。

n 日目に投入された添加剤の質量を c_n kg とおくと

$$c_n = \boxed{}\,n - \boxed{}$$

であり

$$\sum_{k=1}^{n} c_k = \boxed{}\,n^2 - n$$

である。

よって，n 日目に再生された潤滑油の質量を d_n kg とおくと，条件から

$$\sum_{k=1}^{n} d_k = 2d_n - \left(\boxed{}\,n^2 - n \right) \quad (n = 1,\ 2,\ 3,\ \cdots)$$

が成り立つ。

（数学 II，数学 B，数学 C 第 4 問は次ページに続く。）

これより，d_n と d_{n+1} の間の関係式は

$$d_{n+1} = \boxed{\text{サ}}\, d_n + \boxed{\text{シ}}\, n + \boxed{\text{ス}} \quad (n = 1,\, 2,\, 3,\, \cdots)$$

となる。この等式は

$$d_{n+1} + \boxed{\text{セ}}\,(n+1) + \boxed{\text{ソ}}$$
$$= \boxed{\text{サ}}\left(d_n + \boxed{\text{セ}}\, n + \boxed{\text{ソ}} \right)$$

と変形できる。

また，$d_1 = \boxed{\text{タ}}$ であることから，数列 $\{d_n\}$ の一般項は

$$d_n = \boxed{\text{チ}} \cdot \boxed{\text{ツ}}^{\,n} - \boxed{\text{テ}}\, n - \boxed{\text{ト}}$$

である。

— 15 —

第4問～第7問は，いずれか3問を選択し，解答しなさい。

第5問 （選択問題） （配点 16）

以下の問題を解答するにあたっては，必要に応じて19ページの正規分布表を用いてもよい。

(1) 太郎さんは，今年，家に届いたお年玉くじ付き年賀はがきについて，お年玉3等が当選している枚数が10枚以上ある確率について考えた。

(i) 確率変数 X が二項分布 $B(n, p)$ に従うとき，X の平均(期待値)を $E(X)$，標準偏差を $\sigma(X)$ とすると

$$E(X) = \boxed{\ \ \text{ア}\ \ }, \quad \sigma(X) = \boxed{\ \ \text{イ}\ \ }$$

である。

お年玉くじ付き年賀はがきのお年玉3等の当選は，お年玉くじ付き年賀はがきの表面下側に印刷されている数字の下2桁の数字で決まる。毎年，下2桁の数字が3つ発表されるので，当選確率は0.03である。

お年玉くじ付き年賀はがき100枚のうち，3等が当選している枚数を表す確率変数を Y とすると

$$E(Y) = \boxed{\ \ \text{ウ}\ \ }, \quad \sigma(Y) = \boxed{\ \ \text{エ}\ \ }$$

である。

$\boxed{\ \text{ア}\ }$ ， $\boxed{\ \text{イ}\ }$ の解答群

⓪ $\sqrt{p}$	① p	② p^2
③ $\sqrt{np}$	④ np	⑤ $(np)^2$
⑥ $\sqrt{np(1-p)}$	⑦ $np(1-p)$	⑧ $\{np(1-p)\}^2$

$\boxed{\ \text{ウ}\ }$ ， $\boxed{\ \text{エ}\ }$ については，最も適当なものを，次の⓪～⑦のうちから一つずつ選べ。

⓪ 1.0	① 1.2	② 1.4	③ 1.7
④ 2.1	⑤ 2.4	⑥ 2.8	⑦ 3.0

（数学 II，数学 B，数学 C 第 5 問は次ページに続く。）

— 16 —

第2回　数学 II・B・C

(ii) 確率変数 X が二項分布 $B(n, p)$ に従うとき，n が十分大きいならば，X は近似的に正規分布 $N\left(\boxed{\text{オ}}, \boxed{\text{カ}}\right)$ に従う。

よって，X を標準化した確率変数 $Z = \dfrac{X - \boxed{\text{キ}}}{\boxed{\text{ク}}}$ は，n が十分大きいならば，近似的に標準正規分布 $N(0, 1)$ に従う。

今年，太郎さんの家に届いたお年玉くじ付き年賀はがきは 400 枚であったとする。このうち 3 等が当選しているはがきの枚数を表す確率変数を W とすると，400 は十分大きいので，W は近似的に正規分布に従う。3 等が当選しているはがきの枚数が 10 枚以上である確率の近似値を求めると

$$P(W \geqq 10) = \boxed{\text{ケ}}$$

である。

$\boxed{\text{オ}} \sim \boxed{\text{ク}}$ の解答群(同じものを繰り返し選んでもよい。)

⓪ $\sqrt{p}$	① p	② p^2
③ $\sqrt{np}$	④ np	⑤ $(np)^2$
⑥ $\sqrt{np(1-p)}$	⑦ $np(1-p)$	⑧ $\{np(1-p)\}^2$

$\boxed{\text{ケ}}$ については，最も適当なものを，次の⓪〜⑦のうちから一つ選べ。

⓪ 0.159	① 0.222	② 0.278	③ 0.341
④ 0.659	⑤ 0.722	⑥ 0.788	⑦ 0.845

(数学 II，数学 B，数学 C 第 5 問は次ページに続く。)

(2) 新聞部に所属している太郎さんは，お年玉くじ付き年賀はがきについて3等が10枚以上当選している家がどのくらいか調べてみようと思い，学校で

「自宅に届いたお年玉くじ付き年賀はがきのうち，3等が当選していたのは何枚ありましたか？」

というアンケート調査をしてみた。400人から回答をもらい，80人が10枚以上当選していた。このとき，10枚以上当選している家の標本比率を R とすると，$R = 0.$ コ である。標本の大きさ400は大きいので，10枚以上当選している家の母比率 p に対する信頼度95%の信頼区間は

$$0.\boxed{\text{サシ}} \le p \le 0.\boxed{\text{スセ}}$$

である。

このときの母比率 p に対する信頼度95%の信頼区間 $A \le p \le B$ において，$B - A$ を信頼区間の幅と呼ぶと，信頼区間の幅は，$1.96 \times 0.\boxed{\text{ソタ}}$ と表される。

このアンケート調査において $R = 0.\boxed{\text{コ}}$ は変わらないとして，母比率 p に対する信頼度95%の信頼区間の幅を 0.02 以下にするには，調査する人数が何人必要かを考える。

1.96 のかわりに2を近似値として用いれば，$\boxed{\text{チ}}$ 人以上調査すればよいとわかる。

$\boxed{\text{チ}}$ については，最も適当なものを，次の⓪〜⑦のうちから一つ選べ。

⓪ 600	① 800	② 1600	③ 2000
④ 4000	⑤ 6400	⑥ 8100	⑦ 10000

(数学 II，数学 B，数学 C 第 5 問は次ページに続く。)

第2回　数学Ⅱ・B・C

正規分布表

次の表は，標準正規分布の分布曲線における右図の灰色部分の面積の値をまとめたものである。

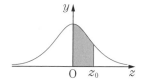

z_0	0.00	0.01	0.02	0.03	0.04	0.05	0.06	0.07	0.08	0.09
0.0	0.0000	0.0040	0.0080	0.0120	0.0160	0.0199	0.0239	0.0279	0.0319	0.0359
0.1	0.0398	0.0438	0.0478	0.0517	0.0557	0.0596	0.0636	0.0675	0.0714	0.0753
0.2	0.0793	0.0832	0.0871	0.0910	0.0948	0.0987	0.1026	0.1064	0.1103	0.1141
0.3	0.1179	0.1217	0.1255	0.1293	0.1331	0.1368	0.1406	0.1443	0.1480	0.1517
0.4	0.1554	0.1591	0.1628	0.1664	0.1700	0.1736	0.1772	0.1808	0.1844	0.1879
0.5	0.1915	0.1950	0.1985	0.2019	0.2054	0.2088	0.2123	0.2157	0.2190	0.2224
0.6	0.2257	0.2291	0.2324	0.2357	0.2389	0.2422	0.2454	0.2486	0.2517	0.2549
0.7	0.2580	0.2611	0.2642	0.2673	0.2704	0.2734	0.2764	0.2794	0.2823	0.2852
0.8	0.2881	0.2910	0.2939	0.2967	0.2995	0.3023	0.3051	0.3078	0.3106	0.3133
0.9	0.3159	0.3186	0.3212	0.3238	0.3264	0.3289	0.3315	0.3340	0.3365	0.3389
1.0	0.3413	0.3438	0.3461	0.3485	0.3508	0.3531	0.3554	0.3577	0.3599	0.3621
1.1	0.3643	0.3665	0.3686	0.3708	0.3729	0.3749	0.3770	0.3790	0.3810	0.3830
1.2	0.3849	0.3869	0.3888	0.3907	0.3925	0.3944	0.3962	0.3980	0.3997	0.4015
1.3	0.4032	0.4049	0.4066	0.4082	0.4099	0.4115	0.4131	0.4147	0.4162	0.4177
1.4	0.4192	0.4207	0.4222	0.4236	0.4251	0.4265	0.4279	0.4292	0.4306	0.4319
1.5	0.4332	0.4345	0.4357	0.4370	0.4382	0.4394	0.4406	0.4418	0.4429	0.4441
1.6	0.4452	0.4463	0.4474	0.4484	0.4495	0.4505	0.4515	0.4525	0.4535	0.4545
1.7	0.4554	0.4564	0.4573	0.4582	0.4591	0.4599	0.4608	0.4616	0.4625	0.4633
1.8	0.4641	0.4649	0.4656	0.4664	0.4671	0.4678	0.4686	0.4693	0.4699	0.4706
1.9	0.4713	0.4719	0.4726	0.4732	0.4738	0.4744	0.4750	0.4756	0.4761	0.4767
2.0	0.4772	0.4778	0.4783	0.4788	0.4793	0.4798	0.4803	0.4808	0.4812	0.4817
2.1	0.4821	0.4826	0.4830	0.4834	0.4838	0.4842	0.4846	0.4850	0.4854	0.4857
2.2	0.4861	0.4864	0.4868	0.4871	0.4875	0.4878	0.4881	0.4884	0.4887	0.4890
2.3	0.4893	0.4896	0.4898	0.4901	0.4904	0.4906	0.4909	0.4911	0.4913	0.4916
2.4	0.4918	0.4920	0.4922	0.4925	0.4927	0.4929	0.4931	0.4932	0.4934	0.4936
2.5	0.4938	0.4940	0.4941	0.4943	0.4945	0.4946	0.4948	0.4949	0.4951	0.4952
2.6	0.4953	0.4955	0.4956	0.4957	0.4959	0.4960	0.4961	0.4962	0.4963	0.4964
2.7	0.4965	0.4966	0.4967	0.4968	0.4969	0.4970	0.4971	0.4972	0.4973	0.4974
2.8	0.4974	0.4975	0.4976	0.4977	0.4977	0.4978	0.4979	0.4979	0.4980	0.4981
2.9	0.4981	0.4982	0.4982	0.4983	0.4984	0.4984	0.4985	0.4985	0.4986	0.4986
3.0	0.4987	0.4987	0.4987	0.4988	0.4988	0.4989	0.4989	0.4989	0.4990	0.4990

第4問～第7問は，いずれか3問を選択し，解答しなさい。

第6問 （選択問題）（配点 16）

四面体 OABC において

$$OA = \sqrt{10}, \quad OB = 3, \quad OC = 2\sqrt{3}$$

$$\overrightarrow{OA} \cdot \overrightarrow{OB} = \overrightarrow{OB} \cdot \overrightarrow{OC} = \overrightarrow{OC} \cdot \overrightarrow{OA} = 8$$

とする。

(1) △ABC の重心を G，△OBC の重心を F とするとき，直線 OG と直線 AF が交わることを示そう。

点 G は △ABC の重心であるから

$$\overrightarrow{OG} = \frac{\boxed{\text{ア}}}{\boxed{\text{イ}}} \left(\overrightarrow{OA} + \overrightarrow{OB} + \overrightarrow{OC} \right)$$

である。直線 AF 上の点 P は，実数 k を用いて，$\overrightarrow{AP} = k\overrightarrow{AF}$ と表すことができる。点 P が直線 OG 上にあるとき $k = \dfrac{\boxed{\text{ウ}}}{\boxed{\text{エ}}}$ であるから，直線 OG と直線 AF は交わることがわかる。交点を P_0 とすると，P_0 は線分 OG を $\boxed{\text{オ}}$: 1 に内分する。

（数学 II，数学 B，数学 C 第6問は次ページに続く。）

— 20 —

第 2 回 数学 II・B・C

(2) 点 O から平面 ABC に垂直に下ろした直線と，平面 ABC との交点を H とする。また，点 A から平面 OBC に垂直に下ろした直線と，平面 OBC との交点を K とする。このとき，直線 OH と直線 AK が交わることを示そう。

点 H は平面 ABC 上にあるので，実数 s, t を用いて

$$\overrightarrow{AH} = s\overrightarrow{AB} + t\overrightarrow{AC}$$

と表すことができる。このとき

$$\overrightarrow{OH} = \left(\boxed{\text{カ}} - s - t \right)\overrightarrow{OA} + s\overrightarrow{OB} + t\overrightarrow{OC}$$

であり，$\overrightarrow{OH} \cdot \overrightarrow{AB} = \overrightarrow{OH} \cdot \overrightarrow{AC} = 0$ であるから，s, t の値を求めることにより

$$\overrightarrow{OH} = \frac{\boxed{\text{キ}}}{\boxed{\text{ク}}}\overrightarrow{OA} + \frac{\boxed{\text{ケ}}}{\boxed{\text{ク}}}\overrightarrow{OB} + \frac{\boxed{\text{コ}}}{\boxed{\text{ク}}}\overrightarrow{OC}$$

である。

また，点 K は平面 OBC 上にあり，$\overrightarrow{AK} \cdot \overrightarrow{OB} = \overrightarrow{AK} \cdot \overrightarrow{OC} = 0$ であることから

$$\overrightarrow{OK} = \frac{\boxed{\text{サ}}}{\boxed{\text{シス}}}\overrightarrow{OB} + \frac{\boxed{\text{セ}}}{\boxed{\text{シス}}}\overrightarrow{OC}$$

と表される。

直線 AK 上の点 Q は，実数 u を用いて，$\overrightarrow{AQ} = u\overrightarrow{AK}$ と表すことができる。Q が直線 OH 上にあるとき $u = \dfrac{\boxed{\text{ソタ}}}{\boxed{\text{チツ}}}$ であるから，直線 OH と直線 AK は交わることがわかる。交点を Q_0 とすると，Q_0 は線分 OH を $\boxed{\text{テト}}$: 1 に内分する。

— 21 —

第4問～第7問は，いずれか3問を選択し，解答しなさい。

第7問 （選択問題）（配点 16）

〔1〕 O を原点とする座標平面上に，楕円 $C: x^2 + \dfrac{y^2}{4} = 1$ と直線 $\ell: y = 2x + k$ がある。ただし，k は実数である。

(1) C と ℓ が接するとき，$k = \pm \boxed{\text{ア}} \sqrt{\boxed{\text{イ}}}$ である。

$k = \boxed{\text{ア}} \sqrt{\boxed{\text{イ}}}$ のとき，C と ℓ の接点を P，ℓ と x 軸との交点を Q とすると，PQ $\boxed{\text{ウ}}$ PO である。

$\boxed{\text{ウ}}$ の解答群

⓪ $<$	① $=$	② $>$

(2) $-\boxed{\text{ア}} \sqrt{\boxed{\text{イ}}} < k < \boxed{\text{ア}} \sqrt{\boxed{\text{イ}}}$ のとき，C と ℓ の交点の中点の軌跡は，直線 $y = \boxed{\text{エオ}}\, x$ の $-\dfrac{\sqrt{\boxed{\text{カ}}}}{\boxed{\text{キ}}} < x < \dfrac{\sqrt{\boxed{\text{カ}}}}{\boxed{\text{キ}}}$ の部分である。

（数学 II，数学 B，数学 C 第7問は次ページに続く。）

第2回　数学 II・B・C

〔2〕
$$\alpha = \left(1 + \sqrt{3}\,i\right)\left(\cos\theta + i\sin\theta\right) \quad \left(0 < \theta < \frac{\pi}{2}\right)$$

とする。点 O を原点とする複素数平面上で，α を表す点を A とする。また，$\arg z$ は複素数 z の偏角を表すものとし，偏角は 0 以上 2π 未満とする。

(1)
$$|\alpha| = \boxed{\ \text{ク}\ }, \qquad \arg\alpha = \frac{\pi}{\boxed{\ \text{ケ}\ }} + \theta$$

であり，α^{24} が正の実数となる最小の θ は $\dfrac{\pi}{\boxed{\ \text{コサ}\ }}$ である。

(2) $\beta = 1 - \sqrt{3}\,i$，γ を正の実数とし，β，γ を表す点をそれぞれ B，C とする。3 点 O，A，B が一直線上にあるのは $\theta = \boxed{\ \text{シ}\ }$ のときである。このとき，線分 AC を直径とする円周上に点 B があれば，k を正の実数として

$$\frac{\alpha - \beta}{\gamma - \beta} = k\left(\cos\boxed{\ \text{ス}\ } + i\sin\boxed{\ \text{ス}\ }\right)$$

が成り立つ。これより

$$k = \frac{\boxed{\ \text{セ}\ }\sqrt{\boxed{\ \text{ソ}\ }}}{\boxed{\ \text{タ}\ }}, \qquad \gamma = \boxed{\ \text{チ}\ }$$

となる。

$\boxed{\ \text{シ}\ }$，$\boxed{\ \text{ス}\ }$ の解答群(同じものを繰り返し選んでもよい。)

⓪ $\dfrac{\pi}{6}$	① $\dfrac{\pi}{4}$	② $\dfrac{\pi}{3}$	③ $\dfrac{\pi}{2}$
④ $\dfrac{2}{3}\pi$	⑤ $\dfrac{3}{4}\pi$	⑥ $\dfrac{5}{6}\pi$	

— 23 —

第 3 回
実 戦 問 題
(100点　70分)

第3回　実戦問題

```
━━━● 標 準 所 要 時 間 ●━━━
第1問      11分  │  第4問      11分
第2問      11分  │  第5問      11分
第3問      15分  │  第6問      11分
                │  第7問      11分
```

(注)　第1問，第2問，第3問は必答，第4問〜第7問のうち3問選択解答

(注) この科目には，選択問題があります。

数　学　II・B・C

第1問 （必答問題） （配点　15）

関数 $f(x) = \sin^4 x + \cos^4 x$ について考える。

$\sin^2 x + \cos^2 x = 1$ を用いることで

$$f(x) = (\sin^2 x + \cos^2 x)^2 - \boxed{\text{ア}}$$

$$= 1 - \boxed{\text{ア}}$$

と変形できる。

さらに，2倍角の公式を用いることで

$$f(x) = 1 - \boxed{\text{イ}} = \frac{\cos 4x + \boxed{\text{ウ}}}{\boxed{\text{エ}}}$$

と変形できる。

$\boxed{\text{ア}}$ の解答群

⓪ $\sin x \cos x$	① $2\sin x \cos x$	② $4\sin x \cos x$
③ $\sin^2 x \cos^2 x$	④ $2\sin^2 x \cos^2 x$	⑤ $4\sin^2 x \cos^2 x$

$\boxed{\text{イ}}$ の解答群

⓪ $\dfrac{1}{2}\sin 2x$	① $\sin 2x$	② $2\sin 2x$
③ $\dfrac{1}{4}\sin^2 2x$	④ $\dfrac{1}{2}\sin^2 2x$	⑤ $\sin^2 2x$

（数学 II，数学 B，数学 C 第 1 問は次ページに続く。）

第３回　数学 II・B・C

(1) $f\left(\dfrac{\pi}{12}\right) = \dfrac{\boxed{オ}}{\boxed{カ}}$ である。

(2) $y = f(x)$ のグラフの概形は $\boxed{キ}$ である。

$\boxed{キ}$ については，最も適当なものを，次の ⓪〜⑦ のうちから一つ選べ。

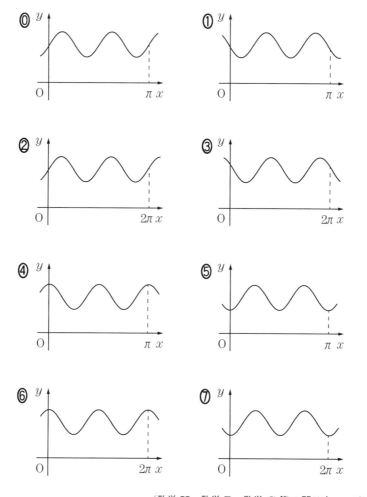

（数学 II，数学 B，数学 C 第 1 問は次ページに続く。）

(3) α, β は定数で，$0 < \alpha < \beta < \pi$ を満たすとする。$\alpha \le x \le \beta$ における関数

$f(x)$ の最大値が 1，最小値が $\dfrac{\boxed{\text{オ}}}{\boxed{\text{カ}}}$ となるのは

$$\alpha = \boxed{\text{ク}} \quad \text{かつ} \quad \boxed{\text{ケ}} \le \beta \le \boxed{\text{コ}}$$

または

$$\beta = \boxed{\text{サ}} \quad \text{かつ} \quad \boxed{\text{シ}} \le \alpha \le \boxed{\text{ス}}$$

のときである。

$\boxed{\text{ク}} \sim \boxed{\text{ス}}$ の解答群(同じものを繰り返し選んでもよい。)

⓪ $\dfrac{\pi}{12}$		① $\dfrac{\pi}{4}$		② $\dfrac{5}{12}\pi$		③ $\dfrac{\pi}{2}$	
④ $\dfrac{7}{12}\pi$		⑤ $\dfrac{3}{4}\pi$		⑥ $\dfrac{11}{12}\pi$			

第3回　数学II・B・C

（下 書 き 用 紙）

数学II，数学B，数学Cの試験問題は次に続く。

第2問 （必答問題） （配点 15）

O を原点とする座標平面上に 2 点 A(4, 0)，B(0, 2) がある。

(1) 3 点 O，A，B を通る円 C の方程式は

$$\left(x - \boxed{}\right)^2 + \left(y - \boxed{}\right)^2 = \boxed{}$$

である。また，点 B における C の接線の方程式は

$$y = \boxed{}\, x + \boxed{}$$

である。

(2)

　(i) 座標平面上で，連立不等式

$$\begin{cases} \left(x - \boxed{}\right)^2 + \left(y - \boxed{}\right)^2 \leqq \boxed{} \\ xy \geqq 0 \end{cases}$$

の表す領域を D とする。D を図示すると $\boxed{}$ の斜線部分になる。ただし，境界を含む。

$\boxed{}$ については，最も適当なものを，次の ⓪〜⑤ のうちから一つ選べ。

(数学 II，数学 B，数学 C 第 2 問は次ページに続く。)

— 6 —

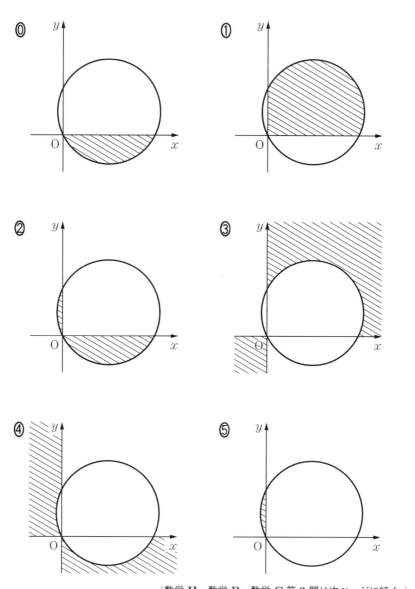

(ii) 太郎さんと花子さんは，次の**問題**について考えている。

問題　a を実数の定数とする。点 (x, y) が領域 D 内を動くとき，$y - ax$ の最大値を求めよ。

太郎：先生から $y - ax = k$ とおいて考えるように教わったよね。

花子：$y - ax = k$ とおくと，これは点 $(0, k)$ を通り，傾きが a の直線を表すから……

太郎：この直線が D と共有点をもつような k の最大値を求めればいいんだね。

$y - ax$ の最大値を M とすると

$$a < \boxed{\text{キ}} \text{ のとき　} M = \boxed{\text{ク}}$$

$$a \geqq \boxed{\text{キ}} \text{ のとき　} M = \boxed{\text{ケ}}$$

である。

$\boxed{\text{ク}}$，$\boxed{\text{ケ}}$ の解答群

⓪　0	①　$2a - 1 + 2\sqrt{a^2 + 1}$
②　1	③　$-2a + 3 + 2\sqrt{a^2 + 1}$
④　2	⑤　$2a + 2 + \sqrt{5(a^2 + 1)}$
⑥　3	⑦　$-2a + 1 + \sqrt{5(a^2 + 1)}$

— 8 —

第 3 回　数学 II・B・C

（下 書 き 用 紙）

数学 II，数学 B，数学 C の試験問題は次に続く。

第3問 （必答問題）（配点 22）

〔1〕 太郎さんと花子さんは，宅配便を使って荷物を送ろうと思っている。荷物は直方体の箱に詰めて送ることにする。送料は，箱の縦，横，高さの長さ（以下，単位はメートル）の和で決まるので，三辺の長さの和をちょうど1になるようにする。

太郎さんの箱は，縦と横の長さの比が $1:2$ である。このような箱で体積が最大になるものを考える。縦，横の長さを，それぞれ x，$2x$ として箱の体積 V を x で表すと

$$V = \boxed{\text{ア}}\, x^2 - \boxed{\text{イ}}\, x^3$$

であり，x のとり得る値の範囲は

$$0 < x < \frac{\boxed{\text{ウ}}}{\boxed{\text{エ}}}$$

である。よって，V が最大になるのは $x = \dfrac{\boxed{\text{オ}}}{\boxed{\text{カ}}}$ のときであり，V の最大値を V_1 とすると，$V_1 = \dfrac{\boxed{\text{キ}}}{\boxed{\text{クケコ}}}$ である。

花子さんは，縦と横の長さが等しい箱で荷物を送ることにする。このとき，花子さんの箱の体積の最大値を V_2 とすると

$$\frac{V_1}{V_2} = \frac{\boxed{\text{サ}}}{\boxed{\text{シ}}}$$

である。

（数学 II，数学 B，数学 C 第 3 問は 12 ページに続く。）

第3回　数学 II・B・C

（下 書 き 用 紙）

数学 II，数学 B，数学 C の試験問題は次に続く。

〔2〕 二つの関数 $f(x)$, $g(x)$ を

$$f(x) = x^3 - 2x + 1$$

$$g(x) = x^3 - x^2 + 4$$

とし，座標平面上の曲線 $y = f(x)$ を C_1，曲線 $y = g(x)$ を C_2 とする。

C_1 と C_2 は 2 点で交わり，交点の x 座標を α, β $(\alpha < \beta)$ とすると

$$\alpha = -\boxed{\text{ス}}, \qquad \beta = \boxed{\text{セ}}$$

である。

(1) $\alpha < x < \beta$ の範囲において

$$f(x) \text{ は } \boxed{\text{ソ}} \text{。}$$

$$g(x) \text{ は } \boxed{\text{タ}} \text{。}$$

$\boxed{\text{ソ}}$，$\boxed{\text{タ}}$ の解答群(同じものを繰り返し選んでもよい。)

⓪ 減少する ① 極小値をとるが，極大値はとらない

② 増加する ③ 極大値をとるが，極小値はとらない

④ 一定である ⑤ 極大値と極小値の両方をとる

(数学 II，数学 B，数学 C 第 3 問は次ページに続く。)

— 12 —

第3回　数学 II・B・C

(2)　C_1 上の点 $(\alpha,\ f(\alpha))$ における接線を ℓ_1，C_2 上の点 $(\alpha,\ g(\alpha))$ における

接線を ℓ_2 とする。ℓ_2 の方程式は

$$y = \boxed{\ \text{チ}\ } x + \boxed{\ \text{ツ}\ }$$

であり，ℓ_1 と ℓ_2 のなす角を $\theta\ \left(0 < \theta < \dfrac{\pi}{2}\right)$ とすると $\tan\theta = \dfrac{\boxed{\ \text{テ}\ }}{\boxed{\ \text{ト}\ }}$

である。

(3)　$\displaystyle \int_{\alpha}^{\beta} \{g(x) - f(x)\}\,dx = \dfrac{\boxed{\ \text{ナニ}\ }}{\boxed{\ \text{ヌ}\ }}$

である。

　　C_1，C_2 の $2\alpha \leqq x \leqq \beta$ の部分と直線 $x = 2\alpha$ で囲まれる二つの部分の面

積の和は $\boxed{\ \text{ネノ}\ }$ である。

— 13 —

第4問～第7問は，いずれか3問を選択し，解答しなさい。

第4問　（選択問題）（配点　16）

　長方形の紙を半分に折るという操作を繰り返し，折った後の長方形の各辺に重なっている紙の枚数について考える。ただし，紙は何回でも折れるものとする。各回で折った折り目の辺に重なっている紙の枚数は1枚とみなす。例えば，図1のような長方形の紙を点線に沿って1回折ると，各辺に重なっている紙の枚数は，図2のようになる。

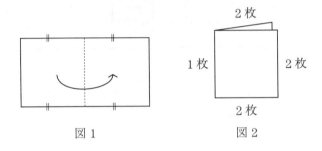

図1　　　　図2

　nを自然数とする。この操作をn回繰り返したとき，n回目の折り目の辺の対辺に重なっている紙の枚数をa_nとし，n回目の折り目の辺の両隣りの辺に重なっている紙の枚数のうち，多くない方の枚数をb_n，もう一方の枚数をc_nとすると，$n=1$のとき，$a_1=2$，$b_1=2$，$c_1=2$である。

　mをnより大きい自然数とし，m回目の操作において，n回目の折り目と平行に半分折ることを「n回目と同じ方向に折る」といい，n回目の折り目と垂直に半分に折ることを「n回目と違う方向に折る」ということにする。

（数学II，数学B，数学C 第4問は次ページに続く。）

第3回　数学Ⅱ・B・C

(1) 毎回1回目と同じ方向に折るとする。

このとき，$a_2 = 3$，$b_2 = 4$，$c_2 = 4$ である。

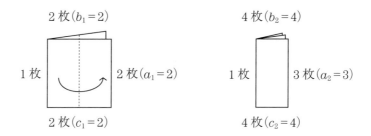

また

$$a_3 = \boxed{ア}, \quad b_3 = \boxed{イ}, \quad c_3 = \boxed{ウ}$$

である。

数列 $\{a_n\}$ は $\boxed{エ}$ であり，数列 $\{b_n\}$ は $\boxed{オ}$ であり，数列 $\{c_n\}$ は $\boxed{カ}$ である。

$\boxed{エ}$ ～ $\boxed{カ}$ の解答群(同じものを繰り返し選んでもよい。)

- ⓪ 公差1の等差数列
- ① 公差2の等差数列
- ② 公比2の等比数列
- ③ 公比4の等比数列
- ④ 階差数列の一般項が $n+1$ である数列
- ⑤ 階差数列の一般項が $2n$ である数列

(数学Ⅱ，数学B，数学C 第4問は次ページに続く。)

(2) 2回目以降，偶数回目は1回目と違う方向に折り，奇数回目は1回目と同じ方向に折るとする。

このとき，$a_2 = 4$，$b_2 = 2$，$c_2 = 4$ である。

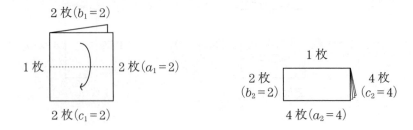

また

$$a_3 = \boxed{\text{キ}}, \quad b_3 = \boxed{\text{ク}}, \quad c_3 = \boxed{\text{ケ}}$$

である。

$n+1$ 回目は n 回目と違う方向に折るから

$$a_{n+1} = \boxed{\text{コ}}, \quad b_{n+1} = \boxed{\text{サ}}, \quad c_{n+1} = \boxed{\text{シ}} \quad (n = 1, 2, 3, \cdots)$$

である。

$\boxed{\text{コ}} \sim \boxed{\text{シ}}$ の解答群（同じものを繰り返し選んでもよい。）

⓪ $a_n + 1$	① $a_n + 2$	② $b_n + 1$	③ $b_n + 2$
④ $2a_n$	⑤ $2b_n$	⑥ $2c_n$	⑦ 2
⑧ $b_n + c_n$	⑨ $a_n + b_n + c_n$		

（数学II，数学B，数学C 第4問は次ページに続く。）

第3回　数学II・B・C

よって

$$a_{n+2} = \boxed{\text{ス}} \, a_n + \boxed{\text{セ}} \quad (n = 1, 2, 3, \cdots)$$

が成り立つ。m を自然数として，$n = 2m$ とおくと

$$a_{2m+2} = \boxed{\text{ス}} \, a_{2m} + \boxed{\text{セ}}$$

となる。

よって，m を自然数として，$d_m = a_{2m}$ とおくと

$$d_{m+1} = \boxed{\text{ス}} \, d_m + \boxed{\text{セ}}$$

となるから，数列 $\{d_m\}$ の一般項は

$$d_m = \boxed{\text{ソ}} \cdot \boxed{\text{ス}}^{\boxed{\text{タ}}} - \boxed{\text{チ}}$$

である。

$\boxed{\text{タ}}$ の解答群

⓪ m　　　　　① $m+1$　　　② $m+2$　　　③ $2m-1$

④ $2m$　　　　⑤ $2m+1$　　　⑥ $2m+2$

— 17 —

第4問～第7問は，いずれか3問を選択し，解答しなさい。

第5問 （選択問題）（配点 16）

以下の問題を解答するにあたっては，必要に応じて 25 ページの正規分布表を用いてもよい。

S 高校の保健室の先生は，最近体調を崩して保健室を訪れる生徒が増えたことを気にしており，保健室を訪れた生徒に聞き取り調査を行ったところ，大多数の生徒の睡眠時間が 6 時間未満であった。そこで平日の睡眠時間に関して，100 人の生徒を無作為に抽出して調査を行った。

その結果，100 人の生徒のうち，平日の睡眠時間が 6 時間未満である生徒は 48 人であり，平日の睡眠時間が 8 時間以上である生徒は 7 人であった。また，この 100 人の生徒の平日の睡眠時間(分)の平均値は 350 であった。S 高校の生徒全員の平日の睡眠時間(分)の母平均を m，母標準偏差を σ とする。

(1) 平日の睡眠時間が 6 時間未満である生徒の母比率を 0.5，平日の睡眠時間が 8 時間以上である生徒の母比率を 0.1 とする。このとき，100 人の無作為標本のうちで，平日の睡眠時間が 6 時間未満である生徒の数を表す確率変数を X とし，平日の睡眠時間が 8 時間以上である生徒の数を表す確率変数を Y とすると，X，Y はともに二項分布に従う。X，Y の平均(期待値)をそれぞれ $E(X)$，$E(Y)$ とすると

$$\frac{E(X)}{E(Y)} = \boxed{\ \ \text{ア}\ \ }$$

である。また，X，Y の標準偏差をそれぞれ $\sigma(X)$，$\sigma(Y)$ とすると

$$\frac{\sigma(X)}{\sigma(Y)} = \frac{\boxed{\ \ \text{イ}\ \ }}{\boxed{\ \ \text{ウ}\ \ }}$$

である。

（数学 II，数学 B，数学 C 第 5 問は次ページに続く。）

第3回　数学II・B・C

　無作為に抽出された100人の生徒のうち，平日の睡眠時間が6時間未満である生徒が48人以下である確率を p_1，平日の睡眠時間が8時間以上である生徒が7人以上である確率を p_2 とする。

　標本の大きさ100は十分に大きいので，X，Y は近似的に正規分布に従うことを用いて p_1 の近似値を求めると，$p_1 = \boxed{\text{エ}}$ である。

　また，p_1 と p_2 の大小関係について $\boxed{\text{オ}}$ が成り立つ。

$\boxed{\text{エ}}$ については，最も適当なものを，次の⓪〜⑤のうちから一つ選べ。

⓪　0.015	①　0.080	②　0.155
③　0.345	④　0.655	⑤　0.845

$\boxed{\text{オ}}$ の解答群

⓪　$p_1 < p_2$	①　$p_1 = p_2$	②　$p_1 > p_2$

（数学II，数学B，数学C 第5問は次ページに続く。）

(2) S高校の100人の生徒を無作為に抽出して，平日の睡眠時間について調査した。ただし，平日の睡眠時間は母平均 m，母標準偏差 σ の分布に従うものとする。

$\sigma = 100$ と仮定したとき，平日の睡眠時間の母平均 m に対する信頼度95％の信頼区間を $C_1 \leqq m \leqq C_2$ とする。このとき，標本の大きさ100は十分大きいことと，平日の睡眠時間の標本平均が350であることから

$$C_1 = \boxed{\text{カ}}, \qquad C_2 = \boxed{\text{キ}}$$

である。

また，$\sigma = 200$ と仮定したとき，平日の睡眠時間の母平均 m に対する信頼度95％の信頼区間を $D_1 \leqq m \leqq D_2$ とすると

$$D_2 - D_1 = \boxed{\text{ク}}\,(C_2 - C_1)$$

である。

$\boxed{\text{カ}}$, $\boxed{\text{キ}}$ については，最も適当なものを，次の⓪～⑦のうちから一つずつ選べ。

⓪ 315.4	① 320.4	② 325.4	③ 330.4
④ 359.6	⑤ 364.6	⑥ 369.6	⑦ 374.6

(数学II，数学B，数学C 第5問は **22** ページに続く。)

第3回　数学 **II・B・C**

（下 書 き 用 紙）

数学 II，数学 B，数学 C の試験問題は次に続く。

(3) この高校では，生活指導の先生が，昨年，生徒の平日の睡眠時間について調査を行っていた。この調査によると，生徒全員の平日の睡眠時間(分)の平均は370であり，標準偏差は80であった。これをもとにして，今年の睡眠時間の母平均 m は昨年と異なるかどうかを有意水準5%で仮説検定してみよう。

そのため，帰無仮説を「　ケ　」とし，対立仮説を「　コ　」とする。

この高校の無作為に抽出された生徒100人の睡眠時間の平均を表す確率変数を W とする。帰無仮説が正しいとすると，W は近似的に正規分布 $N\left(\boxed{\text{サ}},\ \boxed{\text{シ}}^2\right)$ に従うので，$Z = \dfrac{W - \boxed{\text{サ}}}{\boxed{\text{シ}}}$ は近似的に標準正規分布 $N(0,\ 1)$ に従う。

正規分布表より $P\left(|Z| \leqq \boxed{\text{ス}}\right) \fallingdotseq 0.95$ であるから，有意水準5%の棄却域は $|Z| > \boxed{\text{ス}}$ である。

今年の調査から $W = 350$ であり，このとき $Z = \boxed{\text{セ}}$ であることから，この高校の生徒の平日の睡眠時間は $\boxed{\text{ソ}}$。

(数学 II，数学 B，数学 C 第5問は次ページに続く。)

第3回　数学II・B・C

ケ ， コ の解答群

⓪ m は 350 である	① m は 350 ではない
② m は 370 である	③ m は 370 ではない

サ ， シ の解答群

⓪ 4	① 40	② 8
③ 80	④ 350	⑤ 370

ス の解答群

⓪ 1.64	① 1.96	② 2.33	③ 2.58

セ の解答群

⓪ −2.5	① −1.5	② 1.5	③ 2.5

ソ の解答群

⓪ 昨年と異なるといえる

① 昨年と異なるとはいえない

（数学II，数学B，数学C 第5問は 25 ページに続く。）

— 23 —

（下 書 き 用 紙）

数学 II，数学 B，数学 C の試験問題は次に続く。

第3回　数学Ⅱ・B・C

正 規 分 布 表

次の表は，標準正規分布の分布曲線における右図の灰色部分の面積の値をまとめたものである。

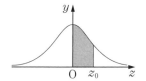

z_0	0.00	0.01	0.02	0.03	0.04	0.05	0.06	0.07	0.08	0.09
0.0	0.0000	0.0040	0.0080	0.0120	0.0160	0.0199	0.0239	0.0279	0.0319	0.0359
0.1	0.0398	0.0438	0.0478	0.0517	0.0557	0.0596	0.0636	0.0675	0.0714	0.0753
0.2	0.0793	0.0832	0.0871	0.0910	0.0948	0.0987	0.1026	0.1064	0.1103	0.1141
0.3	0.1179	0.1217	0.1255	0.1293	0.1331	0.1368	0.1406	0.1443	0.1480	0.1517
0.4	0.1554	0.1591	0.1628	0.1664	0.1700	0.1736	0.1772	0.1808	0.1844	0.1879
0.5	0.1915	0.1950	0.1985	0.2019	0.2054	0.2088	0.2123	0.2157	0.2190	0.2224
0.6	0.2257	0.2291	0.2324	0.2357	0.2389	0.2422	0.2454	0.2486	0.2517	0.2549
0.7	0.2580	0.2611	0.2642	0.2673	0.2704	0.2734	0.2764	0.2794	0.2823	0.2852
0.8	0.2881	0.2910	0.2939	0.2967	0.2995	0.3023	0.3051	0.3078	0.3106	0.3133
0.9	0.3159	0.3186	0.3212	0.3238	0.3264	0.3289	0.3315	0.3340	0.3365	0.3389
1.0	0.3413	0.3438	0.3461	0.3485	0.3508	0.3531	0.3554	0.3577	0.3599	0.3621
1.1	0.3643	0.3665	0.3686	0.3708	0.3729	0.3749	0.3770	0.3790	0.3810	0.3830
1.2	0.3849	0.3869	0.3888	0.3907	0.3925	0.3944	0.3962	0.3980	0.3997	0.4015
1.3	0.4032	0.4049	0.4066	0.4082	0.4099	0.4115	0.4131	0.4147	0.4162	0.4177
1.4	0.4192	0.4207	0.4222	0.4236	0.4251	0.4265	0.4279	0.4292	0.4306	0.4319
1.5	0.4332	0.4345	0.4357	0.4370	0.4382	0.4394	0.4406	0.4418	0.4429	0.4441
1.6	0.4452	0.4463	0.4474	0.4484	0.4495	0.4505	0.4515	0.4525	0.4535	0.4545
1.7	0.4554	0.4564	0.4573	0.4582	0.4591	0.4599	0.4608	0.4616	0.4625	0.4633
1.8	0.4641	0.4649	0.4656	0.4664	0.4671	0.4678	0.4686	0.4693	0.4699	0.4706
1.9	0.4713	0.4719	0.4726	0.4732	0.4738	0.4744	0.4750	0.4756	0.4761	0.4767
2.0	0.4772	0.4778	0.4783	0.4788	0.4793	0.4798	0.4803	0.4808	0.4812	0.4817
2.1	0.4821	0.4826	0.4830	0.4834	0.4838	0.4842	0.4846	0.4850	0.4854	0.4857
2.2	0.4861	0.4864	0.4868	0.4871	0.4875	0.4878	0.4881	0.4884	0.4887	0.4890
2.3	0.4893	0.4896	0.4898	0.4901	0.4904	0.4906	0.4909	0.4911	0.4913	0.4916
2.4	0.4918	0.4920	0.4922	0.4925	0.4927	0.4929	0.4931	0.4932	0.4934	0.4936
2.5	0.4938	0.4940	0.4941	0.4943	0.4945	0.4946	0.4948	0.4949	0.4951	0.4952
2.6	0.4953	0.4955	0.4956	0.4957	0.4959	0.4960	0.4961	0.4962	0.4963	0.4964
2.7	0.4965	0.4966	0.4967	0.4968	0.4969	0.4970	0.4971	0.4972	0.4973	0.4974
2.8	0.4974	0.4975	0.4976	0.4977	0.4977	0.4978	0.4979	0.4979	0.4980	0.4981
2.9	0.4981	0.4982	0.4982	0.4983	0.4984	0.4984	0.4985	0.4985	0.4986	0.4986
3.0	0.4987	0.4987	0.4987	0.4988	0.4988	0.4989	0.4989	0.4989	0.4990	0.4990

第4問～第7問は，いずれか3問を選択し，解答しなさい。

第6問 （選択問題） （配点 16）

平面上に平行四辺形 OACB があり，平行四辺形 OACB の面積を S とする。

平面上の点 P を，実数 $x,\ y$ を用いて

$$\overrightarrow{\mathrm{OP}} = x\overrightarrow{\mathrm{OA}} + y\overrightarrow{\mathrm{OB}}$$

とおく。

（数学 II，数学 B，数学 C 第6問は次ページに続く。）

第3回　数学Ⅱ・B・C

(1) x, y が $3x+y=2$ を満たしながら変化するとき，点 P はある直線 ℓ 上を動く。

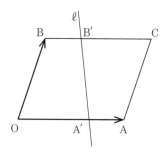

直線 ℓ と2直線 OA, BC の交点をそれぞれ A′, B′ とすると

$$\overrightarrow{OA'} = \frac{\boxed{ア}}{\boxed{イ}}\overrightarrow{OA}, \quad \overrightarrow{OB'} = \frac{\boxed{ウ}}{\boxed{エ}}\overrightarrow{OA}+\overrightarrow{OB}$$

である。線分 A′B′ の中点を M とする。点 M を通り2直線 OA, OB それぞれと平行な2本の直線と，辺 OA, OB で囲まれた平行四辺形の面積を S_1 とすると

$$S_1 = \boxed{オ}\, S$$

である。

$\boxed{オ}$ の解答群

| ⓪ $\frac{1}{2}$ | ① $\frac{1}{3}$ | ② $\frac{1}{4}$ | ③ $\frac{2}{5}$ |
| ④ $\frac{2}{7}$ | ⑤ $\frac{3}{7}$ | ⑥ $\frac{3}{8}$ | ⑦ $\frac{4}{9}$ |

（数学Ⅱ，数学B，数学C 第6問は次ページに続く。）

(2)　k を実数の定数とする。x, y が

$$3x + y = k \qquad\qquad\qquad\qquad \cdots\cdots\text{①}$$

を満たしながら変化するとき，点 P はある直線 ℓ_k 上を動く。

(i)　直線 ℓ_k が 2 辺 OA，BC の両方と共有点をもつような k の値の範囲は

$$\boxed{\ \text{カ}\ } \leqq k \leqq \boxed{\ \text{キ}\ }$$

であり，直線 ℓ_k が 2 辺 BC，AC の両方と共有点をもつような k の値の範囲は

$$\boxed{\ \text{ク}\ } \leqq k \leqq \boxed{\ \text{ケ}\ }$$

である。

（数学 II，数学 B，数学 C 第 6 問は次ページに続く。）

第3回　数学II・B・C

(ii)　x, y は

$$x > 0 \quad かつ \quad y > 0 \qquad\qquad \cdots\cdots ②$$

を満たすものとする。x, y が①かつ②を満たしながら変化するとき，点Pを通り2直線 OA，OB それぞれと平行な2本の直線と，辺 OA，OB で囲まれた平行四辺形の面積を S_2 とすると

$$S_2 = \boxed{\text{コ}}\, S$$

である。よって，S_2 は

$$\overrightarrow{\text{OP}} = \boxed{\text{サ}}\, \overrightarrow{\text{OA}} + \boxed{\text{シ}}\, \overrightarrow{\text{OB}}$$

のとき，最大値

$$\boxed{\text{ス}}\, S$$

をとる。S_2 を最大にする点 P が平行四辺形 OACB の内部の点となるような k の値の範囲は

$$\boxed{\text{セ}} < k < \boxed{\text{ソ}}$$

である。

$\boxed{\text{コ}}$ の解答群

⓪ $(x+y)$	① $(3x+y)$	② $\dfrac{x+y}{2}$	③ $\dfrac{3x+y}{4}$
④ xy	⑤ $3xy$	⑥ $\sqrt{xy}$	⑦ $3\sqrt{xy}$

$\boxed{\text{サ}} \sim \boxed{\text{ス}}$ の解答群(同じものを繰り返し選んでもよい。)

⓪ $\dfrac{k}{2}$	① $\dfrac{k}{3}$	② $\dfrac{k}{6}$	③ $\dfrac{k}{12}$
④ $\dfrac{k^2}{2}$	⑤ $\dfrac{k^2}{3}$	⑥ $\dfrac{k^2}{6}$	⑦ $\dfrac{k^2}{12}$

第4問～第7問は，いずれか3問を選択し，解答しなさい。

第7問 （選択問題）（配点 16）

〔1〕 $a > 0$ とする。2次曲線 $C: ax^2 + (a-1)y^2 + 2y = 1$ について考える。

(1) $0 < a < 1$ のとき，C は $\boxed{\text{ア}}$ である。

$\boxed{\text{ア}}$ の解答群

⓪ 放物線	① 楕 円	② 双曲線

(2) $a \neq 1$ のとき，C の方程式は

$$\frac{x^2}{\boxed{\text{イ}}} + \frac{\left(y + \dfrac{1}{\boxed{\text{ウ}}}\right)^2}{\boxed{\text{エ}}} = \frac{1}{\boxed{\text{オ}}}$$

と表される。

曲線 C の二つの焦点を F，F′ とすると

C が楕円のとき

$$\mathrm{FF}' = \boxed{\text{カ}}$$

であり，直線 FF′ の方程式は $\boxed{\text{キ}}$ である。

C が双曲線のとき

$$\mathrm{FF}' = \boxed{\text{ク}}$$

であり，直線 FF′ の方程式は $\boxed{\text{ケ}}$ である。

（数学 II，数学 B，数学 C 第7問は次ページに続く。）

第3回　数学 II・B・C

$\boxed{\text{イ}}$ ～ $\boxed{\text{オ}}$ の解答群(同じものを繰り返し選んでもよい。)

| ⓪ a | ① $a-1$ | ② a^2 | ③ $(a-1)^2$ |

$\boxed{\text{カ}}$, $\boxed{\text{ク}}$ の解答群(同じものを繰り返し選んでもよい。)

⓪ 2　　　　① $2(2a-1)$　　② $2\sqrt{2a-1}$　　③ $\dfrac{2}{a-1}$

④ $\dfrac{2}{1-a}$　　⑤ $\dfrac{2}{\sqrt{a-1}}$　　⑥ $\dfrac{2}{\sqrt{1-a}}$

$\boxed{\text{キ}}$, $\boxed{\text{ケ}}$ の解答群(同じものを繰り返し選んでもよい。)

⓪ $x=0$　　　　　① $y=0$　　　　　② $y=-\dfrac{1}{\boxed{\text{ウ}}}$

(数学 II, 数学 B, 数学 C 第 7 問は次ページに続く。)

— 31 —

〔2〕 この問題において複素数平面の象限とは，実軸を x 軸，虚軸を y 軸とした座標平面における象限のことをいう。

　原点を O とし，共役な複素数 $\sqrt{3}+9i$，$\sqrt{3}-9i$ を表す点をそれぞれ A，B とする。さらに，$\triangle$OAB の 3 辺 AB，AO，BO をそれぞれ 1 辺とする三つの正三角形 ABP，AOQ，BOR をとり，重心をそれぞれ G，H，I とする。ただし，P は実軸の正の部分上にあり，Q は第 2 象限に，R は第 3 象限にあるとする。

(数学 II，数学 B，数学 C 第 7 問は次ページに続く。)

第3回　数学 II・B・C

(1) 複素数 z_1, z_2, z_3, z_4 を表す点がそれぞれ P, Q, G, H であるとすると

$$z_1 = \boxed{コサ} \sqrt{\boxed{シ}}$$

$$z_2 = \boxed{スセ} \sqrt{\boxed{ソ}} + \boxed{タ} i$$

$$z_3 = \boxed{チ} \sqrt{\boxed{ツ}}$$

$$z_4 = \boxed{テ} \sqrt{\boxed{ト}} + \boxed{ナ} i$$

である。

(2) $\angle \mathrm{HGI} = \dfrac{\pi}{\boxed{ニ}}$ であり，$\triangle \mathrm{GHI}$ の面積は

$$\boxed{ヌネ} \sqrt{\boxed{ノ}}$$

である。

— 33 —

第 4 回
実 戦 問 題
（100 点　70 分）

第4回　実戦問題

●標 準 所 要 時 間●

第 1 問	11 分	第 4 問	11 分
第 2 問	11 分	第 5 問	11 分
第 3 問	15 分	第 6 問	11 分
		第 7 問	11 分

（注）　第 1 問，第 2 問，第 3 問は必答，第 4 問～第 7 問のうち 3 問選択解答

(注) この科目には，選択問題があります。

数　学　II・B・C

第1問　（必答問題）　（配点　15）

　　a を正の実数とする。O を原点とする座標平面上に 2 点 A(2, 0)，B(4, 0) と直線 $\ell: y = ax$ があり，直線 ℓ 上に動点 P をとる。

(1)　太郎さんと花子さんは，線分 AP と線分 BP の長さの和が最小となるときの点 P の座標について話している。

太郎：P の座標を (t, at) とおいて，AP + BP を t を用いて表すと式が複雑すぎて，最小値を求めるのは大変そうだね。

花子：それじゃ，幾何を利用して考えたらどうだろう。点 B を ℓ に関して対称移動した点を C として，ℓ は線分 BC の垂直二等分線だから，BP = CP となるよね。だから AP + CP が最小になるような点 P が求めるべき点になるよ。

太郎：ということは，AP + BP が最小になるのは 3 点 A，P，C が一直線上にあるときだから，ℓ と直線 AC の交点 Q のときだね。

花子：求め方はわかったけれど，点 C やその交点の座標を求めるのにはどうしたらいいのかな。

太郎：C の座標を (p, q) とおいて，p，q の連立方程式を立ててみよう。

花子：$\angle POB = \theta$ とおき，$\tan\theta$ を用いて点 C の座標を求めることもできるね。

（数学 II，数学 B，数学 C 第 1 問は次ページに続く。）

— 2 —

第4回　数学Ⅱ・B・C

点Bをℓに関して対称移動した点をCとする。

(i)　Cの座標を(p, q)とおくと，$\ell \perp$ BCであることから

$$\boxed{\text{ア}} = 0$$

が成り立ち，線分BCの中点がℓ上にあることから

$$\boxed{\text{イ}} = 0$$

が成り立つ。

$\boxed{\text{ア}}$，$\boxed{\text{イ}}$の解答群(同じものを繰り返し選んでもよい。)

⓪　$p + aq + 4$　　①　$p + aq - 4$　　②　$p - aq + 4$

③　$p - aq - 4$　　④　$ap + q + 4a$　　⑤　$ap + q - 4a$

⑥　$ap - q + 4a$　　⑦　$ap - q - 4a$

(ii)　$\angle$POB $= \theta$とおくと，$\tan\theta = \boxed{\text{ウ}}$であり

$$\cos\theta = \boxed{\text{エ}}, \qquad \sin\theta = \boxed{\text{オ}}$$

である。

さらに，OB = OC，$\angle$BOC $= 2\theta$であることから，Cの座標を求めることができる。

(i)または(ii)より，点Cの座標は$\left(\boxed{\text{カ}}, \boxed{\text{キ}} \right)$である。

$\boxed{\text{ウ}} \sim \boxed{\text{キ}}$の解答群(同じものを繰り返し選んでもよい。)

⓪　a　　①　$\dfrac{1}{a}$　　②　$\sqrt{1 + a^2}$　　③　$\dfrac{1}{\sqrt{1 + a^2}}$

④　$\dfrac{a}{\sqrt{1 + a^2}}$　　⑤　$\dfrac{\sqrt{1 + a^2}}{a}$　　⑥　$\dfrac{8}{1 + a^2}$　　⑦　$\dfrac{8a}{1 + a^2}$

⑧　$\dfrac{4(1 - a^2)}{1 + a^2}$　　⑨　$\dfrac{1 + a^2}{4(1 - a^2)}$

(数学Ⅱ，数学B，数学C第1問は次ページに続く。)

— 3 —

(2) ℓ と直線 AC の交点を Q とする。

点 Q は △OBC の $\boxed{\text{ク}}$ であることから，Q の座標は

$$Q\left(\boxed{\text{ケ}}, \boxed{\text{コ}}\right)$$

である。

$\boxed{\text{ク}}$ の解答群

⓪ 重 心	**①** 内 心	**②** 外 心
③ 垂 心	**④** 傍 心	

$\boxed{\text{ケ}}$，$\boxed{\text{コ}}$ の解答群

⓪ $\dfrac{1}{3(1+a^2)}$	**①** $\dfrac{2}{3(1+a^2)}$	**②** $\dfrac{4}{3(1+a^2)}$	**③** $\dfrac{8}{3(1+a^2)}$
④ $\dfrac{a}{3(1+a^2)}$	**⑤** $\dfrac{2a}{3(1+a^2)}$	**⑥** $\dfrac{4a}{3(1+a^2)}$	**⑦** $\dfrac{8a}{3(1+a^2)}$

(数学 II，数学 B，数学 C 第 1 問は次ページに続く。)

(3) 花子さんと太郎さんは，グラフ表示ソフトを用いて(2)の点 Q の動きを考えている。a の値を 0.1, 0.2, 0.3, … などと正の範囲で増加させると，Q は円を描くようにみえる。

a が $a > 0$ の範囲を動くとき，点 Q の軌跡は点 $\left(\dfrac{\boxed{サ}}{\boxed{シ}},\ \boxed{ス} \right)$ を中心とする半径 $\dfrac{\boxed{セ}}{\boxed{ソ}}$ の円の $y > 0$ の部分である。

第2問 （必答問題）（配点 15）

x は正の実数とする。

(1)
$$\log_4 x = \frac{\log_2 x}{\boxed{\text{ア}}}$$

$$1 + \log_2 x = \log_2 \boxed{\text{イ}}\, x$$

である。また，$\log_4 x > 1 + \log_2 x$ を満たす実数 x の値の範囲は

$$\boxed{\text{ウ}} < x < \frac{\boxed{\text{エ}}}{\boxed{\text{オ}}}$$

である。

(2) $y = \log_4 x$ のグラフは，$y = \log_2 x$ のグラフを $\boxed{\text{カ}}$。

$y = 1 + \log_2 x$ のグラフは，$y = \log_2 x$ のグラフを $\boxed{\text{キ}}$。

$y = \log_2 x^2$ のグラフは，$y = \log_2 x$ のグラフを $\boxed{\text{ク}}$。

$\boxed{\text{カ}} \sim \boxed{\text{ク}}$ の解答群(同じものを繰り返し選んでもよい。)

- ⓪ y 軸をもとにして x 軸方向に 2 倍に拡大したものである
- ① y 軸をもとにして x 軸方向に $\frac{1}{2}$ 倍に縮小したものである
- ② x 軸をもとにして y 軸方向に 2 倍に拡大したものである
- ③ x 軸をもとにして y 軸方向に $\frac{1}{2}$ 倍に縮小したものである

（数学 II，数学 B，数学 C 第 2 問は次ページに続く。）

第4回　数学 II・B・C

(3)　$A = \log_2 x$, $B = \log_4 x$, $C = 1 + \log_2 x$, $D = \log_2 x^2$ とする。

$$\boxed{\text{ウ}} < x < \frac{\boxed{\text{エ}}}{\boxed{\text{オ}}}$$ のとき，A, B, C, D の大小関係について $\boxed{\text{ケ}}$

が成り立つ。

$\boxed{\text{ケ}}$ の解答群

⓪　$B > C > A > D$

①　$B > C > D > A$

②　$B > D > C > A$

③　$C > A > B > D$

④　$C > A > D > B$

⑤　$C > D > A > B$

⑥　$D > B > C > A$

⑦　$D > C > A > B$

— 7 —

第3問 （必答問題）（配点 22）

〔1〕 $0 < a < 4$ とする。O を原点とする座標平面上の放物線 $y = -x^2 + 8x$ を C とし，C 上に点 A $(a, -a^2 + 8a)$ をとる。

(1) 点 A における放物線 C の接線 ℓ の方程式は

$$y = \left(\boxed{\text{アイ}}\, a + \boxed{\text{ウ}} \right) x + a^2$$

である。点 $(0,\ a^2)$ を通る C の接線は 2 本あり，それらの方程式は ℓ と

$$y = \left(\boxed{\text{エ}}\, a + \boxed{\text{オ}} \right) x + a^2$$

である。

(2) 直線 $x = 4$ に関して点 A と対称な点を B とすると，B の x 座標は

$$\boxed{\text{カ}} - a$$

である。よって，D $(8, 0)$ とし，四角形 OABD の面積を S とすると

$$S = a^3 - \boxed{\text{キク}}\, a^2 + \boxed{\text{ケコ}}\, a$$

である。

また，C と直線 OA で囲まれた図形の面積を T とすると

$$T = \frac{\boxed{\text{サ}}}{\boxed{\text{シ}}}\, a^{\boxed{\text{ス}}}$$

である。

（数学 II，数学 B，数学 C 第 3 問は次ページに続く。）

第4回　数学Ⅱ・B・C

$0 < a < 4$ の範囲において，$f(a) = S - 2T$ の増減を調べよう。

$$f'(a) = \boxed{セ} a^2 - \boxed{ソタ} a + \boxed{チツ}$$

であるから，$y = f(a)$ のグラフの概形は $\boxed{テ}$ である。

$\boxed{テ}$ については，最も適当なものを，次の ⓪ 〜 ⑤ のうちから一つ選べ。

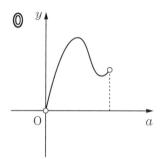
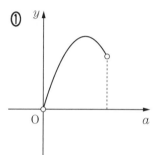
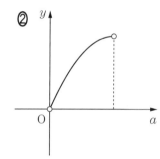
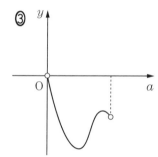
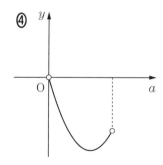
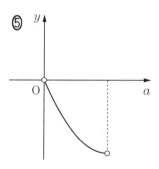

（数学Ⅱ，数学B，数学C 第3問は次ページに続く。）

〔2〕 2次関数 $f(x)$ に対し
$$g(x) = \int_0^x f(t)\,dt$$
とおく。次の図(A)，(B)は $y = f(x)$ のグラフの概形である。それぞれのグラフと矛盾しないような $y = g(x)$ のグラフを考える。

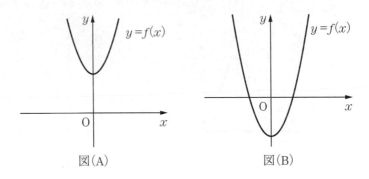

図(A)　　　　　　　　図(B)

図(A)のグラフと矛盾しない $y = g(x)$ のグラフの概形は ト である。

図(B)のグラフと矛盾しない $y = g(x)$ のグラフの概形は ナ である。

ト ， ナ については，最も適当なものを，次の ⓪〜⑨ のうちから一つずつ選べ。ただし，同じものを繰り返し選んでもよい。

（数学II，数学B，数学C第3問は次ページに続く。）

⓪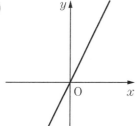
①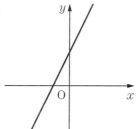
②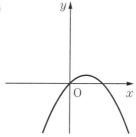
③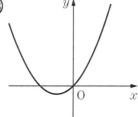
④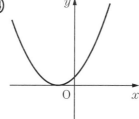
⑤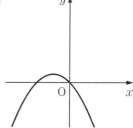
⑥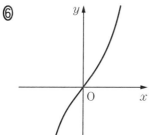
⑦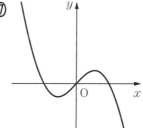
⑧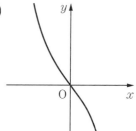
⑨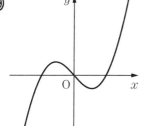

第4問～第7問は，いずれか3問を選択し，解答しなさい。

第4問 （選択問題）（配点 16）

自然数を次の[規則]に従って下の表のように順に記入する。

[規則]
- 上から1行目，左から1列目の位置に1を記入する。
- m を自然数とする。上から1行目，左から $2m-1$ 列目に自然数を記入した後は，右に1個，下に $2m-1$ 個，左に $2m-1$ 個，下に1個，右に $2m$ 個，上に $2m$ 個の順に進み，進んだ順に自然数を小さいものから記入する。

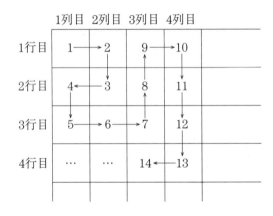

(1) n を自然数とし，上から1行目，左から n 列目の自然数を a_n とする。

　(i) a_5 および a_6 はそれぞれ

$$a_5 = \boxed{アイ}, \quad a_6 = \boxed{ウエ}$$

である。

（数学II，数学B，数学C 第4問は次ページに続く。）

第4回　数学 II・B・C

(ii)　a_n は次のようにして求めることができる。

> n が奇数のとき，上から1行目，左から n 列目の自然数を記入する
> までに自然数を記入したマスの個数に注目すると
>
> $$a_n = \boxed{\text{オ}}$$
>
> である。
>
> 　n が2以上の偶数のとき，$n-1$ が奇数であることに着目する。上か
> ら1行目，左から $n-1$ 列目の自然数は a_{n-1} であり，上から1行目，左
> から n 列目の自然数は a_{n-1} の右にある自然数であるから，a_n と a_{n-1}
> の間には $\boxed{\text{カ}}$ という関係が成り立つ。このことから
>
> $$a_n = \boxed{\text{キ}}$$
>
> である。

$\boxed{\text{オ}}$ の解答群

⓪　$2n-1$　　　　　　　　① $4n-3$

②　n^2　　　　　　　　　③ $2n^2-4n+3$

$\boxed{\text{カ}}$ の解答群

⓪　$a_n = 2a_{n-1}-3$　　　　① $a_n = a_{n-1}+1$

②　$a_n = a_{n-1}+n-1$　　　③ $a_n = a_{n-1}+n$

$\boxed{\text{キ}}$ の解答群

⓪　$2n-2$　　　　　　　　① n^2-n

②　n^2-n+2　　　　　　③ n^2-2n+2

④　$2n^2-6n+6$　　　　　⑤ $n^3-8n^2+21n-16$

（数学 II，数学 B，数学 C 第4問は次ページに続く。）

(2) 上から n 行目，左から n 列目の自然数を b_n とする。(1)を利用して b_n を求めよう。

$\begin{cases} n \text{ が奇数のとき} & \boxed{ク} \\ n \text{ が偶数のとき} & \boxed{ケ} \end{cases}$

であるから，いずれの場合も

$$b_n = \boxed{コ}$$

となる。

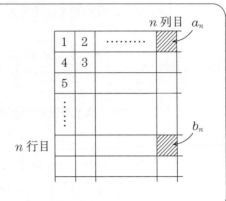

$\boxed{ク}$，$\boxed{ケ}$ の解答群（同じものを繰り返し選んでもよい。）

⓪ $b_n = a_n - n$　　　① $b_n = a_n + n$

② $b_n = a_n - n - 1$　　③ $b_n = a_n + n - 1$

④ $b_n = a_n - n + 1$　　⑤ $b_n = a_n + n + 1$

$\boxed{コ}$ の解答群

⓪ $2n - 1$　　　① $n^2 + n - 1$

② $n^2 - n + 1$　　③ $n^3 - 5n^2 + 10n - 5$

④ $-n^3 + 7n^2 - 12n + 7$

（数学 II，数学 B，数学 C 第 4 問は次ページに続く。）

第4回　数学II・B・C

(3) (2)を利用して186の位置を求めよう。

$b_{14} = \boxed{\text{サシス}}$ であるから，186は上から14行目，左から14列目の自然数から $\boxed{\text{セ}}$ の方向に $\boxed{\text{ソ}}$ だけ進んだ位置にある。したがって，186は上から $\boxed{\text{タチ}}$ 行目，左から $\boxed{\text{ツテ}}$ 列目の位置にある。

$\boxed{\text{セ}}$ の解答群

　⓪　上　　　　①　下　　　　②　左　　　　③　右

— 15 —

第4問～第7問は，いずれか3問を選択し，解答しなさい。

第5問 （選択問題）（配点 16）

以下の問題を解答するにあたっては，必要に応じて21ページの正規分布表を用いてもよい。

ある地区におけるテレビ所有世帯の数を a とし，そのうち，あるテレビ番組 E を視聴していた世帯の数を b とする。このとき，この地区における番組 E を視聴していた世帯の割合を p とすると $p = \dfrac{b}{a}$ であるが，実際には a 世帯の中から無作為に抽出された世帯に対して，どのテレビ番組を視聴していたかの標本調査によって p の推定が行われている。ここで標本調査の対象となる世帯の数を n，そのうち番組 E を視聴していた世帯の数を確率変数 T とするとき，$R = \dfrac{T}{n}$ をこの地区における番組 E の「世帯視聴率」と呼ぶことにする。

n が十分に大きいとき，確率変数 R は近似的に平均（期待値） $\boxed{\text{ア}}$，分散 $\boxed{\text{イ}}$ の正規分布に従う。

$\boxed{\text{ア}}$，$\boxed{\text{イ}}$ については，最も適当なものを，次の ⓪～⑧ のうちから一つずつ選べ。ただし，同じものを繰り返し選んでもよい。

⓪ p	① np	② $\dfrac{p}{n}$
③ $1-p$	④ $n(1-p)$	⑤ $\dfrac{1-p}{n}$
⑥ $p(1-p)$	⑦ $np(1-p)$	⑧ $\dfrac{p(1-p)}{n}$

(1) $p = 0.1$，$n = 900$ とする。T の平均（期待値）は $\boxed{\text{ウエ}}$ である。また，$n = 900$ は十分に大きいので，R は近似的に平均（期待値）$0.\boxed{\text{オ}}$，標準偏差 $0.\boxed{\text{カキ}}$ の正規分布に従う。

このとき，R と $p = 0.1$ の誤差が 0.01 以下となる確率は

$$P(|R - 0.1| \leqq 0.01) = 0.\boxed{\text{クケコサ}}$$

である。

（数学 II，数学 B，数学 C 第 5 問は次ページに続く。）

— 16 —

第4回　数学Ⅱ・B・C

(2)　p の値がわからず，R から p を推定するときの信頼区間について考える。ここで n が十分に大きいとき，R が近似的に従う正規分布の分散 $\boxed{\text{イ}}$ における p を R と置き換えることができる。

　　p に対する信頼度 95%の信頼区間を $A \leqq p \leqq B$ とし，この信頼区間の幅を $B - A$ と定める。

(ⅰ)　$R = 0.1$，$n = 900$ のとき，$n = 900$ は十分に大きいので

$$B - A = 0.\boxed{\text{シスセソ}}$$

である。

(ⅱ)　テレビ所有世帯の数 a，標本調査の対象となる世帯の数 n，世帯視聴率 R のうちいずれか一つの値だけが変化したときを考える。ただし，n は十分に大きいものとする。信頼度 95%の信頼区間の幅 $B - A$ の変化についての記述として，次の $⓪$～$⑤$ のうち，正しいものは $\boxed{\text{タ}}$ である。

$\boxed{\text{タ}}$ の解答群

$⓪$　a の値が 2 倍になると，$B - A$ の値は半分になる。

$①$　a の値が 2 倍になっても，$B - A$ の値は変わらない。

$②$　n の値が 2 倍になると，$B - A$ の値は半分になる。

$③$　n の値が 2 倍になっても，$B - A$ の値は変わらない。

$④$　$R = 0.1$ から $R = 0.2$ に変化すると，$B - A$ の値は 2 倍になる。

$⑤$　$R = 0.1$ から $R = 0.2$ に変化しても，$B - A$ の値は変わらない。

（数学Ⅱ，数学 B，数学 C 第 5 問は次ページに続く。）

— 17 —

(3) テレビ番組 F の全国平均の視聴率は 20% であることがわかっている。この番組 F について，Q 県で 6400 世帯を対象として視聴率の調査を行ったところ，番組 F を視聴している世帯は 1340 世帯であった。このことから，Q 県における番組 F の視聴率は全国平均より大きいといえるかどうかを有意水準 5% で仮説検定してみよう。

まず，帰無仮説 H_0 を

H_0：Q 県における番組 F の視聴率は ┃ チ ┃

とし，対立仮説 H_1 を

H_1：Q 県における番組 F の視聴率は ┃ ツ ┃

とする。

帰無仮説 H_0 が正しいとする。Q 県の 6400 世帯のうち，番組 F を視聴している世帯の数を表す確率変数を X とすると

X の平均は ┃ テ ┃

X の標準偏差は ┃ ト ┃

であり，6400 は十分に大きいことから

$$Z = \frac{X - \boxed{テ}}{\boxed{ト}}$$

とおくと，Z は近似的に標準正規分布 $N(0,\ 1)$ に従う。

正規分布表から

$$P\left(Z > \boxed{ナ}\right) = 0.05$$

であるから，有意水準 5% の片側検定における棄却域は $Z > \boxed{ナ}$ である。

$X = 1340$ のとき $Z = \boxed{ニ}$ であるから，帰無仮説は ┃ ヌ ┃。よって，Q 県における番組 F の視聴率は ┃ ネ ┃。

（数学 II，数学 B，数学 C 第 5 問は次ページに続く。）

— 18 —

第 4 回　数学 II・B・C

チ ， ツ の解答群

⓪ 全国平均と同じである　　① 全国平均とは異なる
② 全国平均より大きい

テ ， ト の解答群

⓪ 16　　　　　　① 32　　　　　　② 64
③ 640　　　　　④ 1024　　　　　⑤ 1280

ナ の解答群

⓪ 1.64　　　　① 1.96　　　　② 2.33　　　　③ 2.58

ニ の解答群

⓪ $\dfrac{3}{2}$　　① $\dfrac{8}{5}$　　② $\dfrac{7}{4}$　　③ $\dfrac{15}{8}$　　④ $\dfrac{35}{16}$

ヌ の解答群

⓪ 棄却される　　　　　　① 棄却されない

ネ の解答群

⓪ 全国平均と異なるといえる　　① 全国平均と異なるとはいえない
② 全国平均より大きいといえる

（数学 II，数学 B，数学 C 第 5 問は 21 ページに続く。）

— 19 —

（下 書 き 用 紙）

数学 II，数学 B，数学 C の試験問題は次に続く。

第4回　数学Ⅱ・B・C

正 規 分 布 表

次の表は，標準正規分布の分布曲線における右図の
灰色部分の面積の値をまとめたものである。

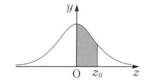

z_0	0.00	0.01	0.02	0.03	0.04	0.05	0.06	0.07	0.08	0.09
0.0	0.0000	0.0040	0.0080	0.0120	0.0160	0.0199	0.0239	0.0279	0.0319	0.0359
0.1	0.0398	0.0438	0.0478	0.0517	0.0557	0.0596	0.0636	0.0675	0.0714	0.0753
0.2	0.0793	0.0832	0.0871	0.0910	0.0948	0.0987	0.1026	0.1064	0.1103	0.1141
0.3	0.1179	0.1217	0.1255	0.1293	0.1331	0.1368	0.1406	0.1443	0.1480	0.1517
0.4	0.1554	0.1591	0.1628	0.1664	0.1700	0.1736	0.1772	0.1808	0.1844	0.1879
0.5	0.1915	0.1950	0.1985	0.2019	0.2054	0.2088	0.2123	0.2157	0.2190	0.2224
0.6	0.2257	0.2291	0.2324	0.2357	0.2389	0.2422	0.2454	0.2486	0.2517	0.2549
0.7	0.2580	0.2611	0.2642	0.2673	0.2704	0.2734	0.2764	0.2794	0.2823	0.2852
0.8	0.2881	0.2910	0.2939	0.2967	0.2995	0.3023	0.3051	0.3078	0.3106	0.3133
0.9	0.3159	0.3186	0.3212	0.3238	0.3264	0.3289	0.3315	0.3340	0.3365	0.3389
1.0	0.3413	0.3438	0.3461	0.3485	0.3508	0.3531	0.3554	0.3577	0.3599	0.3621
1.1	0.3643	0.3665	0.3686	0.3708	0.3729	0.3749	0.3770	0.3790	0.3810	0.3830
1.2	0.3849	0.3869	0.3888	0.3907	0.3925	0.3944	0.3962	0.3980	0.3997	0.4015
1.3	0.4032	0.4049	0.4066	0.4082	0.4099	0.4115	0.4131	0.4147	0.4162	0.4177
1.4	0.4192	0.4207	0.4222	0.4236	0.4251	0.4265	0.4279	0.4292	0.4306	0.4319
1.5	0.4332	0.4345	0.4357	0.4370	0.4382	0.4394	0.4406	0.4418	0.4429	0.4441
1.6	0.4452	0.4463	0.4474	0.4484	0.4495	0.4505	0.4515	0.4525	0.4535	0.4545
1.7	0.4554	0.4564	0.4573	0.4582	0.4591	0.4599	0.4608	0.4616	0.4625	0.4633
1.8	0.4641	0.4649	0.4656	0.4664	0.4671	0.4678	0.4686	0.4693	0.4699	0.4706
1.9	0.4713	0.4719	0.4726	0.4732	0.4738	0.4744	0.4750	0.4756	0.4761	0.4767
2.0	0.4772	0.4778	0.4783	0.4788	0.4793	0.4798	0.4803	0.4808	0.4812	0.4817
2.1	0.4821	0.4826	0.4830	0.4834	0.4838	0.4842	0.4846	0.4850	0.4854	0.4857
2.2	0.4861	0.4864	0.4868	0.4871	0.4875	0.4878	0.4881	0.4884	0.4887	0.4890
2.3	0.4893	0.4896	0.4898	0.4901	0.4904	0.4906	0.4909	0.4911	0.4913	0.4916
2.4	0.4918	0.4920	0.4922	0.4925	0.4927	0.4929	0.4931	0.4932	0.4934	0.4936
2.5	0.4938	0.4940	0.4941	0.4943	0.4945	0.4946	0.4948	0.4949	0.4951	0.4952
2.6	0.4953	0.4955	0.4956	0.4957	0.4959	0.4960	0.4961	0.4962	0.4963	0.4964
2.7	0.4965	0.4966	0.4967	0.4968	0.4969	0.4970	0.4971	0.4972	0.4973	0.4974
2.8	0.4974	0.4975	0.4976	0.4977	0.4977	0.4978	0.4979	0.4979	0.4980	0.4981
2.9	0.4981	0.4982	0.4982	0.4983	0.4984	0.4984	0.4985	0.4985	0.4986	0.4986
3.0	0.4987	0.4987	0.4987	0.4988	0.4988	0.4989	0.4989	0.4989	0.4990	0.4990

第4問～第7問は，いずれか3問を選択し，解答しなさい。

第6問 （選択問題）（配点 16）

平面上に1辺の長さ1の正三角形 ABC と点 S があり

$$\overrightarrow{AS} = -\frac{2}{5}\overrightarrow{AB} + \frac{1}{5}\overrightarrow{AC} \qquad\qquad \cdots\cdots①$$

を満たしている。また，直線 AC と直線 BS の交点を T とする。

T は直線 BS 上の点であるから，実数 t を用いて

$$\overrightarrow{BT} = t\overrightarrow{BS}$$

と表されるので

$$\overrightarrow{AT} = \left(\boxed{\text{ア}} - \frac{\boxed{\text{イ}}}{\boxed{\text{ウ}}}t\right)\overrightarrow{AB} + \frac{t}{\boxed{\text{エ}}}\overrightarrow{AC}$$

である。さらに，T は直線 AC 上の点であることから，$t = \dfrac{\boxed{\text{オ}}}{\boxed{\text{カ}}}$ である。よって，T は線分 BS を $\boxed{\text{キ}} : 2$ に $\boxed{\text{ク}}$ する。

$\boxed{\text{ク}}$ の解答群

⓪ 内 分	① 外 分

（数学 II，数学 B，数学 C 第6問は次ページに続く。）

— 22 —

第4回　数学 II・B・C

空間内に1辺の長さ1の正四面体 OABC と2点 P, Q があり

$$\overrightarrow{OP} = \frac{1}{3}\overrightarrow{OB}, \quad \overrightarrow{OQ} = \frac{1}{6}\overrightarrow{OC}$$

を満たしている。点 S を ① を満たす点として，直線 OS と平面 APQ の交点を R とする。

① より

$$\overrightarrow{OS} = \frac{\boxed{ケ}}{\boxed{コ}}\overrightarrow{OA} - \frac{\boxed{サ}}{\boxed{シ}}\overrightarrow{OB} + \frac{\boxed{ス}}{\boxed{セ}}\overrightarrow{OC}$$

である。R は平面 APQ 上の点であるから，実数 x, y を用いて

$$\overrightarrow{AR} = x\overrightarrow{AP} + y\overrightarrow{AQ}$$

と表すと

$$\overrightarrow{OR} = \left(\boxed{ソ} - x - y\right)\overrightarrow{OA} + \frac{x}{\boxed{タ}}\overrightarrow{OB} + \frac{y}{\boxed{チ}}\overrightarrow{OC}$$

である。さらに，R は直線 OS 上の点であることから，$x = \boxed{ツテ}$, $y = \boxed{ト}$ である。

（数学 II，数学 B，数学 C 第6問は次ページに続く。）

四角形 APQR について

$$|\overrightarrow{AP}| = \frac{\sqrt{\boxed{\text{ナ}}}}{\boxed{\text{ニ}}}, \quad |\overrightarrow{AR}| = \frac{\sqrt{3}}{6}$$

であり，∠PAR = $\boxed{\text{ヌネ}}$ ° であることから，四角形 APQR は $\boxed{\text{ノ}}$ ことがわかる。

$\boxed{\text{ノ}}$ の解答群

⓪ 正方形である

① 正方形ではないが，長方形である

② 正方形ではないが，ひし形である

③ 長方形でもひし形でもないが，平行四辺形である

④ 平行四辺形ではないが，台形である

⑤ 台形でない

第4回　数学II・B・C

（下 書 き 用 紙）

数学II，数学B，数学Cの試験問題は次に続く。

第4問～第7問は，いずれか3問を選択し，解答しなさい。

第7問 （選択問題）（配点 16）

〔1〕 双曲線がもつ性質に次のようなものがある。

― 性質 ―――――――――――――――――――――――
　双曲線上の点を通る漸近線に平行な2本の直線と2本の漸近線で囲まれる平行四辺形の面積は，点の位置によらず一定となる。

　このことを確かめてみよう。

　双曲線の方程式を $\dfrac{x^2}{a^2} - \dfrac{y^2}{b^2} = 1$ （$a > 0$, $b > 0$）とする。漸近線を $\ell_1 : y = \dfrac{b}{a}x$, $\ell_2 : y = -\dfrac{b}{a}x$ とし，双曲線上の点を P(p, q) とする。

　P を通り ℓ_1 に平行な直線と ℓ_2 との交点の座標は $\boxed{\text{ア}}$ であり，P を通り ℓ_2 に平行な直線と ℓ_1 との交点の座標は $\boxed{\text{イ}}$ である。

　したがって，これら4本の直線で囲まれる平行四辺形の面積は $\boxed{\text{ウ}}$ で表される。P が双曲線上の点であることに注目すると，$\boxed{\text{ウ}} = \boxed{\text{エ}}$ となるから，P の位置によらず面積は一定である。

（数学 II，数学 B，数学 C 第7問は次ページに続く。）

— 26 —

第4回　数学Ⅱ・B・C

ア ，　 イ の解答群

⓪ $\left(\dfrac{bp+aq}{2b},\ \dfrac{bp+aq}{2a}\right)$　　　　① $\left(\dfrac{bp+aq}{2b},\ \dfrac{bp-aq}{2a}\right)$

② $\left(\dfrac{bp+aq}{2b},\ \dfrac{aq-bp}{2a}\right)$　　　　③ $\left(\dfrac{bp+aq}{2b},\ -\dfrac{bq+ap}{2a}\right)$

④ $\left(\dfrac{bp-aq}{2b},\ \dfrac{bp-aq}{2a}\right)$　　　　⑤ $\left(\dfrac{bp-aq}{2b},\ \dfrac{aq-bp}{2a}\right)$

ウ の解答群

⓪ $\dfrac{a^2q^2-b^2p^2}{2ab}$　　　　　　　① $\dfrac{a^2q^2-b^2p^2}{ab}$

② $\dfrac{b^2p^2-a^2q^2}{2ab}$　　　　　　　③ $\dfrac{b^2p^2-a^2q^2}{ab}$

エ の解答群

⓪ ab　　　　　① $2ab$　　　　　② $\dfrac{ab}{2}$

③ $\dfrac{1}{ab}$　　　　　④ $\dfrac{2}{ab}$　　　　　⑤ $\dfrac{1}{2ab}$

（数学Ⅱ，数学B，数学C第7問は次ページに続く。）

— 27 —

〔2〕 $z = \sqrt{3} + i$ (i は虚数単位)とする。

(1) z を極形式で表すと

$$z = \boxed{\text{オ}}\left(\cos\frac{\pi}{\boxed{\text{カ}}} + i\sin\frac{\pi}{\boxed{\text{カ}}}\right)$$

である。

(2) $w = \dfrac{z}{\boxed{\text{オ}}}$ とおくと，w^{11} の実部は $\boxed{\text{キ}}$，虚部は $\boxed{\text{ク}}$ である。

$\boxed{\text{キ}}$，$\boxed{\text{ク}}$ の解答群(同じものを繰り返し選んでもよい。)

⓪ 1	① $\dfrac{1}{2}$	② $\dfrac{\sqrt{2}}{2}$	③ $\dfrac{\sqrt{3}}{2}$
④ -1	⑤ $-\dfrac{1}{2}$	⑥ $-\dfrac{\sqrt{2}}{2}$	⑦ $-\dfrac{\sqrt{3}}{2}$

(数学 II，数学 B，数学 C 第 7 問は次ページに続く。)

第 4 回　数学 **II・B・C**

(3)　n を自然数とする。複素数平面上で，複素数 z^n を表す点を P_n とし，$(\bar{z})^n$ を表す点を Q_n とする。また，1 を表す点を A とする。ただし，$\bar{z}$ は z と共役な複素数である。

　　点 P_n が虚軸上にあるような最小の n は

$$n = \boxed{\text{ケ}}$$

であり，このとき線分 P_nQ_n の長さは

$$P_nQ_n = \boxed{\text{コサ}}$$

である。また，7 本の線分

$$AP_1, \quad P_1P_2, \quad P_2P_3, \quad AQ_1, \quad Q_1Q_2, \quad Q_2Q_3, \quad P_3Q_3$$

で囲まれる図形の面積は $\boxed{\text{シス}}$ である。

— 29 —

第 5 回
実 戦 問 題

(100点　70分)

第5回　実戦問題

───●　標 準 所 要 時 間　●───

第1問	11分	第4問	11分
第2問	11分	第5問	11分
第3問	15分	第6問	11分
		第7問	11分

（注）　第1問，第2問，第3問は必答，第4問～第7問のうち3問選択解答

(注) この科目には，選択問題があります。

数　学　II・B・C

第1問 （必答問題）（配点　15）

座標平面上に 3 点

$$A(-3, -4), \quad B(5, 0), \quad C(-4, 9)$$

と円

$$x^2 + y^2 = 25 \qquad \qquad \cdots\cdots①$$

がある。A，B は円①上の点である。

(1) 線分 AB の長さは

$$\boxed{\text{ア}}\sqrt{\boxed{\text{イ}}}$$

である。

(2) 直線 AB の傾きは $\dfrac{1}{\boxed{\text{ウ}}}$ である。

また，直線 AB の方程式は

$$x - \boxed{\text{エ}}\,y - \boxed{\text{オ}} = 0 \qquad \qquad \cdots\cdots②$$

であり，点 C を通り直線②に垂直な直線の方程式は

$$\boxed{\text{カ}}\,x + y - \boxed{\text{キ}} = 0 \qquad \qquad \cdots\cdots③$$

である。

（数学 II，数学 B，数学 C 第 1 問は次ページに続く。）

第 5 回　数学 II・B・C

(3)　太郎さんと花子さんは，次の問題 A について考えている。

| 問題 A | △ABC の面積を求めよ。 |

太郎：2 直線②，③の交点を D とすると，CD ⊥ AB だから，面積は
$$\triangle ABC = \frac{1}{2} \cdot AB \cdot CD$$
として求められるよ。CD の長さの計算が少々大変だけど……。

花子：CD の長さの計算には「点と直線の距離」の公式が使えるよ。この公式だと，点 C の座標と②から CD の長さがすぐに求められるね。

---

2 直線②，③の交点を D とすると，線分 CD の長さは

| ク |

であり，△ABC の面積は

| ケコ |

である。

| ク | の解答群

⓪ $\dfrac{22\sqrt{3}}{3}$ 　　① $\dfrac{28\sqrt{3}}{3}$ 　　② $\dfrac{31\sqrt{3}}{3}$ 　　③ $\dfrac{35\sqrt{3}}{3}$

④ $\dfrac{22\sqrt{5}}{5}$ 　　⑤ $\dfrac{27\sqrt{5}}{5}$ 　　⑥ $\dfrac{32\sqrt{5}}{5}$ 　　⑦ $\dfrac{36\sqrt{5}}{5}$

（数学 II，数学 B，数学 C 第 1 問は次ページに続く。）

— 3 —

(4) 次に，二人は**問題 B** について考えている。

問題 B　3 点 A，B，C を通る円の中心の座標と半径を求めよ。

太郎：求める円の方程式を

$$x^2 + y^2 + ax + by + c = 0 \qquad \cdots\cdots ④$$

とおくと，④が 3 点 A$(-3, -4)$，B$(5, 0)$，C$(-4, 9)$ を通ることから，a，b，c についての連立方程式が得られるね。

花子：でも，計算が大変そうだね。見方を変えて考えてみようか。

最初に 2 点 A$(-3, -4)$，B$(5, 0)$ を通る直線の方程式を求めたよね。しかもこの 2 点は円 $x^2 + y^2 = 25$ $\cdots\cdots ①$ 上にあることがわかっているから，2 点 A，B を通る円の方程式は，一般に実数 k を用いて

$$x^2 + y^2 - 25 + k\left(x - \boxed{\text{エ}}\, y - \boxed{\text{オ}}\right) = 0 \qquad \cdots\cdots ⑤$$

と表すことができるよ。

太郎：なるほど。2 点 A，B は①，②を同時に満たしているから⑤を満たしているね。このことから，⑤は 2 点 A，B を通る円の方程式を表しているわけだ。

（数学 II，数学 B，数学 C 第 1 問は次ページに続く。）

問題Bの円について考える。

この円の中心の座標は

$$\left(\dfrac{\boxed{サシ}}{\boxed{ス}},\ \dfrac{\boxed{セ}}{\boxed{ソ}}\right)$$

であり，円の半径は

$$\boxed{タ}$$

である。

$\boxed{タ}$ の解答群

⓪ $\dfrac{3\sqrt{13}}{2}$ ① $\dfrac{5\sqrt{13}}{2}$ ② $\dfrac{7\sqrt{13}}{2}$ ③ $\dfrac{9\sqrt{13}}{2}$

④ $\dfrac{2\sqrt{17}}{3}$ ⑤ $\dfrac{5\sqrt{17}}{3}$ ⑥ $\dfrac{7\sqrt{17}}{3}$ ⑦ $\dfrac{8\sqrt{17}}{3}$

第2問 （必答問題） （配点 15）

a, b を実数として，x の整式 $P(x)$ を

$$P(x) = x^3 + ax^2 + bx + 30$$

とする。

(1) $a = -4$, $b = -11$ のとき，方程式 $P(x) = 0$ の解は，小さい順に

$$-\boxed{\text{ア}}, \quad \boxed{\text{イ}}, \quad \boxed{\text{ウ}}$$

である。

(2) 方程式 $P(x) = 0$ は虚数 $2 + i$ を解にもつとする。

$$(2+i)^2 = \boxed{\text{エ}} + \boxed{\text{オ}}\, i$$
$$(2+i)^3 = \boxed{\text{カ}} + \boxed{\text{キク}}\, i$$

であるから

$$a = \boxed{\text{ケ}}, \quad b = \boxed{\text{コサシ}}$$

であり，方程式 $P(x) = 0$ の実数解は $\boxed{\text{スセ}}$ である。

（数学 II，数学 B，数学 C 第 2 問は次ページに続く。）

— 6 —

第 5 回　数学 II・B・C

(3) 整式 $P(x)$ が $x-2$ で割り切れるとする。

このとき，$b = \boxed{\text{ソタ}}\, a - \boxed{\text{チツ}}$ であり

$$P(x) = (x-2)\left\{ x^2 + \left(a + \boxed{\text{テ}}\, \right) x - \boxed{\text{トナ}} \right\}$$

と因数分解できる。

方程式 $P(x) = 0$ の解についての記述として，次の ⓪〜③ のうち，正しいものは $\boxed{\text{ニ}}$ である。

$\boxed{\text{ニ}}$ の解答群

⓪ a の値にかかわらず，虚数解をもつ。

① a の値にかかわらず，異なる三つの実数解をもつ。

② a の値によっては，二重解をもつことがある。

③ a の値によっては，三重解をもつことがある。

— 7 —

第3問 （必答問題）（配点 22）

〔1〕 座標平面上で，放物線 $y = 2x^2$ を C，放物線 $y = \dfrac{1}{2}x^2 - \dfrac{3}{2}x + 9$ を D とする。

太郎さんと花子さんは，次の問題について考えている。

問題 二つの放物線 C，D の両方に接する直線の方程式を求めよ。

太郎：求める直線の方程式を $y = mx + n$ とおくと，この直線が C，D と接することから m，n の方程式が得られるね。

花子：放物線 C の $x = s$ における接線と放物線 D の $x = t$ における接線が一致することから，直線の方程式を求めることもできるよ。

（数学 II，数学 B，数学 C 第 3 問は次ページに続く。）

第5回　数学 II・B・C

(1)　太郎さんの求め方について考えてみよう。

　　求める直線を $\ell : y = mx + n$ とおく。C と ℓ が接することから，2次方程式

$$2x^2 = mx + n$$

が重解をもつので

$$m^2 + \boxed{\text{ア}} \, n = 0$$

が成り立つ。同様に，D と ℓ が接することから，2次方程式

$$\frac{1}{2}x^2 - \frac{3}{2}x + 9 = mx + n$$

が重解をもつので

$$m^2 + 3m + 2n - \frac{63}{4} = 0$$

が成り立つ。これらの式から m，n の値を求めることができる。

(2)　花子さんの求め方について考えてみよう。

　　C 上の点 $(s,\ 2s^2)$ における接線の方程式は

$$y = \boxed{\text{イ}} \, sx - \boxed{\text{ウ}} \, s^2$$

である。さらに，D 上の点 $\left(t,\ \dfrac{1}{2}t^2 - \dfrac{3}{2}t + 9\right)$ における接線の方程式を求めることにより，二つの接線が一致することから

$$t - \boxed{\text{エ}} \, s = \frac{\boxed{\text{オ}}}{\boxed{\text{カ}}}$$

$$t^2 - \boxed{\text{キ}} \, s^2 = \boxed{\text{クケ}}$$

が成り立つ。これらの式から s，t の値を求めることができる。

（数学 II，数学 B，数学 C 第 3 問は次ページに続く。）

(3) C, D の両方に接する直線は 2 本あり，それらの方程式は

$$y = \boxed{\text{コ}}\ x - \boxed{\text{サ}} \quad と \quad y = -\boxed{\text{シ}}\ x - \boxed{\text{ス}}$$

である。

$\boxed{\text{コ}} \sim \boxed{\text{ス}}$ の解答群(同じものを繰り返し選んでもよい。)

⓪ 3	① 4	② 5	③ 6	④ 7
⑤ $\dfrac{1}{2}$	⑥ $\dfrac{9}{8}$	⑦ $\dfrac{25}{8}$	⑧ $\dfrac{9}{2}$	⑨ $\dfrac{49}{8}$

(数学 II，数学 B，数学 C 第 3 問は次ページに続く。)

第5回　数学 II・B・C

〔2〕　a, b を実数とし

$$f(x) = x^2 - 2ax - 3a^2$$
$$g(x) = \int_0^x f(t)\,dt + b$$

とする。

　x が実数全体を動くときの関数 $f(x)$ の最小値は -4 であり，また，$0 \leqq x \leqq 1$ における関数 $g(x)$ の最小値は $-\dfrac{2}{3}$ であるとする。

　このとき，$a = \pm \boxed{\text{セ}}$ であり

$$a = \boxed{\text{セ}} \qquad \text{のとき} \quad b = \boxed{\text{ソ}}$$
$$a = -\boxed{\text{セ}} \qquad \text{のとき} \quad b = \boxed{\text{タ}}$$

である。

　$a = \boxed{\text{セ}}$，$b = \boxed{\text{ソ}}$ のときの曲線 $y = g(x)$ を C_1 とし，

　$a = -\boxed{\text{セ}}$，$b = \boxed{\text{タ}}$ のときの曲線 $y = g(x)$ を C_2 とする。

（数学 II，数学 B，数学 C 第 3 問は次ページに続く。）

C_1, C_2 の概形は チ である。

チ については，最も適当なものを，次の ⓪～③ のうちから一つ選べ。

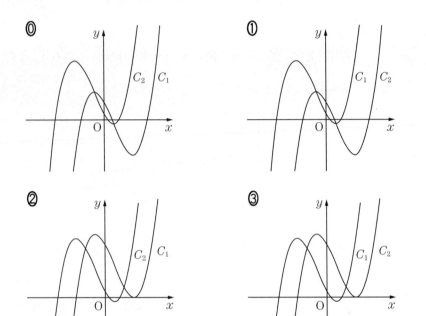

（数学 II, 数学 B, 数学 C 第 3 問は次ページに続く。）

第 5 回　数学 II・B・C

C_1 と C_2 は 2 点で交わり，これらの交点の x 座標をそれぞれ α，β $(\alpha > \beta)$ とすると，$\alpha = \boxed{\text{ツ}}$，$\beta = -\boxed{\text{ツ}}$ である。

C_1 と C_2 で囲まれる図形の $0 \leqq x \leqq \alpha$ の部分の面積を S とする。また，$u > \alpha$ とし，$\alpha \leqq x \leqq u$ の範囲で C_1，C_2 および直線 $x = u$ で囲まれる図形の面積を T とする。

このとき，$S = \dfrac{\boxed{\text{テ}}}{\boxed{\text{ト}}}$ であり，$T = 2S$ となる u の値は $\boxed{\text{ナ}}$ である。

$\boxed{\text{ナ}}$ の解答群

| ⓪ $\dfrac{1}{2}$ | ① 1 | ② $\dfrac{3}{2}$ | ③ 2 | ④ $\dfrac{5}{2}$ | ⑤ 3 |

— 13 —

第4問～第7問は，いずれか3問を選択し，解答しなさい。

第4問 （選択問題）（配点　16）

数列 $\{a_n\}$ は，$a_1 = 2$ を満たすものとする。

(1) 数列 $\{a_n\}$ を，次の規則 **A** によって定義する。

規則 A

$n = 1, 2, 3, \cdots\cdots$ に対して，a_n に $(n+1)$ を足したものを p_n とし，p_n に $(n+1)$ を掛けたものを q_n とし，q_n から $(n+1)$ を引いたものを r_n としたとき，r_n を $(n+1)$ で割ったものを a_{n+1} とする。

このとき

$$p_1 = \boxed{\text{ア}}, \quad q_1 = \boxed{\text{イ}}, \quad r_1 = \boxed{\text{ウ}}, \quad a_2 = \boxed{\text{エ}},$$

$$p_2 = \boxed{\text{オ}}, \quad q_2 = \boxed{\text{カキ}}, \quad r_2 = \boxed{\text{クケ}}, \quad a_3 = \boxed{\text{コ}}$$

である。

（数学 II，数学 B，数学 C 第4問は次ページに続く。）

また，数列 $\{a_n\}$ について，自然数 n に対して

$$r_n = \boxed{サ} a_n + \boxed{シ}$$

$$a_{n+1} = a_n + \boxed{ス} \qquad \cdots\cdots①$$

が成り立つ。

したがって，$a_1 = 2$ および①から，数列 $\{a_n\}$ の一般項は

$$a_n = \frac{\boxed{セ}}{\boxed{ソ}} n^2 - \frac{\boxed{タ}}{\boxed{チ}} n + \boxed{ツ}$$

である。

$\boxed{サ} \sim \boxed{ス}$ の解答群(同じものを繰り返し選んでもよい。)

⓪ $(n-2)$	① $(n-1)$	② n	③ $(n+1)$ ④ $(n+2)$
⑤ $(n-1)^2$	⑥ $n(n-1)$	⑦ n^2	⑧ $n(n+1)$ ⑨ $(n+1)^2$

(数学 II，数学 B，数学 C 第 4 問は次ページに続く。)

(2) 数列 $\{a_n\}$ を，次の**規則 B** によって定義する。

規則 B

$n = 1,\ 2,\ 3,\ \cdots\cdots$ に対して，a_n に $(n+1)$ を足したものを p_n とし，p_n に $2(n+1)$ を掛けたものを q_n とし，q_n から $3(n+1)$ を引いたものを r_n としたとき，r_n を $4(n+1)$ で割ったものを a_{n+1} とする。

数列 $\{a_n\}$ について，自然数 n に対して

$$a_{n+1} = \frac{\boxed{テ}}{\boxed{ト}}\, a_n + \frac{\boxed{ナ}}{\boxed{ニ}}\, n - \frac{\boxed{ヌ}}{\boxed{ネ}} \qquad \cdots\cdots ②$$

が成り立つことがわかる。$b_n = a_n - n$ とおくと，② より b_n と b_{n+1} について，関係式

$$b_{n+1} + \frac{\boxed{ノ}}{\boxed{ハ}} = \frac{\boxed{テ}}{\boxed{ト}}\left(b_n + \frac{\boxed{ノ}}{\boxed{ハ}}\right)$$

が成り立つ。この結果と $a_1 = 2$ から，数列 $\{a_n\}$ の一般項は

$$a_n = \boxed{ヒ}\left(\frac{\boxed{テ}}{\boxed{ト}}\right)^{n} + n - \frac{\boxed{ノ}}{\boxed{ハ}}$$

である。

（数学 II，数学 B，数学 C 第 4 問は次ページに続く。）

第 5 回　数学 II・B・C

(3)　数列 $\{a_n\}$, $\{p_n\}$, $\{q_n\}$, $\{r_n\}$ を，(2) の**規則 B**で定義されたものとするとき

$$c_1 = a_1, \qquad c_2 = p_1, \qquad c_3 = q_1, \qquad c_4 = r_1,$$

$$c_5 = a_2, \qquad c_6 = p_2, \qquad c_7 = q_2, \qquad c_8 = r_2,$$

$$c_9 = a_3, \qquad \cdots\cdots$$

のように n が小さい順に a_n, p_n, q_n, r_n を並べた数列を $\{c_n\}$ とする。

$c_n > 100$ を満たす最も小さい n の値は $n = \boxed{\text{フヘ}}$ である。

— 17 —

第4問～第7問は，いずれか3問を選択し，解答しなさい。

第5問 （選択問題）（配点 16）

以下の問題を解答するにあたっては，必要に応じて 21 ページの正規分布表を用いてもよい。

地球温暖化の影響で，魚の漁獲量が減っているニュースをネットでみた太郎さんは，大好物の魚 v について調べることにした。魚 v は成長するごとに名前が変わり，体長が 60 cm 以上のものを魚 v と呼んでいる。

(1) 例年 1 月に漁港 G で水揚げされる魚 v のうち，体長が 100 cm 以上であるものが 10% 含まれることが経験的にわかっている。漁港 G の近くに住んでいる太郎さんは，1 月のある日に水揚げされた魚 v について，無作為に 100 匹を抽出して体長を調べた。

そのうち，体長が 100 cm 以上の魚 v の数を表す確率変数を X とする。このとき X は二項分布 $B\left(100, 0.\boxed{\text{アイ}}\right)$ に従うから，X の平均（期待値）は $\boxed{\text{ウエ}}$，標準偏差は $\sigma = \boxed{\text{オ}}$ である。太郎さんが調査した日の魚 v 100 匹からなる標本において，体長が 100 cm 以上である魚 v の標本における比率 R について考えると，標本の大きさ 100 は十分に大きいので，R は近似的に正規分布 $N\left(0.\boxed{\text{アイ}}, \left(\dfrac{\sigma}{100}\right)^2\right)$ に従う。

したがって，$P(R \geqq 0.124) = \boxed{\text{カ}}$ である。

$\boxed{\text{カ}}$ については，最も適当なものを，次の ⓪～⑦ のうちから一つ選べ。

⓪ 0.0239	① 0.0557	② 0.1591	③ 0.2119
④ 0.2881	⑤ 0.4443	⑥ 0.5557	⑦ 0.7881

（数学 II，数学 B，数学 C 第 5 問は次ページに続く。）

第 5 回　数学 II・B・C

(2)　太郎さんは，漁港の人から，近年の地球温暖化の影響で海水温度が上昇し，魚 v の体長も大きくなり，漁獲高も増えていることを聞いた。

太郎さんが調査した日の漁港 G における魚 v の体長の母標準偏差を s とし，太郎さんが調査した魚 v 100 匹の体長平均を $\overline{L}$ とする。魚 v の体長の母平均 m に対する信頼度 95% の信頼区間を $A \leqq m \leqq B$ とするとき，標本の大きさ 100 は十分に大きいので，A を $\overline{L}$ と s を用いて $\boxed{\text{キ}}$ と表すことができる。

後日，太郎さんが魚 v について再調査したとき，調査する魚の数を n 匹とし，調査した魚 v の体長平均を $\overline{L_1}$ とする。また，再調査した日の漁港 G における魚 v の体長の母標準偏差を s_1 とし，再調査した日の魚 v の体長の母平均 m に対する信頼度 95% の信頼区間を $C \leqq m \leqq D$ とする。このとき，$B - A$ と $D - C$ の大小について

- $n = 100$, $\overline{L_1} > \overline{L}$, $s_1 = s$ ならば，$\boxed{\text{ク}}$

- $n > 100$, $\overline{L_1} = \overline{L}$, $s_1 = s$ ならば，$\boxed{\text{ケ}}$

- $n = 100$, $\overline{L_1} = \overline{L}$, $s_1 < s$ ならば，$\boxed{\text{コ}}$

である。

$\boxed{\text{キ}}$ の解答群

⓪ $\overline{L} - 0.95 \times \dfrac{s}{10}$ 　　　① $\overline{L} - 0.95 \times \dfrac{s}{100}$

② $\overline{L} - 1.64 \times \dfrac{s}{10}$ 　　　③ $\overline{L} - 1.64 \times \dfrac{s}{100}$

④ $\overline{L} - 1.96 \times \dfrac{s}{10}$ 　　　⑤ $\overline{L} - 1.96 \times \dfrac{s}{100}$

⑥ $\overline{L} - 2.58 \times \dfrac{s}{10}$ 　　　⑦ $\overline{L} - 2.58 \times \dfrac{s}{100}$

$\boxed{\text{ク}} \sim \boxed{\text{コ}}$ の解答群（同じものを繰り返し選んでもよい。）

⓪ $D - C > B - A$ 　　① $D - C = B - A$ 　　② $D - C < B - A$

③ $B - A$ と $D - C$ の大小は比較できない

（数学 II，数学 B，数学 C 第 5 問は次ページに続く。）

(3)　1月のある日に，漁港 H で水揚げされた魚 v のうち，体長の最大値は 110 cm であった。魚 v の体長を表す確率変数を Y とするとき，Y は連続型確率変数であり，Y の標本平均は 80 cm であった。太郎さんは，漁港 H で水揚げされた魚 v のうち体長が 100 cm 以上の割合や 60 cm から何 cm までが全体の $\dfrac{1}{3}$ であるのかなど，体長による割合を Y の確率密度関数を用いて見積もりたいと考えている。

　その日に漁港 H で水揚げされた魚 v から 400 匹を無作為に抽出して体長を調べ，ヒストグラムを作成した。階級の幅を狭くして，何度かヒストグラムを作成していくと，体長が大きくなるとともに度数がほぼ一定の割合で減少していく傾向にあることがわかった。そこで太郎さんは，Y の確率密度関数を $f(y)$ として，1次関数

$$f(y) = ay + b \quad (60 \leqq y \leqq 110)$$

を考えることにした。ただし，$60 \leqq y \leqq 110$ の範囲で $f(y) \geqq 0$ とする。

　このとき，$P(60 \leqq Y \leqq 110) = \boxed{\text{サ}}$ であることから

$$\boxed{\text{シス}}\, a + b = \dfrac{\boxed{\text{セ}}}{\boxed{\text{ソタ}}} \qquad\qquad \cdots\cdots①$$

である。また，Y の標本平均は 80 cm であったので，連続型確率変数 Y の期待値の定義に従って計算すると，①とあわせて $a = -\dfrac{3}{6250}$，$b = \dfrac{38}{625}$ と求められる。このようにして得られた $f(y)$ は，$60 \leqq y \leqq 110$ の範囲で $f(y) \geqq 0$ を満たしており，確かに確率密度関数として適当である。

　この確率密度関数 $f(y)$ を用いて，体長 100 cm 以上のものの割合を見積もると $\boxed{\text{チ}}$ ％であるといえる。

$\boxed{\text{チ}}$ については，最も適当なものを，次の**⓪**～**③**のうちから一つ選べ。

⓪　8.4	**①**　9.4	**②**　10.4	**③**　11.4

(数学 II，数学 B，数学 C 第 5 問は次ページに続く。)

— 20 —

第5回　数学Ⅱ・B・C

正　規　分　布　表

次の表は，標準正規分布の分布曲線における右図の灰色部分の面積の値をまとめたものである。

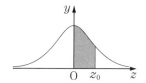

z_0	0.00	0.01	0.02	0.03	0.04	0.05	0.06	0.07	0.08	0.09
0.0	0.0000	0.0040	0.0080	0.0120	0.0160	0.0199	0.0239	0.0279	0.0319	0.0359
0.1	0.0398	0.0438	0.0478	0.0517	0.0557	0.0596	0.0636	0.0675	0.0714	0.0753
0.2	0.0793	0.0832	0.0871	0.0910	0.0948	0.0987	0.1026	0.1064	0.1103	0.1141
0.3	0.1179	0.1217	0.1255	0.1293	0.1331	0.1368	0.1406	0.1443	0.1480	0.1517
0.4	0.1554	0.1591	0.1628	0.1664	0.1700	0.1736	0.1772	0.1808	0.1844	0.1879
0.5	0.1915	0.1950	0.1985	0.2019	0.2054	0.2088	0.2123	0.2157	0.2190	0.2224
0.6	0.2257	0.2291	0.2324	0.2357	0.2389	0.2422	0.2454	0.2486	0.2517	0.2549
0.7	0.2580	0.2611	0.2642	0.2673	0.2704	0.2734	0.2764	0.2794	0.2823	0.2852
0.8	0.2881	0.2910	0.2939	0.2967	0.2995	0.3023	0.3051	0.3078	0.3106	0.3133
0.9	0.3159	0.3186	0.3212	0.3238	0.3264	0.3289	0.3315	0.3340	0.3365	0.3389
1.0	0.3413	0.3438	0.3461	0.3485	0.3508	0.3531	0.3554	0.3577	0.3599	0.3621
1.1	0.3643	0.3665	0.3686	0.3708	0.3729	0.3749	0.3770	0.3790	0.3810	0.3830
1.2	0.3849	0.3869	0.3888	0.3907	0.3925	0.3944	0.3962	0.3980	0.3997	0.4015
1.3	0.4032	0.4049	0.4066	0.4082	0.4099	0.4115	0.4131	0.4147	0.4162	0.4177
1.4	0.4192	0.4207	0.4222	0.4236	0.4251	0.4265	0.4279	0.4292	0.4306	0.4319
1.5	0.4332	0.4345	0.4357	0.4370	0.4382	0.4394	0.4406	0.4418	0.4429	0.4441
1.6	0.4452	0.4463	0.4474	0.4484	0.4495	0.4505	0.4515	0.4525	0.4535	0.4545
1.7	0.4554	0.4564	0.4573	0.4582	0.4591	0.4599	0.4608	0.4616	0.4625	0.4633
1.8	0.4641	0.4649	0.4656	0.4664	0.4671	0.4678	0.4686	0.4693	0.4699	0.4706
1.9	0.4713	0.4719	0.4726	0.4732	0.4738	0.4744	0.4750	0.4756	0.4761	0.4767
2.0	0.4772	0.4778	0.4783	0.4788	0.4793	0.4798	0.4803	0.4808	0.4812	0.4817
2.1	0.4821	0.4826	0.4830	0.4834	0.4838	0.4842	0.4846	0.4850	0.4854	0.4857
2.2	0.4861	0.4864	0.4868	0.4871	0.4875	0.4878	0.4881	0.4884	0.4887	0.4890
2.3	0.4893	0.4896	0.4898	0.4901	0.4904	0.4906	0.4909	0.4911	0.4913	0.4916
2.4	0.4918	0.4920	0.4922	0.4925	0.4927	0.4929	0.4931	0.4932	0.4934	0.4936
2.5	0.4938	0.4940	0.4941	0.4943	0.4945	0.4946	0.4948	0.4949	0.4951	0.4952
2.6	0.4953	0.4955	0.4956	0.4957	0.4959	0.4960	0.4961	0.4962	0.4963	0.4964
2.7	0.4965	0.4966	0.4967	0.4968	0.4969	0.4970	0.4971	0.4972	0.4973	0.4974
2.8	0.4974	0.4975	0.4976	0.4977	0.4977	0.4978	0.4979	0.4979	0.4980	0.4981
2.9	0.4981	0.4982	0.4982	0.4983	0.4984	0.4984	0.4985	0.4985	0.4986	0.4986
3.0	0.4987	0.4987	0.4987	0.4988	0.4988	0.4989	0.4989	0.4989	0.4990	0.4990

第4問～第7問は，いずれか3問を選択し，解答しなさい。

第6問 (選択問題) (配点 16)

1辺の長さが $\sqrt{2}$ である正方形の紙を折ってできる図形について考えよう。

次の左の図のように紙の四つの頂点を A，B，C，D とし，2本の対角線の交点を O とする。正方形の紙を対角線 AC を折り目として折り，右の図のように折った後の頂点 B を E とし，∠EOD $= \theta$ とおく。ただし，$0° < \theta < 180°$ とする。

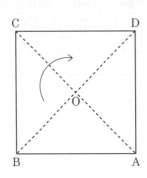 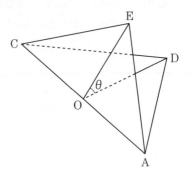

このとき

$$\vec{OA} \cdot \vec{OB} = \boxed{\text{ア}}, \quad \vec{OA} \cdot \vec{OD} = \boxed{\text{イ}}$$

である。

(1) $\theta = 60°$ のとき

$$\vec{OE} \cdot \vec{OD} = \frac{\boxed{\text{ウ}}}{\boxed{\text{エ}}}, \quad ED = \boxed{\text{オ}}$$

であり

$$\vec{AE} \cdot \vec{AD} = \frac{\boxed{\text{カ}}}{\boxed{\text{キ}}}$$

である。

(数学 II，数学 B，数学 C 第6問は次ページに続く。)

第 5 回　数学 II・B・C

(2)　∠EAD = 60° とする。

$$ED = \sqrt{\boxed{\text{ク}}}$$

であるから，$\theta = \boxed{\text{ケ}}$ である。

また

$$\overrightarrow{CE} = \boxed{\text{コ}}, \quad \overrightarrow{CD} = \boxed{\text{サ}}$$

である。

$\boxed{\text{ケ}}$ の解答群

⓪　30°	①　45°	②　60°	③　90°	④　120°	⑤　135°	⑥　150°

$\boxed{\text{コ}}$，$\boxed{\text{サ}}$ の解答群(同じものを繰り返し選んでもよい。)

⓪　$\overrightarrow{OA} + \overrightarrow{OE}$	①　$\overrightarrow{OA} - \overrightarrow{OE}$	②　$-\overrightarrow{OA} + \overrightarrow{OE}$
③　$\overrightarrow{OA} + \overrightarrow{OD}$	④　$\overrightarrow{OA} - \overrightarrow{OD}$	⑤　$-\overrightarrow{OA} + \overrightarrow{OD}$

(i)　3点 E, C, D を含む平面を α とし，A から α に引いた垂線と，α の交点を H とする。H は α 上の点であるから，実数 s, t を用いて $\overrightarrow{CH} = s\overrightarrow{CE} + t\overrightarrow{CD}$ の形に表される。$\overrightarrow{AH} \cdot \overrightarrow{CE} = \overrightarrow{AH} \cdot \overrightarrow{CD} = \boxed{\text{シ}}$ により

$$s = \frac{\boxed{\text{ス}}}{\boxed{\text{セ}}}, \quad t = \frac{\boxed{\text{ソ}}}{\boxed{\text{タ}}}$$

である。

(数学 II，数学 B，数学 C 第 6 問は次ページに続く。)

(ii) 4点 A, E, C, D を頂点とする四面体を K とする。K についての記述として，次の ⓪ ~ ③ のうち，正しくないものは $\boxed{\text{チ}}$ である。

$\boxed{\text{チ}}$ の解答群

⓪ △AEC と △ECD は合同ではない。

① 辺 AC の長さの方が辺 DE の長さより長い。

② 4点 A, E, C, D をすべて通る球面が存在する。

③ 点 H は △ECD の内部にある。

第 5 回　数学 II・B・C

（下 書 き 用 紙）

数学 II，数学 B，数学 C の試験問題は次に続く。

第4問～第7問は，いずれか3問を選択し，解答しなさい。

第7問 （選択問題）（配点 16）

〔1〕 座標平面において，原点 O を極，x 軸の正の部分を始線として，極方程式 $r(1 + \cos\theta) = 2$ で表される曲線について考えてみよう。

この極方程式は，$r = 2 - r\cos\theta$ と表すことができる。

この曲線上の点を P とすると，$r = \boxed{\text{ア}}$，$r\cos\theta = \boxed{\text{イ}}$ であるから，この極方程式で表される図形は O を焦点，直線 $\boxed{\text{ウ}}$ を準線とする放物線であることがわかる。

その概形は，$\boxed{\text{エ}}$ である。

$\boxed{\text{ア}}$，$\boxed{\text{イ}}$ の解答群

⓪ OP	① （P の x 座標）	② （P の y 座標）

$\boxed{\text{ウ}}$ の解答群

⓪ $x = 1$	① $x = -1$	② $x = 2$	③ $x = -2$
④ $y = 1$	⑤ $y = -1$	⑥ $y = 2$	⑦ $y = -2$

（数学 II，数学 B，数学 C 第 7 問は次ページに続く。）

— 26 —

エ については，最も適当なものを，次の ⓪〜⑧ のうちから一つ選べ。

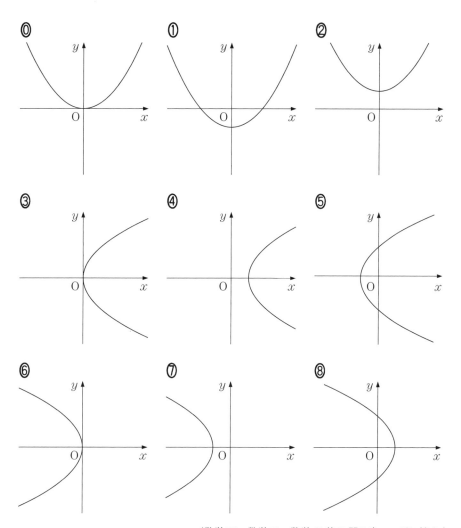

（数学 II，数学 B，数学 C 第 7 問は次ページに続く。）

〔2〕 複素数平面上に

$$|z - 2| = 2$$

で表される円 C がある。三つの複素数 α, β, γ で表される点がそれぞれ円 C 上にあるとする。以下，複素数の偏角は 0 以上 2π 未満とする。

(1) a, b を正の実数として

$$\alpha = 2 + ai, \quad \beta = 2 - bi$$

と表されるとき，$a = \boxed{\text{オ}}$，$b = \boxed{\text{カ}}$ であり，x の 2 次方程式

$$x^2 - \boxed{\text{キ}}\, x + \boxed{\text{ク}} = 0$$

の 2 解は α，β である。また，このとき

$$\arg \frac{\beta - 4}{\alpha - 4} = \boxed{\boxed{\text{ケ}}}$$

である。

$\boxed{\text{ケ}}$ の解答群

⓪ $\dfrac{\pi}{4}$	① $\dfrac{\pi}{2}$	② $\dfrac{3}{4}\pi$	③ π
④ $\dfrac{5}{4}\pi$	⑤ $\dfrac{3}{2}\pi$	⑥ $\dfrac{7}{4}\pi$	

（数学 II，数学 B，数学 C 第 7 問は次ページに続く。）

第 5 回　数学 **II・B・C**

(2)　$\arg \gamma = \dfrac{\pi}{6}$ であるとき

$$|\gamma| = \boxed{コ}\sqrt{\boxed{サ}}$$

であり

$$\gamma^2 = \boxed{シ} + \boxed{ス}\sqrt{\boxed{セ}}\,i$$

であるから，正の実数 $\boxed{ソ}$ に対して $\dfrac{\gamma^2}{\boxed{ソ}}$ で表される点も円 C 上にある。

試作問題

2022年度大学入試センター公表
令和7年度（2025年度）大学入学共通テスト

試作問題

（100点　70分）

● 標 準 所 要 時 間 ●

第1問	11分	第4問	11分
第2問	11分	第5問	11分
第3問	15分	第6問	11分
		第7問	11分

（注）　第1問，第2問，第3問は必答，第4問～第7問のうち3問選択解答

(注) この科目には，選択問題があります。

数学Ⅱ，数学Ｂ，数学Ｃ

第1問 （必答問題）（配点 15）

(1) 次の**問題A**について考えよう。

> **問題A** 関数 $y = \sin\theta + \sqrt{3}\cos\theta \left(0 \leqq \theta \leqq \dfrac{\pi}{2}\right)$ の最大値を求めよ。

$$\sin\frac{\pi}{\boxed{\text{ア}}} = \frac{\sqrt{3}}{2}, \quad \cos\frac{\pi}{\boxed{\text{ア}}} = \frac{1}{2}$$

であるから，三角関数の合成により

$$y = \boxed{\text{イ}} \sin\left(\theta + \frac{\pi}{\boxed{\text{ア}}}\right)$$

と変形できる。よって，y は $\theta = \dfrac{\pi}{\boxed{\text{ウ}}}$ で最大値 $\boxed{\text{エ}}$ をとる。

(2) p を定数とし，次の**問題B**について考えよう。

> **問題B** 関数 $y = \sin\theta + p\cos\theta \left(0 \leqq \theta \leqq \dfrac{\pi}{2}\right)$ の最大値を求めよ。

(i) $p = 0$ のとき，y は $\theta = \dfrac{\pi}{\boxed{\text{オ}}}$ で最大値 $\boxed{\text{カ}}$ をとる。

（数学Ⅱ，数学Ｂ，数学Ｃ第1問は次ページに続く。）

－ 2 －

試作問題　数学 II・B・C

(ii)　$p > 0$ のときは，加法定理

$$\cos(\theta - \alpha) = \cos\theta\cos\alpha + \sin\theta\sin\alpha$$

を用いると

$$y = \sin\theta + p\cos\theta = \sqrt{\boxed{キ}}\cos(\theta - \alpha)$$

と表すことができる。ただし，α は

$$\sin\alpha = \frac{\boxed{ク}}{\sqrt{\boxed{キ}}}\ ,\ \ \cos\alpha = \frac{\boxed{ケ}}{\sqrt{\boxed{キ}}}\ ,\ \ 0 < \alpha < \frac{\pi}{2}$$

を満たすものとする。このとき，y は $\theta = \boxed{コ}$ で最大値

$\sqrt{\boxed{サ}}$ をとる。

(iii)　$p < 0$ のとき，y は $\theta = \boxed{シ}$ で最大値 $\boxed{ス}$ をとる。

$\boxed{キ} \sim \boxed{ケ}$，$\boxed{サ}$，$\boxed{ス}$ の解答群（同じものを繰り返し選んでもよい。）

⓪　-1	①　1	②　$-p$
③　p	④　$1-p$	⑤　$1+p$
⑥　$-p^2$	⑦　p^2	⑧　$1-p^2$
⑨　$1+p^2$	ⓐ　$(1-p)^2$	ⓑ　$(1+p)^2$

$\boxed{コ}$，$\boxed{シ}$ の解答群（同じものを繰り返し選んでもよい。）

⓪　0	①　α	②　$\dfrac{\pi}{2}$

— 3 —

第2問 (必答問題) (配点 15)

二つの関数 $f(x) = \dfrac{2^x + 2^{-x}}{2}$, $g(x) = \dfrac{2^x - 2^{-x}}{2}$ について考える。

(1) $f(0) = \boxed{\text{ア}}$, $g(0) = \boxed{\text{イ}}$ である。また，$f(x)$ は相加平均と相乗平均の関係から，$x = \boxed{\text{ウ}}$ で最小値 $\boxed{\text{エ}}$ をとる。

$g(x) = -2$ となる x の値は $\log_2\left(\sqrt{\boxed{\text{オ}}} - \boxed{\text{カ}}\right)$ である。

(2) 次の①～④は，x にどのような値を代入してもつねに成り立つ。

$f(-x) = \boxed{\text{キ}}$ $\qquad\qquad\qquad$ ························· ①

$g(-x) = \boxed{\text{ク}}$ $\qquad\qquad\qquad$ ························· ②

$\{f(x)\}^2 - \{g(x)\}^2 = \boxed{\text{ケ}}$ $\qquad$ ························· ③

$g(2x) = \boxed{\text{コ}}\ f(x)g(x)$ $\qquad\quad$ ························· ④

$\boxed{\text{キ}}$, $\boxed{\text{ク}}$ の解答群（同じものを繰り返し選んでもよい。）

⓪ $f(x)$	① $-f(x)$	② $g(x)$	③ $-g(x)$

（数学Ⅱ，数学B，数学C第2問は次ページに続く。）

試作問題　数学II・B・C

⑶　花子さんと太郎さんは，$f(x)$ と $g(x)$ の性質について話している。

> 花子：①～④は三角関数の性質に似ているね。
>
> 太郎：三角関数の加法定理に類似した式(A)～(D)を考えてみたけど，
> 　　　つねに成り立つ式はあるだろうか。
>
> 花子：成り立たない式を見つけるために，式(A)～(D)の β に何か具体
> 　　　的な値を代入して調べてみたらどうかな。

太郎さんが考えた式

$$f(\alpha - \beta) = f(\alpha)g(\beta) + g(\alpha)f(\beta) \quad \cdots\cdots\cdots\cdots\cdots\cdots (A)$$

$$f(\alpha + \beta) = f(\alpha)f(\beta) + g(\alpha)g(\beta) \quad \cdots\cdots\cdots\cdots\cdots\cdots (B)$$

$$g(\alpha - \beta) = f(\alpha)f(\beta) + g(\alpha)g(\beta) \quad \cdots\cdots\cdots\cdots\cdots\cdots (C)$$

$$g(\alpha + \beta) = f(\alpha)g(\beta) - g(\alpha)f(\beta) \quad \cdots\cdots\cdots\cdots\cdots\cdots (D)$$

　⑴，⑵で示されたことのいくつかを利用すると，式(A)～(D)のうち，
　サ　以外の三つは成り立たないことがわかる。　サ　は左辺と右辺
をそれぞれ計算することによって成り立つことが確かめられる。

　サ　の解答群

⓪ （A）	① （B）	② （C）	③ （D）

— 5 —

第3問 （必答問題） （配点 22）

(1) 座標平面上で，次の二つの2次関数のグラフについて考える。

$$y = 3x^2 + 2x + 3 \quad \cdots\cdots\cdots\cdots\cdots ①$$

$$y = 2x^2 + 2x + 3 \quad \cdots\cdots\cdots\cdots\cdots ②$$

①，②の2次関数のグラフには次の**共通点**がある。

共通点

y 軸との交点における接線の方程式は $y = \boxed{\text{ア}} \, x + \boxed{\text{イ}}$ である。

次の⓪〜⑤の2次関数のグラフのうち，y 軸との交点における接線の方程式が $y = \boxed{\text{ア}} \, x + \boxed{\text{イ}}$ となるものは $\boxed{\text{ウ}}$ である。

$\boxed{\text{ウ}}$ の解答群

⓪ $y = 3x^2 - 2x - 3$　　　　① $y = -3x^2 + 2x - 3$

② $y = 2x^2 + 2x - 3$　　　　③ $y = 2x^2 - 2x + 3$

④ $y = -x^2 + 2x + 3$　　　　⑤ $y = -x^2 - 2x + 3$

$a, \ b, \ c$ を0でない実数とする。

曲線 $y = ax^2 + bx + c$ 上の点 $\left(0, \ \boxed{\text{エ}}\right)$ における接線を ℓ とすると，その方程式は $y = \boxed{\text{オ}} \, x + \boxed{\text{カ}}$ である。

（数学Ⅱ，数学B，数学C第3問は次ページに続く。）

接線 ℓ と x 軸との交点の x 座標は $\dfrac{\boxed{キク}}{\boxed{ケ}}$ である。

a, b, c が正の実数であるとき，曲線 $y = ax^2 + bx + c$ と接線 ℓ および直線 $x = \dfrac{\boxed{キク}}{\boxed{ケ}}$ で囲まれた図形の面積を S とすると

$$S = \dfrac{ac^{\boxed{コ}}}{\boxed{サ}\,b^{\boxed{シ}}} \quad\quad\quad\quad\quad\quad\quad\quad\quad\quad ③$$

である。

③において，$a = 1$ とし，S の値が一定となるように正の実数 b, c の値を変化させる。このとき，b と c の関係を表すグラフの概形は $\boxed{ス}$ である。

$\boxed{ス}$ については，最も適当なものを，次の ⓪〜⑤ のうちから一つ選べ。

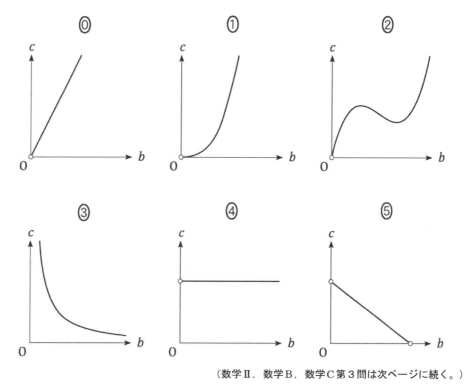

（数学Ⅱ，数学B，数学C第3問は次ページに続く。）

(2) a, b, c, d を 0 でない実数とする。

$f(x) = ax^3 + bx^2 + cx + d$ とする。このとき，関数 $y = f(x)$ のグラフと y 軸

との交点における接線の方程式は $y = \boxed{\text{セ}}\, x + \boxed{\text{ソ}}$ となる。

次に，$g(x) = \boxed{\text{セ}}\, x + \boxed{\text{ソ}}$ とし，$f(x) - g(x)$ について考える。

$y = f(x)$ のグラフと $y = g(x)$ のグラフの共有点の x 座標は $\dfrac{\boxed{\text{タチ}}}{\boxed{\text{ツ}}}$ と

$\boxed{\text{テ}}$ である。また，x が $\dfrac{\boxed{\text{タチ}}}{\boxed{\text{ツ}}}$ と $\boxed{\text{テ}}$ の間を動くとき，$|f(x) - g(x)|$

の値が最大となるのは，$x = \dfrac{\boxed{\text{トナニ}}}{\boxed{\text{ヌネ}}}$ のときである。

— 8 —

試作問題　数学Ⅱ・B・C

（下書き用紙）

数学Ⅱ，数学B，数学Cの試験問題は次に続く。

第4問～第7問は，いずれか3問を選択し，解答しなさい。

第4問 （選択問題） （配点 16）

初項3，公差 p の等差数列を $\{a_n\}$ とし，初項3，公比 r の等比数列を $\{b_n\}$ とする。ただし，$p \neq 0$ かつ $r \neq 0$ とする。さらに，これらの数列が次を満たすとする。

$$a_n b_{n+1} - 2a_{n+1} b_n + 3b_{n+1} = 0 \quad (n = 1,\ 2,\ 3,\ \cdots) \qquad \cdots\cdots ①$$

(1) p と r の値を求めよう。自然数 n について，a_n，a_{n+1}，b_n はそれぞれ

$$a_n = \boxed{\ \ ア\ \ } + (n-1)p \qquad\cdots\cdots\cdots ②$$

$$a_{n+1} = \boxed{\ \ ア\ \ } + np \qquad\cdots\cdots\cdots ③$$

$$b_n = \boxed{\ \ イ\ \ } r^{n-1}$$

と表される。$r \neq 0$ により，すべての自然数 n について，$b_n \neq 0$ となる。

$\dfrac{b_{n+1}}{b_n} = r$ であることから，①の両辺を b_n で割ることにより

$$\boxed{\ \ ウ\ \ } a_{n+1} = r\left(a_n + \boxed{\ \ エ\ \ }\right) \qquad\cdots\cdots\cdots ④$$

が成り立つことがわかる。④に②と③を代入すると

$$\left(r - \boxed{\ \ オ\ \ }\right) pn = r\left(p - \boxed{\ \ カ\ \ }\right) + \boxed{\ \ キ\ \ } \qquad\cdots\cdots\cdots ⑤$$

となる。⑤がすべての n で成り立つことおよび $p \neq 0$ により，$r = \boxed{\ \ オ\ \ }$ を得る。さらに，このことから，$p = \boxed{\ \ ク\ \ }$ を得る。

以上から，すべての自然数 n について，a_n と b_n が正であることもわかる。

（数学Ⅱ，数学B，数学C第4問は次ページに続く。）

試作問題　数学 II・B・C

(2) 数列 $\{a_n\}$ に対して，初項 3 の数列 $\{c_n\}$ が次を満たすとする。

$$a_n c_{n+1} - 4a_{n+1} c_n + 3c_{n+1} = 0 \quad (n = 1, 2, 3, \cdots) \qquad \cdots\cdots\cdots ⑥$$

a_n が正であることから，⑥を変形して，$c_{n+1} = \dfrac{\boxed{\text{ケ}} \, a_{n+1}}{a_n + \boxed{\text{コ}}} c_n$ を得る。

さらに，$p = \boxed{\text{ク}}$ であることから，数列 $\{c_n\}$ は $\boxed{\text{サ}}$ ことがわかる。

$\boxed{\text{サ}}$ の解答群

⓪ すべての項が同じ値をとる数列である

① 公差が 0 でない等差数列である

② 公比が 1 より大きい等比数列である

③ 公比が 1 より小さい等比数列である

④ 等差数列でも等比数列でもない

(3) q, u は定数で，$q \neq 0$ とする。数列 $\{b_n\}$ に対して，初項 3 の数列 $\{d_n\}$ が次を満たすとする。

$$d_n b_{n+1} - q d_{n+1} b_n + u b_{n+1} = 0 \quad (n = 1, 2, 3, \cdots) \qquad \cdots\cdots\cdots ⑦$$

$r = \boxed{\text{オ}}$ であることから，⑦を変形して，$d_{n+1} = \dfrac{\boxed{\text{シ}}}{q}(d_n + u)$ を得

る。したがって，数列 $\{d_n\}$ が，公比が 0 より大きく 1 より小さい等比数列と

なるための必要十分条件は，$q > \boxed{\text{ス}}$ かつ $u = \boxed{\text{セ}}$ である。

— 11 —

第4問～第7問は，いずれか3問を選択し，解答しなさい。

第5問 （選択問題） （配点 16）

以下の問題を解答するにあたっては，必要に応じて 15 ページの正規分布表を用いてもよい。

花子さんは，マイクロプラスチックと呼ばれる小さなプラスチック片（以下，MP）による海洋中や大気中の汚染が，環境問題となっていることを知った。花子さんたち 49 人は，面積が 50 a （アール）の砂浜の表面にある MP の個数を調べるため，それぞれが無作為に選んだ 20 cm 四方の区画の表面から深さ 3 cm までをすくい，MP の個数を研究所で数えてもらうことにした。そして，この砂浜の 1 区画あたりの MP の個数を確率変数 X として考えることにした。

このとき，X の母平均を m，母標準偏差を σ とし，標本 49 区画の 1 区画あたりの MP の個数の平均値を表す確率変数を $\overline{X}$ とする。

花子さんたちが調べた 49 区画では，平均値が 16，標準偏差が 2 であった。

(1) 砂浜全体に含まれる MP の全個数 M を推定することにする。

花子さんは，次の**方針**で M を推定することとした。

方針

砂浜全体には 20 cm 四方の区画が 125000 個分あり，$M = 125000 \times m$ なので，M を $W = 125000 \times \overline{X}$ で推定する。

確率変数 $\overline{X}$ は，標本の大きさ 49 が十分に大きいので，平均 $\boxed{\ \text{ア}\ }$，標準偏差 $\boxed{\ \text{イ}\ }$ の正規分布に近似的に従う。

そこで，**方針**に基づいて考えると，確率変数 W は平均 $\boxed{\ \text{ウ}\ }$，標準偏差 $\boxed{\ \text{エ}\ }$ の正規分布に近似的に従うことがわかる。

このとき，X の母標準偏差 σ は標本の標準偏差と同じ $\sigma = 2$ と仮定すると，M に対する信頼度 95% の信頼区間は

$$\boxed{\ \text{オカキ}\ } \times 10^4 \leqq M \leqq \boxed{\ \text{クケコ}\ } \times 10^4$$

となる。

（数学Ⅱ，数学Ｂ，数学Ｃ第5問は次ページに続く。）

— 12 —

試作問題　数学 II・B・C

| ア | の解答群 |

⓪ m	① $4m$	② $7m$	③ $16m$	④ $49m$
⑤ X	⑥ $4X$	⑦ $7X$	⑧ $16X$	⑨ $49X$

| イ | の解答群 |

⓪ σ	① 2σ	② 4σ	③ 7σ	④ 49σ
⑤ $\dfrac{\sigma}{2}$	⑥ $\dfrac{\sigma}{4}$	⑦ $\dfrac{\sigma}{7}$	⑧ $\dfrac{\sigma}{49}$	

| ウ | の解答群 |

⓪ $\dfrac{16}{49}m$	① $\dfrac{4}{7}m$	② $49m$	③ $\dfrac{125000}{49}m$
④ $125000m$	⑤ $\dfrac{16}{49}\overline{X}$	⑥ $\dfrac{4}{7}\overline{X}$	⑦ $49\overline{X}$
⑧ $\dfrac{125000}{49}\overline{X}$	⑨ $125000\overline{X}$		

| エ | の解答群 |

⓪ $\dfrac{\sigma}{49}$	① $\dfrac{\sigma}{7}$	② 49σ	③ $\dfrac{125000}{49}\sigma$
④ $\dfrac{31250}{7}\sigma$	⑤ $\dfrac{125000}{7}\sigma$	⑥ 31250σ	⑦ 62500σ
⑧ 125000σ	⑨ 250000σ		

（数学 II，数学 B，数学 C 第 5 問は次ページに続く。）

(2) 研究所が昨年調査したときには，1区画あたりのMPの個数の母平均が15，母標準偏差が2であった。今年の母平均 m が昨年とは異なるといえるかを，有意水準5%で仮説検定をする。ただし，母標準偏差は今年も $\sigma = 2$ とする。

まず，帰無仮説は「今年の母平均は サ 」であり，対立仮説は「今年の母平均は シ 」である。

次に，帰無仮説が正しいとすると，$\overline{X}$ は平均 ス ，標準偏差 セ の正規分布に近似的に従うため，確率変数 $Z = \dfrac{\overline{X} - \boxed{ス}}{\boxed{セ}}$ は標準正規分布に近似的に従う。

花子さんたちの調査結果から求めた Z の値を z とすると，標準正規分布において確率 $P(Z \leqq -|z|)$ と確率 $P(Z \geqq |z|)$ の和は0.05よりも ソ ので，有意水準5%で今年の母平均 m は昨年と タ 。

サ ， シ の解答群（同じものを繰り返し選んでもよい。）

⓪ $\overline{X}$ である	① m である
② 15 である	③ 16 である
④ $\overline{X}$ ではない	⑤ m ではない
⑥ 15 ではない	⑦ 16 ではない

ス ， セ の解答群（同じものを繰り返し選んでもよい。）

⓪ $\dfrac{4}{49}$	① $\dfrac{2}{7}$	② $\dfrac{16}{49}$	③ $\dfrac{4}{7}$	④ 2
⑤ $\dfrac{15}{7}$	⑥ 4	⑦ 15	⑧ 16	

ソ の解答群

⓪ 大きい	① 小さい

タ の解答群

⓪ 異なるといえる	① 異なるとはいえない

（数学Ⅱ，数学B，数学C第5問は次ページに続く。）

正 規 分 布 表

次の表は，標準正規分布の分布曲線における右図の灰色部分の面積の値をまとめたものである。

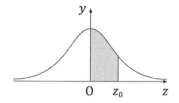

z_0	0.00	0.01	0.02	0.03	0.04	0.05	0.06	0.07	0.08	0.09
0.0	0.0000	0.0040	0.0080	0.0120	0.0160	0.0199	0.0239	0.0279	0.0319	0.0359
0.1	0.0398	0.0438	0.0478	0.0517	0.0557	0.0596	0.0636	0.0675	0.0714	0.0753
0.2	0.0793	0.0832	0.0871	0.0910	0.0948	0.0987	0.1026	0.1064	0.1103	0.1141
0.3	0.1179	0.1217	0.1255	0.1293	0.1331	0.1368	0.1406	0.1443	0.1480	0.1517
0.4	0.1554	0.1591	0.1628	0.1664	0.1700	0.1736	0.1772	0.1808	0.1844	0.1879
0.5	0.1915	0.1950	0.1985	0.2019	0.2054	0.2088	0.2123	0.2157	0.2190	0.2224
0.6	0.2257	0.2291	0.2324	0.2357	0.2389	0.2422	0.2454	0.2486	0.2517	0.2549
0.7	0.2580	0.2611	0.2642	0.2673	0.2704	0.2734	0.2764	0.2794	0.2823	0.2852
0.8	0.2881	0.2910	0.2939	0.2967	0.2995	0.3023	0.3051	0.3078	0.3106	0.3133
0.9	0.3159	0.3186	0.3212	0.3238	0.3264	0.3289	0.3315	0.3340	0.3365	0.3389
1.0	0.3413	0.3438	0.3461	0.3485	0.3508	0.3531	0.3554	0.3577	0.3599	0.3621
1.1	0.3643	0.3665	0.3686	0.3708	0.3729	0.3749	0.3770	0.3790	0.3810	0.3830
1.2	0.3849	0.3869	0.3888	0.3907	0.3925	0.3944	0.3962	0.3980	0.3997	0.4015
1.3	0.4032	0.4049	0.4066	0.4082	0.4099	0.4115	0.4131	0.4147	0.4162	0.4177
1.4	0.4192	0.4207	0.4222	0.4236	0.4251	0.4265	0.4279	0.4292	0.4306	0.4319
1.5	0.4332	0.4345	0.4357	0.4370	0.4382	0.4394	0.4406	0.4418	0.4429	0.4441
1.6	0.4452	0.4463	0.4474	0.4484	0.4495	0.4505	0.4515	0.4525	0.4535	0.4545
1.7	0.4554	0.4564	0.4573	0.4582	0.4591	0.4599	0.4608	0.4616	0.4625	0.4633
1.8	0.4641	0.4649	0.4656	0.4664	0.4671	0.4678	0.4686	0.4693	0.4699	0.4706
1.9	0.4713	0.4719	0.4726	0.4732	0.4738	0.4744	0.4750	0.4756	0.4761	0.4767
2.0	0.4772	0.4778	0.4783	0.4788	0.4793	0.4798	0.4803	0.4808	0.4812	0.4817
2.1	0.4821	0.4826	0.4830	0.4834	0.4838	0.4842	0.4846	0.4850	0.4854	0.4857
2.2	0.4861	0.4864	0.4868	0.4871	0.4875	0.4878	0.4881	0.4884	0.4887	0.4890
2.3	0.4893	0.4896	0.4898	0.4901	0.4904	0.4906	0.4909	0.4911	0.4913	0.4916
2.4	0.4918	0.4920	0.4922	0.4925	0.4927	0.4929	0.4931	0.4932	0.4934	0.4936
2.5	0.4938	0.4940	0.4941	0.4943	0.4945	0.4946	0.4948	0.4949	0.4951	0.4952
2.6	0.4953	0.4955	0.4956	0.4957	0.4959	0.4960	0.4961	0.4962	0.4963	0.4964
2.7	0.4965	0.4966	0.4967	0.4968	0.4969	0.4970	0.4971	0.4972	0.4973	0.4974
2.8	0.4974	0.4975	0.4976	0.4977	0.4977	0.4978	0.4979	0.4979	0.4980	0.4981
2.9	0.4981	0.4982	0.4982	0.4983	0.4984	0.4984	0.4985	0.4985	0.4986	0.4986
3.0	0.4987	0.4987	0.4987	0.4988	0.4988	0.4989	0.4989	0.4989	0.4990	0.4990
3.1	0.4990	0.4991	0.4991	0.4991	0.4992	0.4992	0.4992	0.4992	0.4993	0.4993
3.2	0.4993	0.4993	0.4994	0.4994	0.4994	0.4994	0.4994	0.4995	0.4995	0.4995
3.3	0.4995	0.4995	0.4995	0.4996	0.4996	0.4996	0.4996	0.4996	0.4996	0.4997
3.4	0.4997	0.4997	0.4997	0.4997	0.4997	0.4997	0.4997	0.4997	0.4997	0.4998
3.5	0.4998	0.4998	0.4998	0.4998	0.4998	0.4998	0.4998	0.4998	0.4998	0.4998

第4問～第7問は，いずれか3問を選択し，解答しなさい。

第6問 (選択問題) (配点 16)

1辺の長さが1の正五角形の対角線の長さをaとする。

(1) 1辺の長さが1の正五角形$OA_1B_1C_1A_2$を考える。

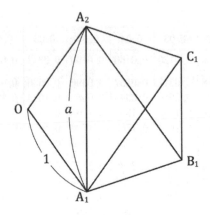

正五角形の性質から$\overrightarrow{A_1A_2}$と$\overrightarrow{B_1C_1}$は平行であり，ここでは

$$\overrightarrow{A_1A_2} = \boxed{\text{ア}}\ \overrightarrow{B_1C_1}$$

であるから

$$\overrightarrow{B_1C_1} = \frac{1}{\boxed{\text{ア}}}\overrightarrow{A_1A_2} = \frac{1}{\boxed{\text{ア}}}(\overrightarrow{OA_2} - \overrightarrow{OA_1})$$

また，$\overrightarrow{OA_1}$と$\overrightarrow{A_2B_1}$は平行で，さらに，$\overrightarrow{OA_2}$と$\overrightarrow{A_1C_1}$も平行であることから

$$\overrightarrow{B_1C_1} = \overrightarrow{B_1A_2} + \overrightarrow{A_2O} + \overrightarrow{OA_1} + \overrightarrow{A_1C_1}$$
$$= -\boxed{\text{ア}}\ \overrightarrow{OA_1} - \overrightarrow{OA_2} + \overrightarrow{OA_1} + \boxed{\text{ア}}\ \overrightarrow{OA_2}$$
$$= (\boxed{\text{イ}} - \boxed{\text{ウ}})(\overrightarrow{OA_2} - \overrightarrow{OA_1})$$

となる。したがって

$$\frac{1}{\boxed{\text{ア}}} = \boxed{\text{イ}} - \boxed{\text{ウ}}$$

が成り立つ。$a > 0$に注意してこれを解くと，$a = \dfrac{1+\sqrt{5}}{2}$を得る。

(数学II，数学B，数学C第6問は次ページに続く。)

(2) 下の図のような，1辺の長さが1の正十二面体を考える。正十二面体とは，どの面もすべて合同な正五角形であり，どの頂点にも三つの面が集まっているへこみのない多面体のことである。

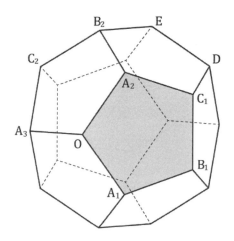

面$OA_1B_1C_1A_2$に着目する。$\overrightarrow{OA_1}$と$\overrightarrow{A_2B_1}$が平行であることから

$$\overrightarrow{OB_1} = \overrightarrow{OA_2} + \overrightarrow{A_2B_1} = \overrightarrow{OA_2} + \boxed{\text{ア}}\,\overrightarrow{OA_1}$$

である。また

$$\overrightarrow{OA_1} \cdot \overrightarrow{OA_2} = \frac{\boxed{\text{エ}} - \sqrt{\boxed{\text{オ}}}}{\boxed{\text{カ}}}$$

である。

ただし，$\boxed{\text{エ}}$ 〜 $\boxed{\text{カ}}$ は，文字aを用いない形で答えること。

（数学Ⅱ，数学B，数学C第6問は次ページに続く。）

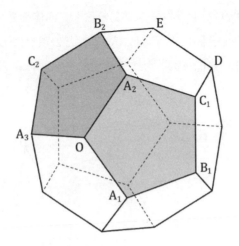

次に，面$OA_2B_2C_2A_3$に着目すると
$$\overrightarrow{OB_2} = \overrightarrow{OA_3} + \boxed{ア}\,\overrightarrow{OA_2}$$
である。さらに
$$\overrightarrow{OA_2}\cdot\overrightarrow{OA_3} = \overrightarrow{OA_3}\cdot\overrightarrow{OA_1} = \frac{\boxed{エ}-\sqrt{\boxed{オ}}}{\boxed{カ}}$$

が成り立つことがわかる。ゆえに
$$\overrightarrow{OA_1}\cdot\overrightarrow{OB_2} = \boxed{キ},\quad \overrightarrow{OB_1}\cdot\overrightarrow{OB_2} = \boxed{ク}$$
である。

キ ， ク の解答群（同じものを繰り返し選んでもよい。）

⓪ 0	① 1	② -1	③ $\dfrac{1+\sqrt{5}}{2}$
④ $\dfrac{1-\sqrt{5}}{2}$	⑤ $\dfrac{-1+\sqrt{5}}{2}$	⑥ $\dfrac{-1-\sqrt{5}}{2}$	⑦ $-\dfrac{1}{2}$
⑧ $\dfrac{-1+\sqrt{5}}{4}$	⑨ $\dfrac{-1-\sqrt{5}}{4}$		

（数学Ⅱ，数学B，数学C第6問は次ページに続く。）

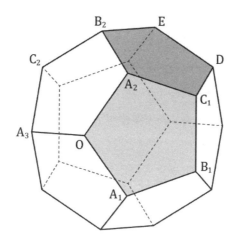

最後に，面 $A_2C_1DEB_2$ に着目する。
$$\overrightarrow{B_2D} = \boxed{ア}\,\overrightarrow{A_2C_1} = \overrightarrow{OB_1}$$
であることに注意すると，4 点 O, B_1, D, B_2 は同一平面上にあり，四角形 OB_1DB_2 は $\boxed{ケ}$ ことがわかる。

$\boxed{ケ}$ の解答群

- ⓪ 正方形である
- ① 正方形ではないが，長方形である
- ② 正方形ではないが，ひし形である
- ③ 長方形でもひし形でもないが，平行四辺形である
- ④ 平行四辺形ではないが，台形である
- ⑤ 台形でない

ただし，少なくとも一組の対辺が平行な四角形を台形という。

第4問～第7問は，いずれか3問を選択し，解答しなさい。

第7問 (選択問題) (配点 16)

〔1〕 a, b, c, d, f を実数とし，x, y の方程式
$$ax^2 + by^2 + cx + dy + f = 0$$
について，この方程式が表す座標平面上の図形をコンピュータソフトを用いて表示させる。ただし，このコンピュータソフトでは a, b, c, d, f の値は十分に広い範囲で変化させられるものとする。

a, b, c, d, f の値を $a = 2, b = 1, c = -8, d = -4, f = 0$ とすると図1のように楕円が表示された。

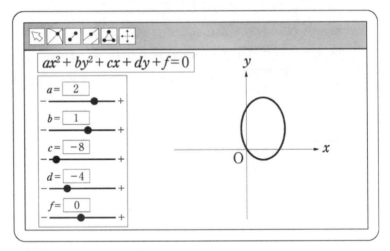

図1

(数学Ⅱ，数学B，数学C第7問は次ページに続く。)

試作問題　数学 II・B・C

方程式 $ax^2 + by^2 + cx + dy + f = 0$ の a, c, d, f の値は変えずに，b の値だけを $b \geqq 0$ の範囲で変化させたとき，座標平面上には ア 。

ア の解答群

⓪　つねに楕円のみが現れ，円は現れない

①　楕円，円が現れ，他の図形は現れない

②　楕円，円，放物線が現れ，他の図形は現れない

③　楕円，円，双曲線が現れ，他の図形は現れない

④　楕円，円，双曲線，放物線が現れ，他の図形は現れない

⑤　楕円，円，双曲線，放物線が現れ，また他の図形が現れることもある

（数学 II，数学 B，数学 C 第 7 問は次ページに続く。）

— 21 —

〔2〕 太郎さんと花子さんは、複素数 w を一つ決めて、w, w^2, w^3, … によって複素数平面上に表されるそれぞれの点 A_1, A_2, A_3, … を表示させたときの様子をコンピュータソフトを用いて観察している。ただし、点 w は実軸より上にあるとする。つまり、w の偏角を $\arg w$ とするとき、$w \neq 0$ かつ $0 < \arg w < \pi$ を満たすとする。

図1、図2、図3は、w の値を変えて点 A_1, A_2, A_3, …, A_{20} を表示させたものである。ただし、観察しやすくするために、図1、図2、図3の間では、表示範囲を変えている。

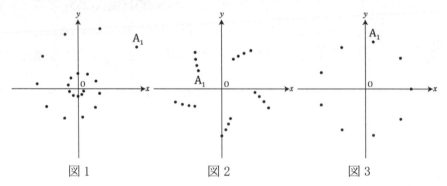

図1　　　　図2　　　　図3

太郎：w の値によって、A_1 から A_{20} までの点の様子もずいぶんいろいろなパターンがあるね。あれ、図3は点が20個ないよ。

花子：ためしに A_{30} まで表示させても図3は変化しないね。同じところを何度も通っていくんだと思う。

太郎：図3に対して、A_1, A_2, A_3, … と線分で結んで点をたどってみると図4のようになったよ。なるほど、A_1 に戻ってきているね。

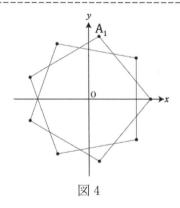

図4

（数学Ⅱ、数学B、数学C第7問は次ページに続く。）

試作問題　数学 II・B・C

図 4 をもとに，太郎さんは，A_1，A_2，A_3，…と点をとっていって再び A_1 に戻る場合に，点を順に線分で結んでできる図形について一般に考えることにした。すなわち，A_1 と A_n が重なるような n があるとき，線分 A_1A_2，A_2A_3，…，$A_{n-1}A_n$ をかいてできる図形について考える。このとき，$w = w^n$ に着目すると $|w| = \boxed{\text{イ}}$ であることがわかる。また，次のことが成り立つ。

- $1 \leqq k \leqq n-1$ に対して $A_kA_{k+1} = \boxed{\text{ウ}}$ であり，つねに一定である。
- $2 \leqq k \leqq n-1$ に対して $\angle A_{k+1}A_kA_{k-1} = \boxed{\text{エ}}$ であり，つねに一定である。
  ただし，$\angle A_{k+1}A_kA_{k-1}$ は，線分 A_kA_{k+1} を線分 A_kA_{k-1} に重なるまで回転させた角とする。

花子さんは，$n = 25$ のとき，すなわち，A_1 と A_{25} が重なるとき，A_1 から A_{25} までを順に線分で結んでできる図形が，正多角形になる場合を考えた。このような w の値は全部で $\boxed{\text{オ}}$ 個である。また，このような正多角形についてどの場合であっても，それぞれの正多角形に内接する円上の点を z とすると，z はつねに $\boxed{\text{カ}}$ を満たす。

$\boxed{\text{ウ}}$ の解答群

⓪ $|w+1|$ 　① $|w-1|$ 　② $|w|+1$ 　③ $|w|-1$

$\boxed{\text{エ}}$ の解答群

⓪ $\arg w$ 　① $\arg(-w)$ 　② $\arg \dfrac{1}{w}$ 　③ $\arg\left(-\dfrac{1}{w}\right)$

$\boxed{\text{カ}}$ の解答群

⓪ $|z| = 1$ 　① $|z-w| = 1$ 　② $|z| = |w+1|$

③ $|z| = |w-1|$ 　④ $|z-w| = |w+1|$ 　⑤ $|z-w| = |w-1|$

⑥ $|z| = \dfrac{|w+1|}{2}$ 　⑦ $|z| = \dfrac{|w-1|}{2}$

— 23 —

2024 年度

大学入学共通テスト
本試験

（100 点　60 分）

'24 本試問題

```
┌─────●標 準 所 要 時 間●─────┐
│                                      │
│    第 1 問      18 分  │  第 4 問      12 分    │
│                                      │
│    第 2 問      18 分  │  第 5 問      12 分    │
│                                      │
│    第 3 問      12 分  │                       │
│                                      │
└──────────────────────────────────────┘
```

（注）　第 1 問，第 2 問は必答，第 3 問～第 5 問のうち 2 問選択解答

(注) この科目には，選択問題があります。

数学Ⅱ・数学B

第 1 問 （必答問題）（配点　30）

〔1〕

(1)　$k > 0$，$k \neq 1$ とする。関数 $y = \log_k x$ と $y = \log_2 kx$ のグラフについて考えよう。

(i)　$y = \log_3 x$ のグラフは点 $\left(27,\ \boxed{\ \text{ア}\ }\right)$ を通る。また，$y = \log_2 \dfrac{x}{5}$ のグラフは点 $\left(\boxed{\ \text{イウ}\ },\ 1\right)$ を通る。

(ii)　$y = \log_k x$ のグラフは，k の値によらず定点 $\left(\boxed{\ \text{エ}\ },\ \boxed{\ \text{オ}\ }\right)$ を通る。

(iii)　$k = 2$，3，4 のとき

　　　$y = \log_k x$ のグラフの概形は $\boxed{\ \text{カ}\ }$

　　　$y = \log_2 kx$ のグラフの概形は $\boxed{\ \text{キ}\ }$

である。

（数学Ⅱ・数学B第 1 問は次ページに続く。）

カ ， キ については，最も適当なものを，次の ⓪ 〜 ⑤ のうちから一つずつ選べ。ただし，同じものを繰り返し選んでもよい。

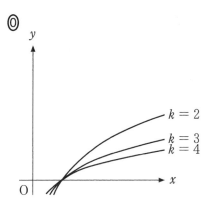

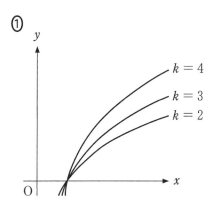

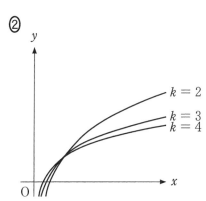

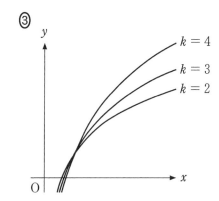

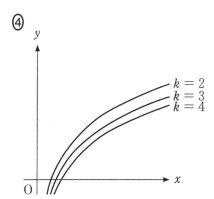

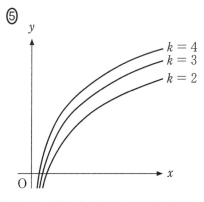

（数学Ⅱ・数学B第1問は次ページに続く。）

(2) $x > 0$, $x \neq 1$, $y > 0$ とする。$\log_x y$ について考えよう。

(i) 座標平面において，方程式 $\log_x y = 2$ の表す図形を図示すると，$\boxed{ク}$ の $x > 0$, $x \neq 1$, $y > 0$ の部分となる。

$\boxed{ク}$ については，最も適当なものを，次の⓪～⑤のうちから一つ選べ。

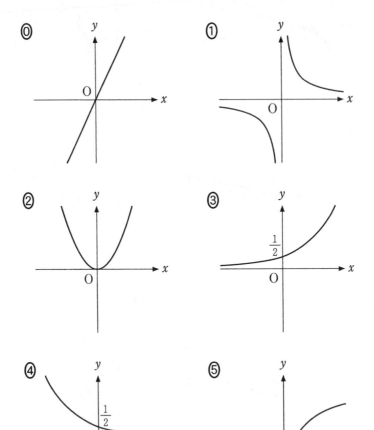

（数学Ⅱ・数学B 第1問は次ページに続く。）

(ii) 座標平面において，不等式 $0 < \log_x y < 1$ の表す領域を図示すると，ケ の斜線部分となる。ただし，境界(境界線)は含まない。

ケ については，最も適当なものを，次の⓪〜⑤のうちから一つ選べ。

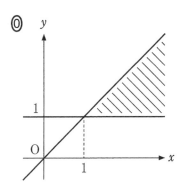
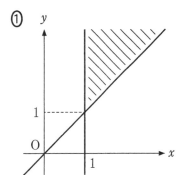
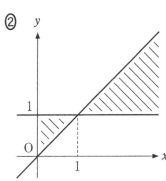
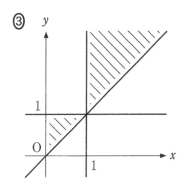
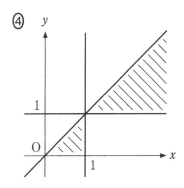
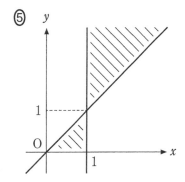

(数学Ⅱ・数学B第1問は次ページに続く。)

〔2〕 $S(x)$ を x の2次式とする。x の整式 $P(x)$ を $S(x)$ で割ったときの商を $T(x)$，余りを $U(x)$ とする。ただし，$S(x)$ と $P(x)$ の係数は実数であるとする。

(1) $P(x) = 2x^3 + 7x^2 + 10x + 5$，$S(x) = x^2 + 4x + 7$ の場合を考える。

方程式 $S(x) = 0$ の解は $x = \boxed{\text{コサ}} \pm \sqrt{\boxed{\text{シ}}}\, i$ である。

また，$T(x) = \boxed{\text{ス}}\, x - \boxed{\text{セ}}$，$U(x) = \boxed{\text{ソタ}}$ である。

(数学Ⅱ・数学B第1問は次ページに続く。)

2024 本試　数学 II・B

(2) 方程式 $S(x) = 0$ は異なる二つの解 $\alpha,\ \beta$ をもつとする。このとき

$$P(x) \text{ を } S(x) \text{ で割った余りが定数になる}$$

ことと同値な条件を考える。

(i) 余りが定数になるときを考えてみよう。

仮定から，定数 k を用いて $U(x) = k$ とおける。このとき， チ 。

したがって，余りが定数になるとき， ツ が成り立つ。

チ については，最も適当なものを，次の⓪〜③のうちから一つ選べ。

> ⓪ $P(\alpha) = P(\beta) = k$ が成り立つことから，$P(x) = S(x)T(x) + k$ となることが導かれる。また，$P(\alpha) = P(\beta) = k$ が成り立つことから，$S(\alpha) = S(\beta) = 0$ となることが導かれる
>
> ① $P(x) = S(x)T(x) + k$ かつ $P(\alpha) = P(\beta) = k$ が成り立つことから，$S(\alpha) = S(\beta) = 0$ となることが導かれる
>
> ② $S(\alpha) = S(\beta) = 0$ が成り立つことから，$P(x) = S(x)T(x) + k$ となることが導かれる。また，$S(\alpha) = S(\beta) = 0$ が成り立つことから，$P(\alpha) = P(\beta) = k$ となることが導かれる
>
> ③ $P(x) = S(x)T(x) + k$ かつ $S(\alpha) = S(\beta) = 0$ が成り立つことから，$P(\alpha) = P(\beta) = k$ となることが導かれる

ツ の解答群

> ⓪ $T(\alpha) = T(\beta)$ 　　　　　　① $P(\alpha) = P(\beta)$
>
> ② $T(\alpha) \neq T(\beta)$ 　　　　　　③ $P(\alpha) \neq P(\beta)$

（数学 II・数学 B 第 1 問は次ページに続く。）

— 7 —

(ii) 逆に $\boxed{\text{ツ}}$ が成り立つとき，余りが定数になるかを調べよう。

$S(x)$ が 2 次式であるから，m, n を定数として $U(x) = mx + n$ とおける。$P(x)$ を $S(x)$, $T(x)$, m, n を用いて表すと，$P(x) = \boxed{\text{テ}}$ となる。この等式の x に α, β をそれぞれ代入すると $\boxed{\text{ト}}$ となるので，$\boxed{\text{ツ}}$ と $\alpha \neq \beta$ より $\boxed{\text{ナ}}$ となる。以上から余りが定数になることがわかる。

$\boxed{\text{テ}}$ の解答群

⓪ $(mx + n)S(x)T(x)$ ① $S(x)T(x) + mx + n$

② $(mx + n)S(x) + T(x)$ ③ $(mx + n)T(x) + S(x)$

$\boxed{\text{ト}}$ の解答群

⓪ $P(\alpha) = T(\alpha)$ かつ $P(\beta) = T(\beta)$

① $P(\alpha) = m\alpha + n$ かつ $P(\beta) = m\beta + n$

② $P(\alpha) = (m\alpha + n)T(\alpha)$ かつ $P(\beta) = (m\beta + n)T(\beta)$

③ $P(\alpha) = P(\beta) = 0$

④ $P(\alpha) \neq 0$ かつ $P(\beta) \neq 0$

$\boxed{\text{ナ}}$ の解答群

⓪ $m \neq 0$ ① $m \neq 0$ かつ $n = 0$

② $m \neq 0$ かつ $n \neq 0$ ③ $m = 0$

④ $m = n = 0$ ⑤ $m = 0$ かつ $n \neq 0$

⑥ $n = 0$ ⑦ $n \neq 0$

（数学Ⅱ・数学B第1問は次ページに続く。）

(i), (ii)の考察から，方程式 $S(x) = 0$ が異なる二つの解 α, β をもつとき，$P(x)$ を $S(x)$ で割った余りが定数になることと $\boxed{\text{ツ}}$ であることは同値である。

(3) p を定数とし，$P(x) = x^{10} - 2x^9 - px^2 - 5x$，$S(x) = x^2 - x - 2$ の場合を考える。$P(x)$ を $S(x)$ で割った余りが定数になるとき，$p = \boxed{\text{ニヌ}}$ となり，その余りは $\boxed{\text{ネノ}}$ となる。

— 9 —

第2問 （必答問題）（配点 30）

m を $m > 1$ を満たす定数とし，$f(x) = 3(x-1)(x-m)$ とする。また，$S(x) = \displaystyle\int_0^x f(t)\,dt$ とする。関数 $y = f(x)$ と $y = S(x)$ のグラフの関係について考えてみよう。

(1) $m = 2$ のとき，すなわち，$f(x) = 3(x-1)(x-2)$ のときを考える。

(i) $f'(x) = 0$ となる x の値は $x = \dfrac{\boxed{\text{ア}}}{\boxed{\text{イ}}}$ である。

(ii) $S(x)$ を計算すると

$$S(x) = \int_0^x f(t)\,dt$$

$$= \int_0^x \left(3t^2 - \boxed{\text{ウ}}\,t + \boxed{\text{エ}} \right) dt$$

$$= x^3 - \dfrac{\boxed{\text{オ}}}{\boxed{\text{カ}}}\,x^2 + \boxed{\text{キ}}\,x$$

であるから

$x = \boxed{\text{ク}}$ のとき，$S(x)$ は極大値 $\dfrac{\boxed{\text{ケ}}}{\boxed{\text{コ}}}$ をとり

$x = \boxed{\text{サ}}$ のとき，$S(x)$ は極小値 $\boxed{\text{シ}}$ をとることがわかる。

（数学Ⅱ・数学B第2問は次ページに続く。）

(ⅲ) $f(3)$ と一致するものとして，次の⓪～④のうち，正しいものは $\boxed{\text{ス}}$ である。

$\boxed{\text{ス}}$ の解答群

⓪ $S(3)$

① 2点$(2，S(2))$，$(4，S(4))$を通る直線の傾き

② 2点$(0，0)$，$(3，S(3))$を通る直線の傾き

③ 関数$y=S(x)$のグラフ上の点$(3，S(3))$における接線の傾き

④ 関数$y=f(x)$のグラフ上の点$(3，f(3))$における接線の傾き

(数学Ⅱ・数学B第2問は次ページに続く。)

(2) $0 \leqq x \leqq 1$ の範囲で，関数 $y = f(x)$ のグラフと x 軸および y 軸で囲まれた図形の面積を S_1，　$1 \leqq x \leqq m$ の範囲で，関数 $y = f(x)$ のグラフと x 軸で囲まれた図形の面積を S_2 とする。このとき，$S_1 = \boxed{\text{セ}}$，$S_2 = \boxed{\text{ソ}}$ である。

　$S_1 = S_2$ となるのは $\boxed{\text{タ}} = 0$ のときであるから，$S_1 = S_2$ が成り立つような $f(x)$ に対する関数 $y = S(x)$ のグラフの概形は $\boxed{\text{チ}}$ である。また，$S_1 > S_2$ が成り立つような $f(x)$ に対する関数 $y = S(x)$ のグラフの概形は $\boxed{\text{ツ}}$ である。

$\boxed{\text{セ}}$，$\boxed{\text{ソ}}$ の解答群(同じものを繰り返し選んでもよい。)

⓪ $\displaystyle\int_0^1 f(x)\,dx$	① $\displaystyle\int_0^m f(x)\,dx$	② $\displaystyle\int_1^m f(x)\,dx$
③ $\displaystyle\int_0^1 \{-f(x)\}\,dx$	④ $\displaystyle\int_0^m \{-f(x)\}\,dx$	⑤ $\displaystyle\int_1^m \{-f(x)\}\,dx$

$\boxed{\text{タ}}$ の解答群

⓪ $\displaystyle\int_0^1 f(x)\,dx$	① $\displaystyle\int_0^m f(x)\,dx$
② $\displaystyle\int_1^m f(x)\,dx$	③ $\displaystyle\int_0^1 f(x)\,dx - \int_0^m f(x)\,dx$
④ $\displaystyle\int_0^1 f(x)\,dx - \int_1^m f(x)\,dx$	⑤ $\displaystyle\int_0^1 f(x)\,dx + \int_0^m f(x)\,dx$
⑥ $\displaystyle\int_0^m f(x)\,dx + \int_1^m f(x)\,dx$	

(数学Ⅱ・数学B第2問は次ページに続く。)

2024 本試　数学 II・B

チ ， ツ については，最も適当なものを，次の⓪〜⑤のうちから一つずつ選べ。ただし，同じものを繰り返し選んでもよい。

⓪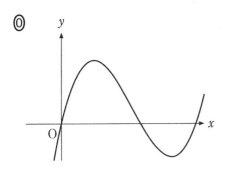

①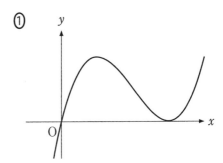

②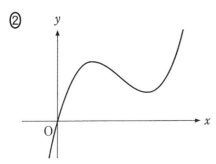

③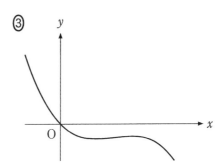

④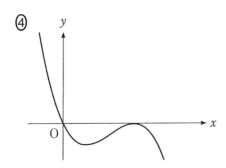

⑤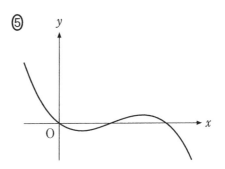

（数学 II・数学 B 第 2 問は次ページに続く。）

(3)　関数 $y = f(x)$ のグラフの特徴から関数 $y = S(x)$ のグラフの特徴を考えてみよう。

　　関数 $y = f(x)$ のグラフは直線 $x = \boxed{\text{テ}}$ に関して対称であるから，すべての正の実数 p に対して

$$\int_{1-p}^{1} f(x)\,dx = \int_{m}^{\boxed{\text{ト}}} f(x)\,dx \qquad\qquad\cdots\cdots\cdots\cdots\cdots\cdots ①$$

が成り立ち，$M = \boxed{\text{テ}}$ とおくと $0 < q \leqq M - 1$ であるすべての実数 q に対して

$$\int_{M-q}^{M} \{-f(x)\}\,dx = \int_{M}^{\boxed{\text{ナ}}} \{-f(x)\}\,dx \qquad\cdots\cdots\cdots\cdots\cdots\cdots ②$$

が成り立つことがわかる。すべての実数 $\alpha,\ \beta$ に対して

$$\int_{\alpha}^{\beta} f(x)\,dx = S(\beta) - S(\alpha)$$

が成り立つことに注意すれば，① と ② はそれぞれ

$$S(1 - p) + S\!\left(\boxed{\text{ト}}\right) = \boxed{\text{ニ}}$$

$$2\,S(M) = \boxed{\text{ヌ}}$$

となる。

　　以上から，すべての正の実数 p に対して，2点 $(1 - p,\ S(1 - p))$，$\left(\boxed{\text{ト}},\ S\!\left(\boxed{\text{ト}}\right)\right)$ を結ぶ線分の中点についての記述として，後の **⓪**～**⑤** のうち，最も適当なものは $\boxed{\text{ネ}}$ である。

（数学Ⅱ・数学B第2問は次ページに続く。）

2024 本試　数学 II・B

テ の解答群

⓪ m　　　　① $\dfrac{m}{2}$　　　　② $m+1$　　　　③ $\dfrac{m+1}{2}$

ト の解答群

⓪ $1-p$　　　　① p　　　　② $1+p$
③ $m-p$　　　　④ $m+p$

ナ の解答群

⓪ $M-q$　　　　① M　　　　② $M+q$
③ $M+m-q$　　　④ $M+m$　　　⑤ $M+m+q$

ニ の解答群

⓪ $S(1)+S(m)$　　① $S(1)+S(p)$　　② $S(1)-S(m)$
③ $S(1)-S(p)$　　④ $S(p)-S(m)$　　⑤ $S(m)-S(p)$

ヌ の解答群

⓪ $S(M-q)+S(M+m-q)$　　① $S(M-q)+S(M+m)$
② $S(M-q)+S(M)$　　　　　③ $2S(M-q)$
④ $S(M+q)+S(M-q)$　　　　⑤ $S(M+m+q)+S(M-q)$

ネ の解答群

⓪ x 座標は p の値によらず一つに定まり，y 座標は p の値により変わる。
① x 座標は p の値により変わり，y 座標は p の値によらず一つに定まる。
② 中点は p の値によらず一つに定まり，関数 $y=S(x)$ のグラフ上にある。
③ 中点は p の値によらず一つに定まり，関数 $y=f(x)$ のグラフ上にある。
④ 中点は p の値によって動くが，つねに関数 $y=S(x)$ のグラフ上にある。
⑤ 中点は p の値によって動くが，つねに関数 $y=f(x)$ のグラフ上にある。

— 15 —

第3問～第5問は，いずれか2問を選択し，解答しなさい。

第3問 （選択問題）（配点 20）

　以下の問題を解答するにあたっては，必要に応じて21ページの正規分布表を用いてもよい。また，ここでの**晴れ**の定義については，気象庁の天気概況の「快晴」または「晴」とする。

(1) 太郎さんは，自分が住んでいる地域において，日曜日に**晴れ**となる確率を考えている。

　晴れの場合は1，**晴れ**以外の場合は0の値をとる確率変数をXと定義する。また，$X = 1$である確率をpとすると，その確率分布は表1のようになる。

表　1

X	0	1	計
確　率	$1 - p$	p	1

　この確率変数Xの平均(期待値)をmとすると

$$m = \boxed{\ \ ア\ \ }$$

となる。

　太郎さんは，ある期間における連続したn週の日曜日の天気を，表1の確率分布をもつ母集団から無作為に抽出した大きさnの標本とみなし，それらのXを確率変数X_1, X_2, $\cdots$, X_nで表すことにした。そして，その標本平均$\overline{X}$を利用して，母平均mを推定しようと考えた。実際に$n = 300$として**晴れ**の日数を調べたところ，表2のようになった。

表　2

天　気	日　数
晴れ	75
晴れ以外	225
計	300

（数学Ⅱ・数学B第3問は次ページに続く。）

— 16 —

母標準偏差を σ とすると，$n = 300$ は十分に大きいので，標本平均 $\overline{X}$ は近似的に正規分布 $N\left(m,\ \boxed{\text{イ}}\right)$ に従う。

一般に，母標準偏差 σ がわからないとき，標本の大きさ n が大きければ，σ の代わりに標本の標準偏差 S を用いてもよいことが知られている。S は

$$S = \sqrt{\frac{1}{n}\{(X_1 - \overline{X})^2 + (X_2 - \overline{X})^2 + \cdots + (X_n - \overline{X})^2\}}$$

$$= \sqrt{\frac{1}{n}(X_1{}^2 + X_2{}^2 + \cdots + X_n{}^2) - \boxed{\text{ウ}}}$$

で計算できる。ここで，$X_1{}^2 = X_1$，$X_2{}^2 = X_2$，$\cdots$，$X_n{}^2 = X_n$ であることに着目し，右辺を整理すると，$S = \sqrt{\boxed{\text{エ}}}$ と表されることがわかる。

よって，表2より，大きさ $n = 300$ の標本から求められる母平均 m に対する信頼度 95 % の信頼区間は $\boxed{\text{オ}}$ となる。

$\boxed{\text{ア}}$ の解答群

⓪ p　　　　　① p^2　　　　　② $1 - p$　　　　　③ $(1 - p)^2$

$\boxed{\text{イ}}$ の解答群

⓪ σ　　　① σ^2　　　② $\dfrac{\sigma}{n}$　　　③ $\dfrac{\sigma^2}{n}$　　　④ $\dfrac{\sigma}{\sqrt{n}}$

$\boxed{\text{ウ}}$，$\boxed{\text{エ}}$ の解答群(同じものを繰り返し選んでもよい。)

⓪ $\overline{X}$　　　　　① $(\overline{X})^2$　　　　　② $\overline{X}(1 - \overline{X})$　　　　　③ $1 - \overline{X}$

$\boxed{\text{オ}}$ については，最も適当なものを，次の⓪〜⑤のうちから一つ選べ。

⓪ $0.201 \leqq m \leqq 0.299$　　　　① $0.209 \leqq m \leqq 0.291$

② $0.225 \leqq m \leqq 0.250$　　　　③ $0.225 \leqq m \leqq 0.275$

④ $0.247 \leqq m \leqq 0.253$　　　　⑤ $0.250 \leqq m \leqq 0.275$

(数学Ⅱ・数学B第3問は次ページに続く。)

(2) ある期間において，「ちょうど3週続けて日曜日の天気が**晴れ**になること」がどのくらいの頻度で起こり得るのかを考察しよう。以下では，連続する k 週の日曜日の天気について，(1)の太郎さんが考えた確率変数のうち X_1，X_2，…，X_k を用いて調べる。ただし，k は 3 以上 300 以下の自然数とする。

X_1，X_2，…，X_k の値を順に並べたときの 0 と 1 からなる列において，「ちょうど三つ続けて 1 が現れる部分」を A とし，A の個数を確率変数 U_k で表す。例えば，$k = 20$ とし，X_1，X_2，…，X_{20} の値を順に並べたとき

$$1, 1, 1, 1, 0, \underline{1, 1, 1}, 0, 0, 1, 1, 1, 1, 0, 0, \underline{1, 1, 1}$$
$$\text{A}\text{A}$$

であったとする。この例では，下線部分は A を示しており，1 が四つ以上続く部分は A とはみなさないので，$U_{20} = 2$ となる。

$k = 4$ のとき，X_1，X_2，X_3，X_4 のとり得る値と，それに対応した U_4 の値を書き出すと，表 3 のようになる。

表　3

X_1	X_2	X_3	X_4	U_4
0	0	0	0	0
1	0	0	0	0
0	1	0	0	0
0	0	1	0	0
0	0	0	1	0
1	1	0	0	0
1	0	1	0	0
1	0	0	1	0
0	1	1	0	0
0	1	0	1	0
0	0	1	1	0
1	1	1	0	1
1	1	0	1	0
1	0	1	1	0
0	1	1	1	1
1	1	1	1	0

（数学II・数学B第3問は次ページに続く。）

ここで，U_k の期待値を求めてみよう。(1)における p の値を $p = \dfrac{1}{4}$ とする。

$k = 4$ のとき，U_4 の期待値は

$$E(U_4) = \frac{\boxed{\text{カ}}}{128}$$

となる。$k = 5$ のとき，U_5 の期待値は

$$E(U_5) = \frac{\boxed{\text{キク}}}{1024}$$

となる。

4以上の k について，k と $E(U_k)$ の関係を詳しく調べると，座標平面上の点 $(4，E(U_4))$，$(5，E(U_5))$，$\cdots$，$(300，E(U_{300}))$ は一つの直線上にあることがわかる。この事実によって

$$E(U_{300}) = \frac{\boxed{\text{ケコ}}}{\boxed{\text{サ}}}$$

となる。

（数学II・数学B第3問は21ページに続く。）

（下 書 き 用 紙）

数学Ⅱ・数学Ｂの試験問題は次に続く。

正 規 分 布 表

次の表は，標準正規分布の分布曲線における右図の灰色部分の面積の値をまとめたものである。

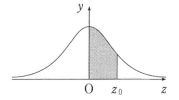

z_0	0.00	0.01	0.02	0.03	0.04	0.05	0.06	0.07	0.08	0.09
0.0	0.0000	0.0040	0.0080	0.0120	0.0160	0.0199	0.0239	0.0279	0.0319	0.0359
0.1	0.0398	0.0438	0.0478	0.0517	0.0557	0.0596	0.0636	0.0675	0.0714	0.0753
0.2	0.0793	0.0832	0.0871	0.0910	0.0948	0.0987	0.1026	0.1064	0.1103	0.1141
0.3	0.1179	0.1217	0.1255	0.1293	0.1331	0.1368	0.1406	0.1443	0.1480	0.1517
0.4	0.1554	0.1591	0.1628	0.1664	0.1700	0.1736	0.1772	0.1808	0.1844	0.1879
0.5	0.1915	0.1950	0.1985	0.2019	0.2054	0.2088	0.2123	0.2157	0.2190	0.2224
0.6	0.2257	0.2291	0.2324	0.2357	0.2389	0.2422	0.2454	0.2486	0.2517	0.2549
0.7	0.2580	0.2611	0.2642	0.2673	0.2704	0.2734	0.2764	0.2794	0.2823	0.2852
0.8	0.2881	0.2910	0.2939	0.2967	0.2995	0.3023	0.3051	0.3078	0.3106	0.3133
0.9	0.3159	0.3186	0.3212	0.3238	0.3264	0.3289	0.3315	0.3340	0.3365	0.3389
1.0	0.3413	0.3438	0.3461	0.3485	0.3508	0.3531	0.3554	0.3577	0.3599	0.3621
1.1	0.3643	0.3665	0.3686	0.3708	0.3729	0.3749	0.3770	0.3790	0.3810	0.3830
1.2	0.3849	0.3869	0.3888	0.3907	0.3925	0.3944	0.3962	0.3980	0.3997	0.4015
1.3	0.4032	0.4049	0.4066	0.4082	0.4099	0.4115	0.4131	0.4147	0.4162	0.4177
1.4	0.4192	0.4207	0.4222	0.4236	0.4251	0.4265	0.4279	0.4292	0.4306	0.4319
1.5	0.4332	0.4345	0.4357	0.4370	0.4382	0.4394	0.4406	0.4418	0.4429	0.4441
1.6	0.4452	0.4463	0.4474	0.4484	0.4495	0.4505	0.4515	0.4525	0.4535	0.4545
1.7	0.4554	0.4564	0.4573	0.4582	0.4591	0.4599	0.4608	0.4616	0.4625	0.4633
1.8	0.4641	0.4649	0.4656	0.4664	0.4671	0.4678	0.4686	0.4693	0.4699	0.4706
1.9	0.4713	0.4719	0.4726	0.4732	0.4738	0.4744	0.4750	0.4756	0.4761	0.4767
2.0	0.4772	0.4778	0.4783	0.4788	0.4793	0.4798	0.4803	0.4808	0.4812	0.4817
2.1	0.4821	0.4826	0.4830	0.4834	0.4838	0.4842	0.4846	0.4850	0.4854	0.4857
2.2	0.4861	0.4864	0.4868	0.4871	0.4875	0.4878	0.4881	0.4884	0.4887	0.4890
2.3	0.4893	0.4896	0.4898	0.4901	0.4904	0.4906	0.4909	0.4911	0.4913	0.4916
2.4	0.4918	0.4920	0.4922	0.4925	0.4927	0.4929	0.4931	0.4932	0.4934	0.4936
2.5	0.4938	0.4940	0.4941	0.4943	0.4945	0.4946	0.4948	0.4949	0.4951	0.4952
2.6	0.4953	0.4955	0.4956	0.4957	0.4959	0.4960	0.4961	0.4962	0.4963	0.4964
2.7	0.4965	0.4966	0.4967	0.4968	0.4969	0.4970	0.4971	0.4972	0.4973	0.4974
2.8	0.4974	0.4975	0.4976	0.4977	0.4977	0.4978	0.4979	0.4979	0.4980	0.4981
2.9	0.4981	0.4982	0.4982	0.4983	0.4984	0.4984	0.4985	0.4985	0.4986	0.4986
3.0	0.4987	0.4987	0.4987	0.4988	0.4988	0.4989	0.4989	0.4989	0.4990	0.4990

第3問～第5問は，いずれか2問を選択し，解答しなさい。

第4問 （選択問題）（配点 20）

(1) 数列 $\{a_n\}$ が

$$a_{n+1} - a_n = 14 \quad (n = 1, 2, 3, \cdots)$$

を満たすとする。

$a_1 = 10$ のとき，$a_2 = \boxed{\text{アイ}}$，$a_3 = \boxed{\text{ウエ}}$ である。

数列 $\{a_n\}$ の一般項は，初項 a_1 を用いて

$$a_n = a_1 + \boxed{\text{オカ}} \, (n - 1)$$

と表すことができる。

(2) 数列 $\{b_n\}$ が

$$2\,b_{n+1} - b_n + 3 = 0 \quad (n = 1, 2, 3, \cdots)$$

を満たすとする。

数列 $\{b_n\}$ の一般項は，初項 b_1 を用いて

$$b_n = \left(b_1 + \boxed{\text{キ}}\right) \left(\frac{\boxed{\text{ク}}}{\boxed{\text{ケ}}}\right)^{n-1} - \boxed{\text{コ}}$$

と表すことができる。

（数学Ⅱ・数学B第4問は次ページに続く。）

2024 本試 数学 II・B

(3) 太郎さんは

$$(c_n + 3)(2c_{n+1} - c_n + 3) = 0 \quad (n = 1, 2, 3, \cdots) \quad \cdots\cdots\cdots ①$$

を満たす数列 $\{c_n\}$ について調べることにした。

(i)

・数列 $\{c_n\}$ が ① を満たし、$c_1 = 5$ のとき、$c_2 =$ ┃ サ ┃ である。

・数列 $\{c_n\}$ が ① を満たし、$c_3 = -3$ のとき、$c_2 =$ ┃ シス ┃ 、$c_1 =$ ┃ セソ ┃ である。

(ii) 太郎さんは、数列 $\{c_n\}$ が ① を満たし、$c_3 = -3$ となる場合について考えている。

$c_3 = -3$ のとき、c_4 がどのような値でも

$$(c_3 + 3)(2c_4 - c_3 + 3) = 0$$

が成り立つ。

・数列 $\{c_n\}$ が ① を満たし、$c_3 = -3$、$c_4 = 5$ のとき

$$c_1 = \boxed{\text{セソ}}, \quad c_2 = \boxed{\text{シス}}, \quad c_3 = -3, \quad c_4 = 5, \quad c_5 = \boxed{\text{タ}}$$

である。

・数列 $\{c_n\}$ が ① を満たし、$c_3 = -3$、$c_4 = 83$ のとき

$$c_1 = \boxed{\text{セソ}}, \quad c_2 = \boxed{\text{シス}}, \quad c_3 = -3, \quad c_4 = 83, \quad c_5 = \boxed{\text{チツ}}$$

である。

(数学 II・数学 B 第 4 問は次ページに続く。)

(iii) 太郎さんは(i)と(ii)から，$c_n = -3$ となることがあるかどうかに着目し，次の**命題 A** が成り立つのではないかと考えた。

命題 A 数列 $\{c_n\}$ が ① を満たし，$c_1 \neq -3$ であるとする。このとき，すべての自然数 n について $c_n \neq -3$ である。

命題 A が真であることを証明するには，**命題 A** の仮定を満たす数列 $\{c_n\}$ について，$\boxed{}$ を示せばよい。

実際，このようにして**命題 A** が真であることを証明できる。

$\boxed{}$ については，最も適当なものを，次の ⓪ ～ ④ のうちから一つ選べ。

⓪ $c_2 \neq -3$ かつ $c_3 \neq -3$ であること

① $c_{100} \neq -3$ かつ $c_{200} \neq -3$ であること

② $c_{100} \neq -3$ ならば $c_{101} \neq -3$ であること

③ $n = k$ のとき $c_n \neq -3$ が成り立つと仮定すると，$n = k + 1$ のときも $c_n \neq -3$ が成り立つこと

④ $n = k$ のとき $c_n = -3$ が成り立つと仮定すると，$n = k + 1$ のときも $c_n = -3$ が成り立つこと

（数学Ⅱ・数学B第4問は次ページに続く。）

2024本試　数学II・B

(iv) 次の(I), (II), (III)は，数列$\{c_n\}$に関する命題である。

(I)　$c_1 = 3$ かつ $c_{100} = -3$ であり，かつ①を満たす数列$\{c_n\}$がある。

(II)　$c_1 = -3$ かつ $c_{100} = -3$ であり，かつ①を満たす数列$\{c_n\}$がある。

(III)　$c_1 = -3$ かつ $c_{100} = 3$ であり，かつ①を満たす数列$\{c_n\}$がある。

(I), (II), (III)の真偽の組合せとして正しいものは ト である。

ト の解答群

	⓪	①	②	③	④	⑤	⑥	⑦
(I)	真	真	真	真	偽	偽	偽	偽
(II)	真	真	偽	偽	真	真	偽	偽
(III)	真	偽	真	偽	真	偽	真	偽

— 25 —

第3問～第5問は，いずれか2問を選択し，解答しなさい。

第5問 （選択問題）（配点 20）

点Oを原点とする座標空間に4点A$(2, 7, -1)$，B$(3, 6, 0)$，C$(-8, 10, -3)$，D$(-9, 8, -4)$がある。A，Bを通る直線をℓ_1とし，C，Dを通る直線をℓ_2とする。

(1)

$$\overrightarrow{\mathrm{AB}} = \left(\boxed{\ \text{ア}\ },\ \boxed{\ \text{イウ}\ },\ \boxed{\ \text{エ}\ } \right)$$

であり，$\overrightarrow{\mathrm{AB}} \cdot \overrightarrow{\mathrm{CD}} = \boxed{\ \text{オ}\ }$である。

(2) 花子さんと太郎さんは，点Pがℓ_1上を動くとき，$|\overrightarrow{\mathrm{OP}}|$が最小となるPの位置について考えている。

Pがℓ_1上にあるので，$\overrightarrow{\mathrm{AP}} = s\overrightarrow{\mathrm{AB}}$を満たす実数$s$があり，$\overrightarrow{\mathrm{OP}} = \boxed{\ \text{カ}\ }$が成り立つ。

$|\overrightarrow{\mathrm{OP}}|$が最小となる$s$の値を求めればPの位置が求まる。このことについて，花子さんと太郎さんが話をしている。

花子： $|\overrightarrow{\mathrm{OP}}|^2$が最小となる$s$の値を求めればよいね。

太郎： $|\overrightarrow{\mathrm{OP}}|$が最小となるときの直線OPと$\ell_1$の関係に着目してもよさそうだよ。

（数学Ⅱ・数学B第5問は次ページに続く。）

2024 本試　数学 II・B

$\left|\overrightarrow{\text{OP}}\right|^2 = \boxed{\text{キ}}\ s^2 - \boxed{\text{クケ}}\ s + \boxed{\text{コサ}}$ である。

また，$\left|\overrightarrow{\text{OP}}\right|$ が最小となるとき，直線 OP と ℓ_1 の関係に着目すると $\boxed{\text{シ}}$ が成り立つことがわかる。

花子さんの考え方でも，太郎さんの考え方でも，$s = \boxed{\text{ス}}$ のとき $\left|\overrightarrow{\text{OP}}\right|$ が最小となることがわかる。

$\boxed{\text{カ}}$ の解答群

⓪　$s\overrightarrow{\text{AB}}$ ①　$s\overrightarrow{\text{OB}}$

②　$\overrightarrow{\text{OA}} + s\overrightarrow{\text{AB}}$ ③　$(1-2s)\overrightarrow{\text{OA}} + s\overrightarrow{\text{OB}}$

④　$(1-s)\overrightarrow{\text{OA}} + s\overrightarrow{\text{AB}}$

$\boxed{\text{シ}}$ の解答群

⓪　$\overrightarrow{\text{OP}} \cdot \overrightarrow{\text{AB}} > 0$ ①　$\overrightarrow{\text{OP}} \cdot \overrightarrow{\text{AB}} = 0$

②　$\overrightarrow{\text{OP}} \cdot \overrightarrow{\text{AB}} < 0$ ③　$\left|\overrightarrow{\text{OP}}\right| = \left|\overrightarrow{\text{AB}}\right|$

④　$\overrightarrow{\text{OP}} \cdot \overrightarrow{\text{AB}} = \overrightarrow{\text{OB}} \cdot \overrightarrow{\text{AP}}$ ⑤　$\overrightarrow{\text{OB}} \cdot \overrightarrow{\text{AP}} = 0$

⑥　$\overrightarrow{\text{OP}} \cdot \overrightarrow{\text{AB}} = \left|\overrightarrow{\text{OP}}\right|\left|\overrightarrow{\text{AB}}\right|$

（数学 II・数学 B 第 5 問は次ページに続く。）

(3) 点 P が ℓ_1 上を動き，点 Q が ℓ_2 上を動くとする。このとき，線分 PQ の長さが最小になる P の座標は $\left(\boxed{セソ}, \boxed{タチ}, \boxed{ツテ} \right)$，Q の座標は $\left(\boxed{トナ}, \boxed{ニヌ}, \boxed{ネノ} \right)$ である。

2023 年度

大学入学共通テスト
本試験

（100 点　60 分）

'23 本試問題

━━●標 準 所 要 時 間●━━

第 1 問	18 分	第 4 問	12 分
第 2 問	18 分	第 5 問	12 分
第 3 問	12 分		

（注）　第 1 問，第 2 問は必答，第 3 問〜第 5 問のうち 2 問選択解答

(注) この科目には，選択問題があります。

数学Ⅱ・数学B

第1問 （必答問題）（配点 30）

〔1〕 三角関数の値の大小関係について考えよう。

(1) $x = \dfrac{\pi}{6}$ のとき $\sin x$ 　ア　 $\sin 2x$ であり，$x = \dfrac{2}{3}\pi$ のとき

$\sin x$ 　イ　 $\sin 2x$ である。

　ア　，　イ　の解答群（同じものを繰り返し選んでもよい。）

⓪ <	① =	② >

（数学Ⅱ・数学B第1問は次ページに続く。）

— 2 —

2023 本試　数学 II・B

(2)　$\sin x$ と $\sin 2x$ の値の大小関係を詳しく調べよう。

$$\sin 2x - \sin x = \sin x \left(\boxed{\text{ウ}} \cos x - \boxed{\text{エ}} \right)$$

であるから，$\sin 2x - \sin x > 0$ が成り立つことは

「$\sin x > 0$　かつ　$\boxed{\text{ウ}} \cos x - \boxed{\text{エ}} > 0$」 ………… ①

または

「$\sin x < 0$　かつ　$\boxed{\text{ウ}} \cos x - \boxed{\text{エ}} < 0$」 ………… ②

が成り立つことと同値である。$0 \leqq x \leqq 2\pi$ のとき，① が成り立つような x の値の範囲は

$$0 < x < \frac{\pi}{\boxed{\text{オ}}}$$

であり，② が成り立つような x の値の範囲は

$$\pi < x < \frac{\boxed{\text{カ}}}{\boxed{\text{キ}}} \pi$$

である。よって，$0 \leqq x \leqq 2\pi$ のとき，$\sin 2x > \sin x$ が成り立つような x の値の範囲は

$$0 < x < \frac{\pi}{\boxed{\text{オ}}}, \quad \pi < x < \frac{\boxed{\text{カ}}}{\boxed{\text{キ}}} \pi$$

である。

（数学 II・数学 B 第 1 問は次ページに続く。）

— 3 —

(3) $\sin 3x$ と $\sin 4x$ の値の大小関係を調べよう。

三角関数の加法定理を用いると，等式

$$\sin(\alpha + \beta) - \sin(\alpha - \beta) = 2\cos\alpha\sin\beta \qquad \cdots\cdots\cdots\cdots\cdots ③$$

が得られる。$\alpha + \beta = 4x$, $\alpha - \beta = 3x$ を満たす α, β に対して ③ を用いることにより，$\sin 4x - \sin 3x > 0$ が成り立つことは

$$\left\lceil \cos \boxed{\text{ク}} > 0 \quad かつ \quad \sin \boxed{\text{ケ}} > 0 \right\rfloor \qquad \cdots\cdots\cdots\cdots\cdots ④$$

または

$$\left\lceil \cos \boxed{\text{ク}} < 0 \quad かつ \quad \sin \boxed{\text{ケ}} < 0 \right\rfloor \qquad \cdots\cdots\cdots\cdots\cdots ⑤$$

が成り立つことと同値であることがわかる。

$0 \leqq x \leqq \pi$ のとき，④, ⑤ により，$\sin 4x > \sin 3x$ が成り立つような x の値の範囲は

$$0 < x < \frac{\pi}{\boxed{コ}}, \quad \frac{\boxed{サ}}{\boxed{シ}}\pi < x < \frac{\boxed{ス}}{\boxed{セ}}\pi$$

である。

$\boxed{\text{ク}}$, $\boxed{\text{ケ}}$ の解答群(同じものを繰り返し選んでもよい。)

⓪ 0	① x	② $2x$	③ $3x$
④ $4x$	⑤ $5x$	⑥ $6x$	⑦ $\dfrac{x}{2}$
⑧ $\dfrac{3}{2}x$	⑨ $\dfrac{5}{2}x$	ⓐ $\dfrac{7}{2}x$	ⓑ $\dfrac{9}{2}x$

(数学Ⅱ・数学B第1問は次ページに続く。)

— 4 —

2023 本試　数学 II・B

(4) (2), (3)の考察から，$0 \leqq x \leqq \pi$ のとき，$\sin 3x > \sin 4x > \sin 2x$ が成り立つような x の値の範囲は

$$\frac{\pi}{\boxed{コ}} < x < \frac{\pi}{\boxed{ソ}}, \quad \frac{\boxed{ス}}{\boxed{セ}}\pi < x < \frac{\boxed{タ}}{\boxed{チ}}\pi$$

であることがわかる。

(数学 II・数学 B 第 1 問は次ページに続く。)

〔2〕

(1) $a > 0$, $a \neq 1$, $b > 0$ のとき，$\log_a b = x$ とおくと，$\boxed{\text{ツ}}$ が成り立つ。

$\boxed{\text{ツ}}$ の解答群

⓪ $x^a = b$ ① $x^b = a$

② $a^x = b$ ③ $b^x = a$

④ $a^b = x$ ⑤ $b^a = x$

(2) 様々な対数の値が有理数か無理数かについて考えよう。

(i) $\log_5 25 = \boxed{\text{テ}}$，$\log_9 27 = \dfrac{\boxed{\text{ト}}}{\boxed{\text{ナ}}}$ であり，どちらも有理数である。

(ii) $\log_2 3$ が有理数と無理数のどちらであるかを考えよう。

$\log_2 3$ が有理数であると仮定すると，$\log_2 3 > 0$ であるので，二つの自然数 p，q を用いて $\log_2 3 = \dfrac{p}{q}$ と表すことができる。このとき，(1)により $\log_2 3 = \dfrac{p}{q}$ は $\boxed{\text{ニ}}$ と変形できる。いま，2 は偶数であり 3 は奇数であるので，$\boxed{\text{ニ}}$ を満たす自然数 p，q は存在しない。

したがって，$\log_2 3$ は無理数であることがわかる。

(iii) a, b を 2 以上の自然数とするとき，(ii)と同様に考えると，「$\boxed{\text{ヌ}}$ ならば $\log_a b$ はつねに無理数である」ことがわかる。

（数学Ⅱ・数学B第1問は次ページに続く。）

2023 本試　数学 II・B

ニ の解答群

⓪　$p^2 = 3q^2$　　　① $q^2 = p^3$　　　② $2^q = 3^p$

③　$p^3 = 2q^3$　　　④ $p^2 = q^3$　　　⑤ $2^p = 3^q$

ヌ の解答群

⓪　a が偶数

①　b が偶数

②　a が奇数

③　b が奇数

④　a と b がともに偶数，または a と b がともに奇数

⑤　a と b のいずれか一方が偶数で，もう一方が奇数

第2問 （必答問題）（配点 30）

〔1〕

(1) k を正の定数とし，次の3次関数を考える。

$$f(x) = x^2(k-x)$$

$y = f(x)$ のグラフと x 軸との共有点の座標は $(0, 0)$ と $\left(\boxed{\text{ア}}, 0 \right)$ である。

$f(x)$ の導関数 $f'(x)$ は

$$f'(x) = \boxed{\text{イウ}} x^2 + \boxed{\text{エ}} kx$$

である。

$x = \boxed{\text{オ}}$ のとき，$f(x)$ は極小値 $\boxed{\text{カ}}$ をとる。

$x = \boxed{\text{キ}}$ のとき，$f(x)$ は極大値 $\boxed{\text{ク}}$ をとる。

また，$0 < x < k$ の範囲において $x = \boxed{\text{キ}}$ のとき $f(x)$ は最大となることがわかる。

$\boxed{\text{ア}}$，$\boxed{\text{オ}} \sim \boxed{\text{ク}}$ の解答群（同じものを繰り返し選んでもよい。）

⓪ 0	① $\dfrac{1}{3}k$	② $\dfrac{1}{2}k$	③ $\dfrac{2}{3}k$
④ k	⑤ $\dfrac{3}{2}k$	⑥ $-4k^2$	⑦ $\dfrac{1}{8}k^2$
⑧ $\dfrac{2}{27}k^3$	⑨ $\dfrac{4}{27}k^3$	ⓐ $\dfrac{4}{9}k^3$	ⓑ $4k^3$

（数学Ⅱ・数学B第2問は次ページに続く。）

— 8 —

(2) 後の図のように底面が半径 9 の円で高さが 15 の円錐に内接する円柱を考える。円柱の底面の半径と体積をそれぞれ x, V とする。V を x の式で表すと

$$V = \frac{\boxed{ケ}}{\boxed{コ}} \pi x^2 \left(\boxed{サ} - x \right) \quad (0 < x < 9)$$

である。(1)の考察より，$x = \boxed{シ}$ のとき V は最大となることがわかる。V の最大値は $\boxed{スセソ}\pi$ である。

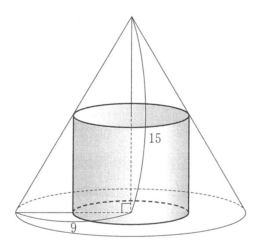

（数学Ⅱ・数学B第2問は次ページに続く。）

〔2〕

(1) 定積分 $\int_0^{30}\left(\dfrac{1}{5}x+3\right)dx$ の値は $\boxed{タチツ}$ である。

また、関数 $\dfrac{1}{100}x^2-\dfrac{1}{6}x+5$ の不定積分は

$$\int\left(\dfrac{1}{100}x^2-\dfrac{1}{6}x+5\right)dx=\dfrac{1}{\boxed{テトナ}}x^3-\dfrac{1}{\boxed{ニヌ}}x^2+\boxed{ネ}x+C$$

である。ただし、C は積分定数とする。

(2) ある地域では、毎年3月頃「ソメイヨシノ(桜の種類)の開花予想日」が話題になる。太郎さんと花子さんは、開花日時を予想する方法の一つに、2月に入ってからの気温を時間の関数とみて、その関数を積分した値をもとにする方法があることを知った。ソメイヨシノの開花日時を予想するために、二人は図1の6時間ごとの気温の折れ線グラフを見ながら、次のように考えることにした。

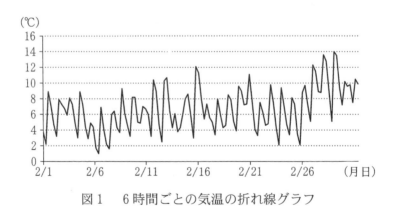

図1　6時間ごとの気温の折れ線グラフ

x の値の範囲を0以上の実数全体として、2月1日午前0時から $24x$ 時間経った時点を x 日後とする。(例えば、10.3 日後は2月11日午前7時12分を表す。)また、x 日後の気温を y ℃ とする。このとき、y は x の関数であり、これを $y=f(x)$ とおく。ただし、y は負にはならないものとする。

(数学Ⅱ・数学B第2問は次ページに続く。)

気温を表す関数 $f(x)$ を用いて二人はソメイヨシノの開花日時を次の**設定**で考えることにした。

設定

正の実数 t に対して，$f(x)$ を 0 から t まで積分した値を $S(t)$ とする。すなわち，$S(t) = \int_0^t f(x)\,dx$ とする。この $S(t)$ が 400 に到達したとき，ソメイヨシノが開花する。

設定のもと，太郎さんは気温を表す関数 $y = f(x)$ のグラフを図 2 のように直線とみなしてソメイヨシノの開花日時を考えることにした。

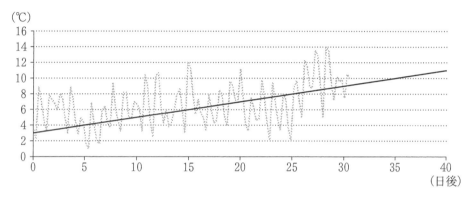

図 2　図 1 のグラフと，太郎さんが直線とみなした $y = f(x)$ のグラフ

(i)　太郎さんは
$$f(x) = \frac{1}{5}x + 3 \quad (x \geq 0)$$
として考えた。このとき，ソメイヨシノの開花日時は 2 月に入ってから $\boxed{\text{ノ}}$ となる。

$\boxed{\text{ノ}}$ の解答群

⓪ 30 日後	① 35 日後	② 40 日後
③ 45 日後	④ 50 日後	⑤ 55 日後
⑥ 60 日後	⑦ 65 日後	

（数学Ⅱ・数学B第 2 問は次ページに続く。）

(ii) 太郎さんと花子さんは，2月に入ってから30日後以降の気温について話をしている。

太郎：1次関数を用いてソメイヨシノの開花日時を求めてみたよ。

花子：気温の上がり方から考えて，2月に入ってから30日後以降の気温を表す関数が2次関数の場合も考えてみようか。

花子さんは気温を表す関数 $f(x)$ を，$0 \leqq x \leqq 30$ のときは太郎さんと同じように

$$f(x) = \frac{1}{5}x + 3 \qquad \cdots\cdots\cdots\cdots\cdots\cdots ①$$

とし，$x \geqq 30$ のときは

$$f(x) = \frac{1}{100}x^2 - \frac{1}{6}x + 5 \qquad \cdots\cdots\cdots\cdots\cdots\cdots ②$$

として考えた。なお，$x = 30$ のとき①の右辺の値と②の右辺の値は一致する。花子さんの考えた式を用いて，ソメイヨシノの開花日時を考えよう。(1)より

$$\int_0^{30} \left(\frac{1}{5}x + 3 \right) dx = \boxed{\text{タチツ}}$$

であり

$$\int_{30}^{40} \left(\frac{1}{100}x^2 - \frac{1}{6}x + 5 \right) dx = 115$$

となることがわかる。

また，$x \geqq 30$ の範囲において $f(x)$ は増加する。よって

$$\int_{30}^{40} f(x)\,dx \quad \boxed{\text{ハ}} \quad \int_{40}^{50} f(x)\,dx$$

であることがわかる。以上より，ソメイヨシノの開花日時は2月に入ってから $\boxed{\text{ヒ}}$ となる。

(数学Ⅱ・数学B第2問は次ページに続く。)

2023 本試　数学 Ⅱ・B

ハ の解答群

⓪　<　　　　　　　①　=　　　　　　　②　>

ヒ の解答群

⓪　30 日後より前

①　30 日後

②　30 日後より後，かつ 40 日後より前

③　40 日後

④　40 日後より後，かつ 50 日後より前

⑤　50 日後

⑥　50 日後より後，かつ 60 日後より前

⑦　60 日後

⑧　60 日後より後

第3問～第5問は，いずれか2問を選択し，解答しなさい。

第3問 （選択問題）（配点 20）

以下の問題を解答するにあたっては，必要に応じて19ページの正規分布表を用いてもよい。

(1) ある生産地で生産されるピーマン全体を母集団とし，この母集団におけるピーマン1個の重さ（単位はg）を表す確率変数をXとする。mとσを正の実数とし，Xは正規分布$N(m, \sigma^2)$に従うとする。

(i) この母集団から1個のピーマンを無作為に抽出したとき，重さがmg以上である確率$P(X \geqq m)$は

$$P(X \geqq m) = P\left(\frac{X-m}{\sigma} \geqq \boxed{\text{ア}}\right) = \frac{\boxed{\text{イ}}}{\boxed{\text{ウ}}}$$

である。

(ii) 母集団から無作為に抽出された大きさnの標本$X_1, X_2, \cdots, X_n$の標本平均を$\overline{X}$とする。$\overline{X}$の平均（期待値）と標準偏差はそれぞれ

$$E(\overline{X}) = \boxed{\text{エ}}, \qquad \sigma(\overline{X}) = \boxed{\text{オ}}$$

となる。

$n = 400$，標本平均が30.0g，標本の標準偏差が3.6gのとき，mの信頼度90％の信頼区間を次の**方針**で求めよう。

方針

Zを標準正規分布$N(0, 1)$に従う確率変数として，$P(-z_0 \leqq Z \leqq z_0) = 0.901$となる$z_0$を正規分布表から求める。この$z_0$を用いると$m$の信頼度90.1％の信頼区間が求められるが，これを信頼度90％の信頼区間とみなして考える。

方針において，$z_0 = \boxed{\text{カ}} . \boxed{\text{キク}}$である。

（数学Ⅱ・数学B第3問は次ページに続く。）

2023 本試　数学 II・B

　一般に，標本の大きさ n が大きいときには，母標準偏差の代わりに，標本の標準偏差を用いてよいことが知られている。$n = 400$ は十分に大きいので，**方針**に基づくと，m の信頼度 90 % の信頼区間は　ケ　となる。

 エ ， オ の解答群(同じものを繰り返し選んでもよい。)

⓪　σ	①　σ^2	②　$\dfrac{\sigma}{\sqrt{n}}$	③　$\dfrac{\sigma^2}{n}$
④　m	⑤　$2m$	⑥　m^2	⑦　$\sqrt{m}$
⑧　$\dfrac{\sigma}{n}$	⑨　$n\sigma$	ⓐ　nm	ⓑ　$\dfrac{m}{n}$

ケ について，最も適当なものを，次の⓪～⑤のうちから一つ選べ。

⓪　$28.6 \leqq m \leqq 31.4$	①　$28.7 \leqq m \leqq 31.3$	②　$28.9 \leqq m \leqq 31.1$
③　$29.6 \leqq m \leqq 30.4$	④　$29.7 \leqq m \leqq 30.3$	⑤　$29.9 \leqq m \leqq 30.1$

(数学 II・数学 B 第 3 問は次ページに続く。)

(2) (1)の確率変数 X において，$m = 30.0$，$\sigma = 3.6$ とした母集団から無作為に
ピーマンを1個ずつ抽出し，ピーマン2個を1組にしたものを袋に入れていく。
このようにしてピーマン2個を1組にしたものを25袋作る。その際，1袋ずつ
の重さの分散を小さくするために，次の**ピーマン分類法**を考える。

> ─ **ピーマン分類法** ─────────────
>
> 　無作為に抽出したいくつかのピーマンについて，重さが 30.0 g 以下のと
> きを S サイズ，30.0 g を超えるときは L サイズと分類する。そして，分類
> されたピーマンから S サイズと L サイズのピーマンを一つずつ選び，ピー
> マン2個を1組とした袋を作る。

(i) ピーマンを無作為に 50 個抽出したとき，**ピーマン分類法**で 25 袋作ることが
できる確率 p_0 を考えよう。無作為に1個抽出したピーマンが S サイズである

確率は $\dfrac{\boxed{コ}}{\boxed{サ}}$ である。ピーマンを無作為に 50 個抽出したときの S サイズ

のピーマンの個数を表す確率変数を U_0 とすると，U_0 は二項分布

$B\left(50, \dfrac{\boxed{コ}}{\boxed{サ}}\right)$ に従うので

$$p_0 = {}_{50}\mathrm{C}_{\boxed{シス}} \times \left(\dfrac{\boxed{コ}}{\boxed{サ}}\right)^{\boxed{シス}} \times \left(1 - \dfrac{\boxed{コ}}{\boxed{サ}}\right)^{50 - \boxed{シス}}$$

となる。

　p_0 を計算すると，$p_0 = 0.1122\cdots$ となることから，ピーマンを無作為に
50 個抽出したとき，25 袋作ることができる確率は 0.11 程度とわかる。

(ii) **ピーマン分類法**で 25 袋作ることができる確率が 0.95 以上となるようなピー
マンの個数を考えよう。

(数学Ⅱ・数学B第3問は次ページに続く。)

k を自然数とし，ピーマンを無作為に $(50 + k)$ 個抽出したとき，S サイズのピーマンの個数を表す確率変数を U_k とすると，U_k は二項分布

$B\left(50 + k, \dfrac{\boxed{コ}}{\boxed{サ}}\right)$ に従う。

$(50 + k)$ は十分に大きいので，U_k は近似的に正規分布

$N\left(\boxed{\boxed{セ}}, \boxed{\boxed{ソ}}\right)$ に従い，$Y = \dfrac{U_k - \boxed{セ}}{\sqrt{\boxed{ソ}}}$ とすると，Y は近似的

に標準正規分布 $N(0, 1)$ に従う。

よって，**ピーマン分類法**で，25 袋作ることができる確率を p_k とすると

$$p_k = P(25 \leqq U_k \leqq 25 + k) = P\left(-\dfrac{\boxed{タ}}{\sqrt{50 + k}} \leqq Y \leqq \dfrac{\boxed{\boxed{タ}}}{\sqrt{50 + k}}\right)$$

となる。

$\boxed{\boxed{タ}} = \alpha$，$\sqrt{50 + k} = \beta$ とおく。

$p_k \geqq 0.95$ になるような $\dfrac{\alpha}{\beta}$ について，正規分布表から $\dfrac{\alpha}{\beta} \geqq 1.96$ を満たせばよいことがわかる。ここでは

$$\dfrac{\alpha}{\beta} \geqq 2 \qquad \cdots\cdots\cdots\cdots\cdots\cdots\cdots ①$$

を満たす自然数 k を考えることとする。① の両辺は正であるから，$\alpha^2 \geqq 4\beta^2$ を満たす最小の k を k_0 とすると，$k_0 = \boxed{チツ}$ であることがわかる。ただし，$\boxed{チツ}$ の計算においては，$\sqrt{51} = 7.14$ を用いてもよい。

したがって，少なくとも $\left(50 + \boxed{チツ}\right)$ 個のピーマンを抽出しておけば，**ピーマン分類法**で 25 袋作ることができる確率は 0.95 以上となる。

$\boxed{セ} \sim \boxed{タ}$ の解答群(同じものを繰り返し選んでもよい。)

⓪ k 　① $2k$ 　② $3k$ 　③ $\dfrac{50 + k}{2}$

④ $\dfrac{25 + k}{2}$ 　⑤ $25 + k$ 　⑥ $\dfrac{\sqrt{50 + k}}{2}$ 　⑦ $\dfrac{50 + k}{4}$

(数学Ⅱ・数学B第 3 問は 19 ページに続く。)

（下 書 き 用 紙）

数学Ⅱ・数学Ｂの試験問題は次に続く。

正 規 分 布 表

次の表は，標準正規分布の分布曲線における右図の灰色部分の面積の値をまとめたものである。

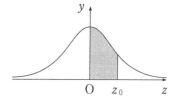

z_0	0.00	0.01	0.02	0.03	0.04	0.05	0.06	0.07	0.08	0.09
0.0	0.0000	0.0040	0.0080	0.0120	0.0160	0.0199	0.0239	0.0279	0.0319	0.0359
0.1	0.0398	0.0438	0.0478	0.0517	0.0557	0.0596	0.0636	0.0675	0.0714	0.0753
0.2	0.0793	0.0832	0.0871	0.0910	0.0948	0.0987	0.1026	0.1064	0.1103	0.1141
0.3	0.1179	0.1217	0.1255	0.1293	0.1331	0.1368	0.1406	0.1443	0.1480	0.1517
0.4	0.1554	0.1591	0.1628	0.1664	0.1700	0.1736	0.1772	0.1808	0.1844	0.1879
0.5	0.1915	0.1950	0.1985	0.2019	0.2054	0.2088	0.2123	0.2157	0.2190	0.2224
0.6	0.2257	0.2291	0.2324	0.2357	0.2389	0.2422	0.2454	0.2486	0.2517	0.2549
0.7	0.2580	0.2611	0.2642	0.2673	0.2704	0.2734	0.2764	0.2794	0.2823	0.2852
0.8	0.2881	0.2910	0.2939	0.2967	0.2995	0.3023	0.3051	0.3078	0.3106	0.3133
0.9	0.3159	0.3186	0.3212	0.3238	0.3264	0.3289	0.3315	0.3340	0.3365	0.3389
1.0	0.3413	0.3438	0.3461	0.3485	0.3508	0.3531	0.3554	0.3577	0.3599	0.3621
1.1	0.3643	0.3665	0.3686	0.3708	0.3729	0.3749	0.3770	0.3790	0.3810	0.3830
1.2	0.3849	0.3869	0.3888	0.3907	0.3925	0.3944	0.3962	0.3980	0.3997	0.4015
1.3	0.4032	0.4049	0.4066	0.4082	0.4099	0.4115	0.4131	0.4147	0.4162	0.4177
1.4	0.4192	0.4207	0.4222	0.4236	0.4251	0.4265	0.4279	0.4292	0.4306	0.4319
1.5	0.4332	0.4345	0.4357	0.4370	0.4382	0.4394	0.4406	0.4418	0.4429	0.4441
1.6	0.4452	0.4463	0.4474	0.4484	0.4495	0.4505	0.4515	0.4525	0.4535	0.4545
1.7	0.4554	0.4564	0.4573	0.4582	0.4591	0.4599	0.4608	0.4616	0.4625	0.4633
1.8	0.4641	0.4649	0.4656	0.4664	0.4671	0.4678	0.4686	0.4693	0.4699	0.4706
1.9	0.4713	0.4719	0.4726	0.4732	0.4738	0.4744	0.4750	0.4756	0.4761	0.4767
2.0	0.4772	0.4778	0.4783	0.4788	0.4793	0.4798	0.4803	0.4808	0.4812	0.4817
2.1	0.4821	0.4826	0.4830	0.4834	0.4838	0.4842	0.4846	0.4850	0.4854	0.4857
2.2	0.4861	0.4864	0.4868	0.4871	0.4875	0.4878	0.4881	0.4884	0.4887	0.4890
2.3	0.4893	0.4896	0.4898	0.4901	0.4904	0.4906	0.4909	0.4911	0.4913	0.4916
2.4	0.4918	0.4920	0.4922	0.4925	0.4927	0.4929	0.4931	0.4932	0.4934	0.4936
2.5	0.4938	0.4940	0.4941	0.4943	0.4945	0.4946	0.4948	0.4949	0.4951	0.4952
2.6	0.4953	0.4955	0.4956	0.4957	0.4959	0.4960	0.4961	0.4962	0.4963	0.4964
2.7	0.4965	0.4966	0.4967	0.4968	0.4969	0.4970	0.4971	0.4972	0.4973	0.4974
2.8	0.4974	0.4975	0.4976	0.4977	0.4977	0.4978	0.4979	0.4979	0.4980	0.4981
2.9	0.4981	0.4982	0.4982	0.4983	0.4984	0.4984	0.4985	0.4985	0.4986	0.4986
3.0	0.4987	0.4987	0.4987	0.4988	0.4988	0.4989	0.4989	0.4989	0.4990	0.4990

第3問～第5問は，いずれか2問を選択し，解答しなさい。

第4問 （選択問題）（配点 20）

　花子さんは，毎年の初めに預金口座に一定額の入金をすることにした。この入金を始める前における花子さんの預金は 10 万円である。ここで，預金とは預金口座にあるお金の額のことである。預金には年利 1 % で利息がつき，ある年の初めの預金が x 万円であれば，その年の終わりには預金は $1.01x$ 万円となる。次の年の初めには $1.01x$ 万円に入金額を加えたものが預金となる。

　毎年の初めの入金額を p 万円とし，n 年目の初めの預金を a_n 万円とおく。ただし，$p > 0$ とし，n は自然数とする。

　例えば，$a_1 = 10 + p$，$a_2 = 1.01(10 + p) + p$ である。

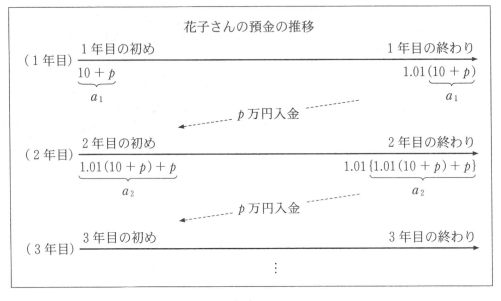

参考図

（数学Ⅱ・数学B第4問は次ページに続く。）

2023 本試　数学 II・B

(1)　a_n を求めるために二つの方針で考える。

方針 1

　n 年目の初めの預金と $(n+1)$ 年目の初めの預金との関係に着目して考える。

---

　3 年目の初めの預金 a_3 万円について，$a_3 = \boxed{\ \ ア\ \ }$ である。すべての自然数 n について

$$a_{n+1} = \boxed{\ \ イ\ \ } a_n + \boxed{\ \ ウ\ \ }$$

が成り立つ。これは

$$a_{n+1} + \boxed{\ \ エ\ \ } = \boxed{\ \ オ\ \ }\left(a_n + \boxed{\ \ エ\ \ }\right)$$

と変形でき，a_n を求めることができる。

$\boxed{\ \ ア\ \ }$ の解答群

⓪	$1.01\{1.01(10+p)+p\}$	①	$1.01\{1.01(10+p)+1.01p\}$
②	$1.01\{1.01(10+p)+p\}+p$	③	$1.01\{1.01(10+p)+p\}+1.01p$
④	$1.01(10+p)+1.01p$	⑤	$1.01(10+1.01p)+1.01p$

$\boxed{\ \ イ\ \ } \sim \boxed{\ \ オ\ \ }$ の解答群（同じものを繰り返し選んでもよい。）

⓪	1.01	①	1.01^{n-1}	②	1.01^n
③	p	④	$100p$	⑤	np
⑥	$100np$	⑦	$1.01^{n-1} \times 100p$	⑧	$1.01^n \times 100p$

（数学 II・数学 B 第 4 問は次ページに続く。）

―― 方針2 ――

　もともと預金口座にあった 10 万円と毎年の初めに入金した p 万円について，n 年目の初めにそれぞれがいくらになるかに着目して考える。

　もともと預金口座にあった 10 万円は，2 年目の初めには 10×1.01 万円になり，3 年目の初めには 10×1.01^2 万円になる。同様に考えると n 年目の初めには $10 \times 1.01^{n-1}$ 万円になる。

- 1 年目の初めに入金した p 万円は，n 年目の初めには $p \times 1.01^{\boxed{カ}}$ 万円になる。

- 2 年目の初めに入金した p 万円は，n 年目の初めには $p \times 1.01^{\boxed{キ}}$ 万円になる。

　　　　　　　　　　　　　⋮

- n 年目の初めに入金した p 万円は，n 年目の初めには p 万円のままである。

　これより

$$a_n = 10 \times 1.01^{n-1} + p \times 1.01^{\boxed{カ}} + p \times 1.01^{\boxed{キ}} + \cdots + p$$
$$= 10 \times 1.01^{n-1} + p \sum_{k=1}^{n} 1.01^{\boxed{ク}}$$

となることがわかる。ここで，$\displaystyle\sum_{k=1}^{n} 1.01^{\boxed{ク}} = \boxed{\quad ケ \quad}$ となるので，a_n を求めることができる。

$\boxed{カ}$，$\boxed{キ}$ の解答群（同じものを繰り返し選んでもよい。）

⓪ $n+1$	① n	② $n-1$	③ $n-2$

$\boxed{ク}$ の解答群

⓪ $k+1$	① k	② $k-1$	③ $k-2$

$\boxed{ケ}$ の解答群

⓪ 100×1.01^n	① $100(1.01^n - 1)$
② $100(1.01^{n-1} - 1)$	③ $n + 1.01^{n-1} - 1$
④ $0.01(101n - 1)$	⑤ $\dfrac{n \times 1.01^{n-1}}{2}$

（数学Ⅱ・数学B 第 4 問は次ページに続く。）

2023 本試　数学 II・B

(2) 花子さんは，10 年目の終わりの預金が 30 万円以上になるための入金額について考えた。

10 年目の終わりの預金が 30 万円以上であることを不等式を用いて表すと

$\boxed{コ} \geqq 30$ となる。この不等式を p について解くと

$$p \geqq \frac{\boxed{サシ} - \boxed{スセ} \times 1.01^{10}}{101\left(1.01^{10} - 1\right)}$$

となる。したがって，毎年の初めの入金額が例えば 18000 円であれば，10 年目の終わりの預金が 30 万円以上になることがわかる。

$\boxed{コ}$ の解答群

⓪ a_{10}	① $a_{10} + p$	② $a_{10} - p$
③ $1.01\, a_{10}$	④ $1.01\, a_{10} + p$	⑤ $1.01\, a_{10} - p$

（数学 II・数学 B 第 4 問は次ページに続く。）

(3) 1年目の入金を始める前における花子さんの預金が 10 万円ではなく，13 万円の場合を考える。すべての自然数 n に対して，この場合の n 年目の初めの預金は a_n 万円よりも   ソ   万円多い。なお，年利は 1 ％であり，毎年の初めの入金額は p 万円のままである。

   ソ   の解答群

⓪ 3 ① 13 ② $3(n-1)$

③ $3n$ ④ $13(n-1)$ ⑤ $13n$

⑥ 3^n ⑦ $3 + 1.01(n-1)$ ⑧ $3 \times 1.01^{n-1}$

⑨ 3×1.01^n ⓐ $13 \times 1.01^{n-1}$ ⓑ 13×1.01^n

2023 本試　数学 II・B

（下 書 き 用 紙）

数学 II・数学 B の試験問題は次に続く。

第3問～第5問は，いずれか2問を選択し，解答しなさい。

第5問 （選択問題）（配点 20）

三角錐 PABC において，辺 BC の中点を M とおく。また，∠PAB = ∠PAC とし，この角度を θ とおく。ただし，$0° < \theta < 90°$ とする。

(1) $\overrightarrow{\text{AM}}$ は

$$\overrightarrow{\text{AM}} = \frac{\boxed{\text{ア}}}{\boxed{\text{イ}}}\overrightarrow{\text{AB}} + \frac{\boxed{\text{ウ}}}{\boxed{\text{エ}}}\overrightarrow{\text{AC}}$$

と表せる。また

$$\frac{\overrightarrow{\text{AP}} \cdot \overrightarrow{\text{AB}}}{|\overrightarrow{\text{AP}}|\,|\overrightarrow{\text{AB}}|} = \frac{\overrightarrow{\text{AP}} \cdot \overrightarrow{\text{AC}}}{|\overrightarrow{\text{AP}}|\,|\overrightarrow{\text{AC}}|} = \boxed{\text{オ}} \quad\cdots\cdots\cdots\cdots\cdots\cdots\cdots ①$$

である。

$\boxed{\text{オ}}$ の解答群

⓪ $\sin\theta$	① $\cos\theta$	② $\tan\theta$
③ $\dfrac{1}{\sin\theta}$	④ $\dfrac{1}{\cos\theta}$	⑤ $\dfrac{1}{\tan\theta}$
⑥ $\sin\angle\text{BPC}$	⑦ $\cos\angle\text{BPC}$	⑧ $\tan\angle\text{BPC}$

(2) $\theta = 45°$ とし，さらに

$$|\overrightarrow{\text{AP}}| = 3\sqrt{2}, \quad |\overrightarrow{\text{AB}}| = |\overrightarrow{\text{PB}}| = 3, \quad |\overrightarrow{\text{AC}}| = |\overrightarrow{\text{PC}}| = 3$$

が成り立つ場合を考える。このとき

$$\overrightarrow{\text{AP}} \cdot \overrightarrow{\text{AB}} = \overrightarrow{\text{AP}} \cdot \overrightarrow{\text{AC}} = \boxed{\text{カ}}$$

である。さらに，直線 AM 上の点 D が ∠APD = 90° を満たしているとする。このとき，$\overrightarrow{\text{AD}} = \boxed{\text{キ}}\,\overrightarrow{\text{AM}}$ である。

（数学Ⅱ・数学B第5問は次ページに続く。）

— 26 —

2023 本試　数学 II・B

(3)

$$\overrightarrow{\text{AQ}} = \boxed{\text{キ}} \ \overrightarrow{\text{AM}}$$

で定まる点を Q とおく。$\overrightarrow{\text{PA}}$ と $\overrightarrow{\text{PQ}}$ が垂直である三角錐 PABC はどのようなものかについて考えよう。例えば(2)の場合では，点 Q は点 D と一致し，$\overrightarrow{\text{PA}}$ と $\overrightarrow{\text{PQ}}$ は垂直である。

(i) $\overrightarrow{\text{PA}}$ と $\overrightarrow{\text{PQ}}$ が垂直であるとき，$\overrightarrow{\text{PQ}}$ を $\overrightarrow{\text{AB}}$, $\overrightarrow{\text{AC}}$, $\overrightarrow{\text{AP}}$ を用いて表して考えると，$\boxed{\text{ク}}$ が成り立つ。さらに①に注意すると，$\boxed{\text{ク}}$ から $\boxed{\text{ケ}}$ が成り立つことがわかる。

したがって，$\overrightarrow{\text{PA}}$ と $\overrightarrow{\text{PQ}}$ が垂直であれば，$\boxed{\text{ケ}}$ が成り立つ。逆に，$\boxed{\text{ケ}}$ が成り立てば，$\overrightarrow{\text{PA}}$ と $\overrightarrow{\text{PQ}}$ は垂直である。

$\boxed{\text{ク}}$ の解答群

⓪ $\overrightarrow{\text{AP}} \cdot \overrightarrow{\text{AB}} + \overrightarrow{\text{AP}} \cdot \overrightarrow{\text{AC}} = \overrightarrow{\text{AP}} \cdot \overrightarrow{\text{AP}}$

① $\overrightarrow{\text{AP}} \cdot \overrightarrow{\text{AB}} + \overrightarrow{\text{AP}} \cdot \overrightarrow{\text{AC}} = - \overrightarrow{\text{AP}} \cdot \overrightarrow{\text{AP}}$

② $\overrightarrow{\text{AP}} \cdot \overrightarrow{\text{AB}} + \overrightarrow{\text{AP}} \cdot \overrightarrow{\text{AC}} = \overrightarrow{\text{AB}} \cdot \overrightarrow{\text{AC}}$

③ $\overrightarrow{\text{AP}} \cdot \overrightarrow{\text{AB}} + \overrightarrow{\text{AP}} \cdot \overrightarrow{\text{AC}} = - \overrightarrow{\text{AB}} \cdot \overrightarrow{\text{AC}}$

④ $\overrightarrow{\text{AP}} \cdot \overrightarrow{\text{AB}} + \overrightarrow{\text{AP}} \cdot \overrightarrow{\text{AC}} = 0$

⑤ $\overrightarrow{\text{AP}} \cdot \overrightarrow{\text{AB}} - \overrightarrow{\text{AP}} \cdot \overrightarrow{\text{AC}} = 0$

$\boxed{\text{ケ}}$ の解答群

⓪ $|\overrightarrow{\text{AB}}| + |\overrightarrow{\text{AC}}| = \sqrt{2} \, |\overrightarrow{\text{BC}}|$

① $|\overrightarrow{\text{AB}}| + |\overrightarrow{\text{AC}}| = 2 \, |\overrightarrow{\text{BC}}|$

② $|\overrightarrow{\text{AB}}| \sin\theta + |\overrightarrow{\text{AC}}| \sin\theta = |\overrightarrow{\text{AP}}|$

③ $|\overrightarrow{\text{AB}}| \cos\theta + |\overrightarrow{\text{AC}}| \cos\theta = |\overrightarrow{\text{AP}}|$

④ $|\overrightarrow{\text{AB}}| \sin\theta = |\overrightarrow{\text{AC}}| \sin\theta = 2 \, |\overrightarrow{\text{AP}}|$

⑤ $|\overrightarrow{\text{AB}}| \cos\theta = |\overrightarrow{\text{AC}}| \cos\theta = 2 \, |\overrightarrow{\text{AP}}|$

（数学 II・数学 B 第 5 問は次ページに続く。）

(ii) k を正の実数とし

$$k\,\overrightarrow{\mathrm{AP}} \cdot \overrightarrow{\mathrm{AB}} = \overrightarrow{\mathrm{AP}} \cdot \overrightarrow{\mathrm{AC}}$$

が成り立つとする。このとき，$\boxed{\ \text{コ}\ }$ が成り立つ。

　また，点 B から直線 AP に下ろした垂線と直線 AP との交点を B′ とし，同様に点 C から直線 AP に下ろした垂線と直線 AP との交点を C′ とする。

　このとき，$\overrightarrow{\mathrm{PA}}$ と $\overrightarrow{\mathrm{PQ}}$ が垂直であることは，$\boxed{\ \text{サ}\ }$ であることと同値である。特に $k = 1$ のとき，$\overrightarrow{\mathrm{PA}}$ と $\overrightarrow{\mathrm{PQ}}$ が垂直であることは，$\boxed{\ \text{シ}\ }$ であることと同値である。

$\boxed{\ \text{コ}\ }$ の解答群

⓪ $k\left|\overrightarrow{\mathrm{AB}}\right| = \left|\overrightarrow{\mathrm{AC}}\right|$ 　　　　① $\left|\overrightarrow{\mathrm{AB}}\right| = k\left|\overrightarrow{\mathrm{AC}}\right|$

② $k\left|\overrightarrow{\mathrm{AP}}\right| = \sqrt{2}\left|\overrightarrow{\mathrm{AB}}\right|$ 　　　③ $k\left|\overrightarrow{\mathrm{AP}}\right| = \sqrt{2}\left|\overrightarrow{\mathrm{AC}}\right|$

$\boxed{\ \text{サ}\ }$ の解答群

⓪ B′ と C′ がともに線分 AP の中点

① B′ と C′ が線分 AP をそれぞれ $(k + 1) : 1$ と $1 : (k + 1)$ に内分する点

② B′ と C′ が線分 AP をそれぞれ $1 : (k + 1)$ と $(k + 1) : 1$ に内分する点

③ B′ と C′ が線分 AP をそれぞれ $k : 1$ と $1 : k$ に内分する点

④ B′ と C′ が線分 AP をそれぞれ $1 : k$ と $k : 1$ に内分する点

⑤ B′ と C′ がともに線分 AP を $k : 1$ に内分する点

⑥ B′ と C′ がともに線分 AP を $1 : k$ に内分する点

（数学II・数学B第5問は次ページに続く。）

2023 本試　数学 II・B

| シ | の解答群

⓪　△PAB と △PAC がともに正三角形

①　△PAB と △PAC がそれぞれ ∠PBA = 90°, ∠PCA = 90° を満たす
　直角二等辺三角形

②　△PAB と △PAC がそれぞれ BP = BA, CP = CA を満たす二等辺三
　角形

③　△PAB と △PAC が合同

④　AP = BC

— MEMO —

— MEMO —

2025－駿台　大学入試完全対策シリーズ
大学入学共通テスト実戦問題集　数学Ⅱ・B・C

2024年7月11日　2025年版発行

編　　者　　駿　台　文　庫
発　行　者　　山　﨑　良　子
印刷・製本　　三美印刷株式会社

発　行　所　　駿台文庫株式会社
〒101-0062　東京都千代田区神田駿河台1-7-4
小畑ビル内
TEL．編集 03（5259）3302
販売 03（5259）3301
《共通テスト実戦・数学Ⅱ・B・C 372pp.》

ⓒSundaibunko 2024
許可なく本書の一部または全部を，複製，複写，
デジタル化する等の行為を禁じます。
落丁・乱丁がございましたら，送料小社負担にて
お取り替えいたします。
ISBN978-4-7961-6466-5　Printed in Japan

駿台文庫 Web サイト
https://www.sundaibunko.jp

第 1 回 ・ 数 学 ② 解 答 用 紙 ・ 第 1 面

注意事項
1 問題番号 ④ ⑤ ⑥ ⑦ の解答欄は、この用紙の第2面にあります。
2 選択問題は、選択した問題番号の解答欄に解答しなさい。
  指定された問題数をこえて解答してはいけません。
3 訂正は、消しゴムできれいに消し、消しくずを残してはいけません。
4 所定欄以外にはマークしたり、記入したり、折りまげてはいけません。
5 汚したり、折りまげてはいけません。

解 答 科 目 欄

・ 1科目だけマークしなさい。
・ 解答科目欄が無マーク又は複数マークの場合は、0点となることがあります。

数学Ⅱ・数学C	旧数学ⅡB・	旧数学Ⅱ	旧会計簿記	情報関係基礎
○	○	○	○	○

マーク例

良い例	悪い例
●	⊙ ⊗ ◐ ◑ ○

受験番号を記入し、その下のマーク欄にマークしなさい。

受 験 番 号 欄

千位	百位	十位	一位	英字
−	⓪	⓪	⓪	Ⓐ
①	①	①	①	Ⓑ
②	②	②	②	Ⓒ
③	③	③	③	Ⓗ
④	④	④	④	Ⓚ
⑤	⑤	⑤	⑤	Ⓜ
⑥	⑥	⑥	⑥	Ⓡ
⑦	⑦	⑦	⑦	Ⓤ
⑧	⑧	⑧	⑧	Ⓧ
⑨	⑨	⑨	⑨	Ⓨ
−	−	−	−	Ⓩ

氏名・フリガナ、試験場コードを記入しなさい。

フリガナ	
氏 名	

試験場コード	十万位	万位	千位	百位	十位	一位

駿 台 文 庫

第 1 回・数 学 ② 解 答 用 紙・第 2 面

注意事項

1. 問題番号 [1] [2] [3] の解答欄は、この用紙の第1面にあります。
2. 選択問題は、選択した問題番号の解答欄に解答しなさい。
   ただし、指定された問題数をこえて解答してはいけません。

第 2 回・数 学 ② 解 答 用 紙・第 1 面

注意事項
1 問題番号 4 5 6 7 の解答欄は、この用紙の第2面にあります。
2 選択問題は、選択した問題番号の解答欄をこえて解答してはいけません。
  ただし、指定された問題数をこえて解答してはいけません。
3 訂正は、消しゴムできれいに消し、消しくずを残してはいけません。
4 所定欄以外にはマークしたり、記入したりしてはいけません。
5 汚したり、折りまげたりしてはいけません。

マーク例
良い例	悪い例
●	⊙ ⊗ ◐ ○

・1科目だけマークしなさい。
・解答科目欄が無マーク又は複数マークの場合は、0点となることがあります。

解 答 科 目 欄

数学Ⅱ・数学C	数学Ⅱ・数学B	旧教育課程		
○	○	旧数学ⅡB・○	旧数学Ⅱ○	旧会計○
				旧簿記○
				関係情報○
				基礎情報○

3

解	-	0	1	2	3	答 4	5	6	7	8	欄 9
ア	⊖	⓪	①	②	③	④	⑤	⑥	⑦	⑧	⑨
イ	⊖	⓪	①	②	③	④	⑤	⑥	⑦	⑧	⑨
ウ	⊖	⓪	①	②	③	④	⑤	⑥	⑦	⑧	⑨
エ	⊖	⓪	①	②	③	④	⑤	⑥	⑦	⑧	⑨
オ	⊖	⓪	①	②	③	④	⑤	⑥	⑦	⑧	⑨
カ	⊖	⓪	①	②	③	④	⑤	⑥	⑦	⑧	⑨
キ	⊖	⓪	①	②	③	④	⑤	⑥	⑦	⑧	⑨
ク	⊖	⓪	①	②	③	④	⑤	⑥	⑦	⑧	⑨
ケ	⊖	⓪	①	②	③	④	⑤	⑥	⑦	⑧	⑨
コ	⊖	⓪	①	②	③	④	⑤	⑥	⑦	⑧	⑨
サ	⊖	⓪	①	②	③	④	⑤	⑥	⑦	⑧	⑨
シ	⊖	⓪	①	②	③	④	⑤	⑥	⑦	⑧	⑨
ス	⊖	⓪	①	②	③	④	⑤	⑥	⑦	⑧	⑨
セ	⊖	⓪	①	②	③	④	⑤	⑥	⑦	⑧	⑨
ソ	⊖	⓪	①	②	③	④	⑤	⑥	⑦	⑧	⑨
タ	⊖	⓪	①	②	③	④	⑤	⑥	⑦	⑧	⑨
チ	⊖	⓪	①	②	③	④	⑤	⑥	⑦	⑧	⑨
ツ	⊖	⓪	①	②	③	④	⑤	⑥	⑦	⑧	⑨
テ	⊖	⓪	①	②	③	④	⑤	⑥	⑦	⑧	⑨
ト	⊖	⓪	①	②	③	④	⑤	⑥	⑦	⑧	⑨
ナ	⊖	⓪	①	②	③	④	⑤	⑥	⑦	⑧	⑨
ニ	⊖	⓪	①	②	③	④	⑤	⑥	⑦	⑧	⑨
ヌ	⊖	⓪	①	②	③	④	⑤	⑥	⑦	⑧	⑨
ネ	⊖	⓪	①	②	③	④	⑤	⑥	⑦	⑧	⑨
ノ	⊖	⓪	①	②	③	④	⑤	⑥	⑦	⑧	⑨
ハ	⊖	⓪	①	②	③	④	⑤	⑥	⑦	⑧	⑨
ヒ	⊖	⓪	①	②	③	④	⑤	⑥	⑦	⑧	⑨
フ	⊖	⓪	①	②	③	④	⑤	⑥	⑦	⑧	⑨
ヘ	⊖	⓪	①	②	③	④	⑤	⑥	⑦	⑧	⑨
ホ	⊖	⓪	①	②	③	④	⑤	⑥	⑦	⑧	⑨

2

解	-	0	1	2	3	答 4	5	6	7	8	欄 9
ア	⊖	⓪	①	②	③	④	⑤	⑥	⑦	⑧	⑨
イ	⊖	⓪	①	②	③	④	⑤	⑥	⑦	⑧	⑨
ウ	⊖	⓪	①	②	③	④	⑤	⑥	⑦	⑧	⑨
エ	⊖	⓪	①	②	③	④	⑤	⑥	⑦	⑧	⑨
オ	⊖	⓪	①	②	③	④	⑤	⑥	⑦	⑧	⑨
カ	⊖	⓪	①	②	③	④	⑤	⑥	⑦	⑧	⑨
キ	⊖	⓪	①	②	③	④	⑤	⑥	⑦	⑧	⑨
ク	⊖	⓪	①	②	③	④	⑤	⑥	⑦	⑧	⑨
ケ	⊖	⓪	①	②	③	④	⑤	⑥	⑦	⑧	⑨
コ	⊖	⓪	①	②	③	④	⑤	⑥	⑦	⑧	⑨
サ	⊖	⓪	①	②	③	④	⑤	⑥	⑦	⑧	⑨
シ	⊖	⓪	①	②	③	④	⑤	⑥	⑦	⑧	⑨
ス	⊖	⓪	①	②	③	④	⑤	⑥	⑦	⑧	⑨
セ	⊖	⓪	①	②	③	④	⑤	⑥	⑦	⑧	⑨
ソ	⊖	⓪	①	②	③	④	⑤	⑥	⑦	⑧	⑨
タ	⊖	⓪	①	②	③	④	⑤	⑥	⑦	⑧	⑨
チ	⊖	⓪	①	②	③	④	⑤	⑥	⑦	⑧	⑨
ツ	⊖	⓪	①	②	③	④	⑤	⑥	⑦	⑧	⑨
テ	⊖	⓪	①	②	③	④	⑤	⑥	⑦	⑧	⑨
ト	⊖	⓪	①	②	③	④	⑤	⑥	⑦	⑧	⑨
ナ	⊖	⓪	①	②	③	④	⑤	⑥	⑦	⑧	⑨
ニ	⊖	⓪	①	②	③	④	⑤	⑥	⑦	⑧	⑨
ヌ	⊖	⓪	①	②	③	④	⑤	⑥	⑦	⑧	⑨
ネ	⊖	⓪	①	②	③	④	⑤	⑥	⑦	⑧	⑨
ノ	⊖	⓪	①	②	③	④	⑤	⑥	⑦	⑧	⑨
ハ	⊖	⓪	①	②	③	④	⑤	⑥	⑦	⑧	⑨
ヒ	⊖	⓪	①	②	③	④	⑤	⑥	⑦	⑧	⑨
フ	⊖	⓪	①	②	③	④	⑤	⑥	⑦	⑧	⑨
ヘ	⊖	⓪	①	②	③	④	⑤	⑥	⑦	⑧	⑨
ホ	⊖	⓪	①	②	③	④	⑤	⑥	⑦	⑧	⑨

1

解	-	0	1	2	3	答 4	5	6	7	8	欄 9
ア	⊖	⓪	①	②	③	④	⑤	⑥	⑦	⑧	⑨
イ	⊖	⓪	①	②	③	④	⑤	⑥	⑦	⑧	⑨
ウ	⊖	⓪	①	②	③	④	⑤	⑥	⑦	⑧	⑨
エ	⊖	⓪	①	②	③	④	⑤	⑥	⑦	⑧	⑨
オ	⊖	⓪	①	②	③	④	⑤	⑥	⑦	⑧	⑨
カ	⊖	⓪	①	②	③	④	⑤	⑥	⑦	⑧	⑨
キ	⊖	⓪	①	②	③	④	⑤	⑥	⑦	⑧	⑨
ク	⊖	⓪	①	②	③	④	⑤	⑥	⑦	⑧	⑨
ケ	⊖	⓪	①	②	③	④	⑤	⑥	⑦	⑧	⑨
コ	⊖	⓪	①	②	③	④	⑤	⑥	⑦	⑧	⑨
サ	⊖	⓪	①	②	③	④	⑤	⑥	⑦	⑧	⑨
シ	⊖	⓪	①	②	③	④	⑤	⑥	⑦	⑧	⑨
ス	⊖	⓪	①	②	③	④	⑤	⑥	⑦	⑧	⑨
セ	⊖	⓪	①	②	③	④	⑤	⑥	⑦	⑧	⑨
ソ	⊖	⓪	①	②	③	④	⑤	⑥	⑦	⑧	⑨
タ	⊖	⓪	①	②	③	④	⑤	⑥	⑦	⑧	⑨
チ	⊖	⓪	①	②	③	④	⑤	⑥	⑦	⑧	⑨
ツ	⊖	⓪	①	②	③	④	⑤	⑥	⑦	⑧	⑨
テ	⊖	⓪	①	②	③	④	⑤	⑥	⑦	⑧	⑨
ト	⊖	⓪	①	②	③	④	⑤	⑥	⑦	⑧	⑨
ナ	⊖	⓪	①	②	③	④	⑤	⑥	⑦	⑧	⑨
ニ	⊖	⓪	①	②	③	④	⑤	⑥	⑦	⑧	⑨
ヌ	⊖	⓪	①	②	③	④	⑤	⑥	⑦	⑧	⑨
ネ	⊖	⓪	①	②	③	④	⑤	⑥	⑦	⑧	⑨
ノ	⊖	⓪	①	②	③	④	⑤	⑥	⑦	⑧	⑨
ハ	⊖	⓪	①	②	③	④	⑤	⑥	⑦	⑧	⑨
ヒ	⊖	⓪	①	②	③	④	⑤	⑥	⑦	⑧	⑨
フ	⊖	⓪	①	②	③	④	⑤	⑥	⑦	⑧	⑨
ヘ	⊖	⓪	①	②	③	④	⑤	⑥	⑦	⑧	⑨
ホ	⊖	⓪	①	②	③	④	⑤	⑥	⑦	⑧	⑨

受験番号を記入し、その下のマーク欄にマークしなさい。

受 験 番 号 欄

	千位	百位	十位	一位	英字
					Ⓐ A
					Ⓑ B
					Ⓒ C
	⓪	⓪	⓪	⓪	Ⓗ H
	①	①	①	①	Ⓚ K
	②	②	②	②	Ⓜ M
	③	③	③	③	Ⓡ R
	④	④	④	④	Ⓤ U
	⑤	⑤	⑤	⑤	Ⓧ X
	⑥	⑥	⑥	⑥	Ⓨ Y
	⑦	⑦	⑦	⑦	Ⓩ Z
	⑧	⑧	⑧	⑧	ー
	⑨	⑨	⑨	⑨	
	ー	ー	ー	ー	

氏名・フリガナ、試験場コードを記入しなさい。

フリガナ				
氏 名				
試験場コード	十万位	万位	千位	
	百位	十位	一位	

駿 台 文 庫

第２回・数学②解答用紙・第２面

注意事項
1　問題番号 1 2 3 の解答欄は，この用紙の第１面にあります。
2　選択問題は，選択した問題番号の解答欄に解答しなさい。
　ただし，指定された問題数をこえて解答してはいけません。

4

	解答欄										
	-	0	1	2	3	4	5	6	7	8	9
ア	⊖	⓪	①	②	③	④	⑤	⑥	⑦	⑧	⑨
イ	⊖	⓪	①	②	③	④	⑤	⑥	⑦	⑧	⑨
ウ	⊖	⓪	①	②	③	④	⑤	⑥	⑦	⑧	⑨
エ	⊖	⓪	①	②	③	④	⑤	⑥	⑦	⑧	⑨
オ	⊖	⓪	①	②	③	④	⑤	⑥	⑦	⑧	⑨
カ	⊖	⓪	①	②	③	④	⑤	⑥	⑦	⑧	⑨
キ	⊖	⓪	①	②	③	④	⑤	⑥	⑦	⑧	⑨
ク	⊖	⓪	①	②	③	④	⑤	⑥	⑦	⑧	⑨
ケ	⊖	⓪	①	②	③	④	⑤	⑥	⑦	⑧	⑨
コ	⊖	⓪	①	②	③	④	⑤	⑥	⑦	⑧	⑨
サ	⊖	⓪	①	②	③	④	⑤	⑥	⑦	⑧	⑨
シ	⊖	⓪	①	②	③	④	⑤	⑥	⑦	⑧	⑨
ス	⊖	⓪	①	②	③	④	⑤	⑥	⑦	⑧	⑨
セ	⊖	⓪	①	②	③	④	⑤	⑥	⑦	⑧	⑨
ソ	⊖	⓪	①	②	③	④	⑤	⑥	⑦	⑧	⑨
タ	⊖	⓪	①	②	③	④	⑤	⑥	⑦	⑧	⑨
チ	⊖	⓪	①	②	③	④	⑤	⑥	⑦	⑧	⑨
ツ	⊖	⓪	①	②	③	④	⑤	⑥	⑦	⑧	⑨
テ	⊖	⓪	①	②	③	④	⑤	⑥	⑦	⑧	⑨
ト	⊖	⓪	①	②	③	④	⑤	⑥	⑦	⑧	⑨
ナ	⊖	⓪	①	②	③	④	⑤	⑥	⑦	⑧	⑨
ニ	⊖	⓪	①	②	③	④	⑤	⑥	⑦	⑧	⑨
ヌ	⊖	⓪	①	②	③	④	⑤	⑥	⑦	⑧	⑨
ネ	⊖	⓪	①	②	③	④	⑤	⑥	⑦	⑧	⑨
ノ	⊖	⓪	①	②	③	④	⑤	⑥	⑦	⑧	⑨
ハ	⊖	⓪	①	②	③	④	⑤	⑥	⑦	⑧	⑨
ヒ	⊖	⓪	①	②	③	④	⑤	⑥	⑦	⑧	⑨
フ	⊖	⓪	①	②	③	④	⑤	⑥	⑦	⑧	⑨
ヘ	⊖	⓪	①	②	③	④	⑤	⑥	⑦	⑧	⑨
ホ	⊖	⓪	①	②	③	④	⑤	⑥	⑦	⑧	⑨

5

	解答欄										
	-	0	1	2	3	4	5	6	7	8	9
ア	⊖	⓪	①	②	③	④	⑤	⑥	⑦	⑧	⑨
イ	⊖	⓪	①	②	③	④	⑤	⑥	⑦	⑧	⑨
ウ	⊖	⓪	①	②	③	④	⑤	⑥	⑦	⑧	⑨
エ	⊖	⓪	①	②	③	④	⑤	⑥	⑦	⑧	⑨
オ	⊖	⓪	①	②	③	④	⑤	⑥	⑦	⑧	⑨
カ	⊖	⓪	①	②	③	④	⑤	⑥	⑦	⑧	⑨
キ	⊖	⓪	①	②	③	④	⑤	⑥	⑦	⑧	⑨
ク	⊖	⓪	①	②	③	④	⑤	⑥	⑦	⑧	⑨
ケ	⊖	⓪	①	②	③	④	⑤	⑥	⑦	⑧	⑨
コ	⊖	⓪	①	②	③	④	⑤	⑥	⑦	⑧	⑨
サ	⊖	⓪	①	②	③	④	⑤	⑥	⑦	⑧	⑨
シ	⊖	⓪	①	②	③	④	⑤	⑥	⑦	⑧	⑨
ス	⊖	⓪	①	②	③	④	⑤	⑥	⑦	⑧	⑨
セ	⊖	⓪	①	②	③	④	⑤	⑥	⑦	⑧	⑨
ソ	⊖	⓪	①	②	③	④	⑤	⑥	⑦	⑧	⑨
タ	⊖	⓪	①	②	③	④	⑤	⑥	⑦	⑧	⑨
チ	⊖	⓪	①	②	③	④	⑤	⑥	⑦	⑧	⑨
ツ	⊖	⓪	①	②	③	④	⑤	⑥	⑦	⑧	⑨
テ	⊖	⓪	①	②	③	④	⑤	⑥	⑦	⑧	⑨
ト	⊖	⓪	①	②	③	④	⑤	⑥	⑦	⑧	⑨
ナ	⊖	⓪	①	②	③	④	⑤	⑥	⑦	⑧	⑨
ニ	⊖	⓪	①	②	③	④	⑤	⑥	⑦	⑧	⑨
ヌ	⊖	⓪	①	②	③	④	⑤	⑥	⑦	⑧	⑨
ネ	⊖	⓪	①	②	③	④	⑤	⑥	⑦	⑧	⑨
ノ	⊖	⓪	①	②	③	④	⑤	⑥	⑦	⑧	⑨
ハ	⊖	⓪	①	②	③	④	⑤	⑥	⑦	⑧	⑨
ヒ	⊖	⓪	①	②	③	④	⑤	⑥	⑦	⑧	⑨
フ	⊖	⓪	①	②	③	④	⑤	⑥	⑦	⑧	⑨
ヘ	⊖	⓪	①	②	③	④	⑤	⑥	⑦	⑧	⑨
ホ	⊖	⓪	①	②	③	④	⑤	⑥	⑦	⑧	⑨

6

	解答欄										
	-	0	1	2	3	4	5	6	7	8	9
ア	⊖	⓪	①	②	③	④	⑤	⑥	⑦	⑧	⑨
イ	⊖	⓪	①	②	③	④	⑤	⑥	⑦	⑧	⑨
ウ	⊖	⓪	①	②	③	④	⑤	⑥	⑦	⑧	⑨
エ	⊖	⓪	①	②	③	④	⑤	⑥	⑦	⑧	⑨
オ	⊖	⓪	①	②	③	④	⑤	⑥	⑦	⑧	⑨
カ	⊖	⓪	①	②	③	④	⑤	⑥	⑦	⑧	⑨
キ	⊖	⓪	①	②	③	④	⑤	⑥	⑦	⑧	⑨
ク	⊖	⓪	①	②	③	④	⑤	⑥	⑦	⑧	⑨
ケ	⊖	⓪	①	②	③	④	⑤	⑥	⑦	⑧	⑨
コ	⊖	⓪	①	②	③	④	⑤	⑥	⑦	⑧	⑨
サ	⊖	⓪	①	②	③	④	⑤	⑥	⑦	⑧	⑨
シ	⊖	⓪	①	②	③	④	⑤	⑥	⑦	⑧	⑨
ス	⊖	⓪	①	②	③	④	⑤	⑥	⑦	⑧	⑨
セ	⊖	⓪	①	②	③	④	⑤	⑥	⑦	⑧	⑨
ソ	⊖	⓪	①	②	③	④	⑤	⑥	⑦	⑧	⑨
タ	⊖	⓪	①	②	③	④	⑤	⑥	⑦	⑧	⑨
チ	⊖	⓪	①	②	③	④	⑤	⑥	⑦	⑧	⑨
ツ	⊖	⓪	①	②	③	④	⑤	⑥	⑦	⑧	⑨
テ	⊖	⓪	①	②	③	④	⑤	⑥	⑦	⑧	⑨
ト	⊖	⓪	①	②	③	④	⑤	⑥	⑦	⑧	⑨
ナ	⊖	⓪	①	②	③	④	⑤	⑥	⑦	⑧	⑨
ニ	⊖	⓪	①	②	③	④	⑤	⑥	⑦	⑧	⑨
ヌ	⊖	⓪	①	②	③	④	⑤	⑥	⑦	⑧	⑨
ネ	⊖	⓪	①	②	③	④	⑤	⑥	⑦	⑧	⑨
ノ	⊖	⓪	①	②	③	④	⑤	⑥	⑦	⑧	⑨
ハ	⊖	⓪	①	②	③	④	⑤	⑥	⑦	⑧	⑨
ヒ	⊖	⓪	①	②	③	④	⑤	⑥	⑦	⑧	⑨
フ	⊖	⓪	①	②	③	④	⑤	⑥	⑦	⑧	⑨
ヘ	⊖	⓪	①	②	③	④	⑤	⑥	⑦	⑧	⑨
ホ	⊖	⓪	①	②	③	④	⑤	⑥	⑦	⑧	⑨

7

	解答欄										
	-	0	1	2	3	4	5	6	7	8	9
ア	⊖	⓪	①	②	③	④	⑤	⑥	⑦	⑧	⑨
イ	⊖	⓪	①	②	③	④	⑤	⑥	⑦	⑧	⑨
ウ	⊖	⓪	①	②	③	④	⑤	⑥	⑦	⑧	⑨
エ	⊖	⓪	①	②	③	④	⑤	⑥	⑦	⑧	⑨
オ	⊖	⓪	①	②	③	④	⑤	⑥	⑦	⑧	⑨
カ	⊖	⓪	①	②	③	④	⑤	⑥	⑦	⑧	⑨
キ	⊖	⓪	①	②	③	④	⑤	⑥	⑦	⑧	⑨
ク	⊖	⓪	①	②	③	④	⑤	⑥	⑦	⑧	⑨
ケ	⊖	⓪	①	②	③	④	⑤	⑥	⑦	⑧	⑨
コ	⊖	⓪	①	②	③	④	⑤	⑥	⑦	⑧	⑨
サ	⊖	⓪	①	②	③	④	⑤	⑥	⑦	⑧	⑨
シ	⊖	⓪	①	②	③	④	⑤	⑥	⑦	⑧	⑨
ス	⊖	⓪	①	②	③	④	⑤	⑥	⑦	⑧	⑨
セ	⊖	⓪	①	②	③	④	⑤	⑥	⑦	⑧	⑨
ソ	⊖	⓪	①	②	③	④	⑤	⑥	⑦	⑧	⑨
タ	⊖	⓪	①	②	③	④	⑤	⑥	⑦	⑧	⑨
チ	⊖	⓪	①	②	③	④	⑤	⑥	⑦	⑧	⑨
ツ	⊖	⓪	①	②	③	④	⑤	⑥	⑦	⑧	⑨
テ	⊖	⓪	①	②	③	④	⑤	⑥	⑦	⑧	⑨
ト	⊖	⓪	①	②	③	④	⑤	⑥	⑦	⑧	⑨
ナ	⊖	⓪	①	②	③	④	⑤	⑥	⑦	⑧	⑨
ニ	⊖	⓪	①	②	③	④	⑤	⑥	⑦	⑧	⑨
ヌ	⊖	⓪	①	②	③	④	⑤	⑥	⑦	⑧	⑨
ネ	⊖	⓪	①	②	③	④	⑤	⑥	⑦	⑧	⑨
ノ	⊖	⓪	①	②	③	④	⑤	⑥	⑦	⑧	⑨
ハ	⊖	⓪	①	②	③	④	⑤	⑥	⑦	⑧	⑨
ヒ	⊖	⓪	①	②	③	④	⑤	⑥	⑦	⑧	⑨
フ	⊖	⓪	①	②	③	④	⑤	⑥	⑦	⑧	⑨
ヘ	⊖	⓪	①	②	③	④	⑤	⑥	⑦	⑧	⑨
ホ	⊖	⓪	①	②	③	④	⑤	⑥	⑦	⑧	⑨

第 3 回・数 学 ② 解 答 用 紙・第 1 面

注意事項
1 問題番号 4 5 6 7 の解答欄は、この用紙の第2面にあります。
2 選択した問題番号の解答欄に解答しなさい。
  ただし、指定された問題数をこえて解答してはいけません。
3 訂正は、消しゴムできれいに消し、消しくずを残してはいけません。
  消しゴムで消しきれないときは、所定欄以外にはマークしたり、記入してはいけません。
4 所定欄以外にはマークしたり、記入してはいけません。
5 汚したり、折り曲げたりしてはいけません。

マーク例
良い例	悪い例
●	⊗ ◑ ◐ ⊙

解 答 科 目 欄

旧教育課程

数学Ⅱ・数学C・数学B	旧数学Ⅱ・Ⅱ・B	旧数学Ⅱ	旧簿記会計	関係基礎情報
○	○	○	○	○

・1科目だけマークしなさい。
・解答科目欄が無マーク又は複数マークの場合は、0点となることがあります。

受験番号を記入し、その下のマーク欄にマークしなさい。

受 験 番 号 欄

千位	百位	十位	一位	英字
				A B C H K M R U X Y Z

氏名・フリガナ、試験場コードを記入しなさい。

フリガナ	
氏 名	
試験場コード	十万位 万位 千位 百位 十位 一位

駿 台 文 庫

第３回・数学②解答用紙・第２面

注意事項
1　問題番号 1 2 3 の解答欄は，この用紙の第１面にあります。
2　選択問題は，選択した問題番号の解答欄に解答しなさい。
　ただし，指定された問題数をこえて解答してはいけません。

4

	解答欄										
	-	0	1	2	3	4	5	6	7	8	9
ア	⊖	⓪	①	②	③	④	⑤	⑥	⑦	⑧	⑨
イ	⊖	⓪	①	②	③	④	⑤	⑥	⑦	⑧	⑨
ウ	⊖	⓪	①	②	③	④	⑤	⑥	⑦	⑧	⑨
エ	⊖	⓪	①	②	③	④	⑤	⑥	⑦	⑧	⑨
オ	⊖	⓪	①	②	③	④	⑤	⑥	⑦	⑧	⑨
カ	⊖	⓪	①	②	③	④	⑤	⑥	⑦	⑧	⑨
キ	⊖	⓪	①	②	③	④	⑤	⑥	⑦	⑧	⑨
ク	⊖	⓪	①	②	③	④	⑤	⑥	⑦	⑧	⑨
ケ	⊖	⓪	①	②	③	④	⑤	⑥	⑦	⑧	⑨
コ	⊖	⓪	①	②	③	④	⑤	⑥	⑦	⑧	⑨
サ	⊖	⓪	①	②	③	④	⑤	⑥	⑦	⑧	⑨
シ	⊖	⓪	①	②	③	④	⑤	⑥	⑦	⑧	⑨
ス	⊖	⓪	①	②	③	④	⑤	⑥	⑦	⑧	⑨
セ	⊖	⓪	①	②	③	④	⑤	⑥	⑦	⑧	⑨
ソ	⊖	⓪	①	②	③	④	⑤	⑥	⑦	⑧	⑨
タ	⊖	⓪	①	②	③	④	⑤	⑥	⑦	⑧	⑨
チ	⊖	⓪	①	②	③	④	⑤	⑥	⑦	⑧	⑨
ツ	⊖	⓪	①	②	③	④	⑤	⑥	⑦	⑧	⑨
テ	⊖	⓪	①	②	③	④	⑤	⑥	⑦	⑧	⑨
ト	⊖	⓪	①	②	③	④	⑤	⑥	⑦	⑧	⑨
ナ	⊖	⓪	①	②	③	④	⑤	⑥	⑦	⑧	⑨
ニ	⊖	⓪	①	②	③	④	⑤	⑥	⑦	⑧	⑨
ヌ	⊖	⓪	①	②	③	④	⑤	⑥	⑦	⑧	⑨
ネ	⊖	⓪	①	②	③	④	⑤	⑥	⑦	⑧	⑨
ノ	⊖	⓪	①	②	③	④	⑤	⑥	⑦	⑧	⑨
ハ	⊖	⓪	①	②	③	④	⑤	⑥	⑦	⑧	⑨
ヒ	⊖	⓪	①	②	③	④	⑤	⑥	⑦	⑧	⑨
フ	⊖	⓪	①	②	③	④	⑤	⑥	⑦	⑧	⑨
ヘ	⊖	⓪	①	②	③	④	⑤	⑥	⑦	⑧	⑨
ホ	⊖	⓪	①	②	③	④	⑤	⑥	⑦	⑧	⑨

5

	解答欄										
	-	0	1	2	3	4	5	6	7	8	9
ア	⊖	⓪	①	②	③	④	⑤	⑥	⑦	⑧	⑨
イ	⊖	⓪	①	②	③	④	⑤	⑥	⑦	⑧	⑨
ウ	⊖	⓪	①	②	③	④	⑤	⑥	⑦	⑧	⑨
エ	⊖	⓪	①	②	③	④	⑤	⑥	⑦	⑧	⑨
オ	⊖	⓪	①	②	③	④	⑤	⑥	⑦	⑧	⑨
カ	⊖	⓪	①	②	③	④	⑤	⑥	⑦	⑧	⑨
キ	⊖	⓪	①	②	③	④	⑤	⑥	⑦	⑧	⑨
ク	⊖	⓪	①	②	③	④	⑤	⑥	⑦	⑧	⑨
ケ	⊖	⓪	①	②	③	④	⑤	⑥	⑦	⑧	⑨
コ	⊖	⓪	①	②	③	④	⑤	⑥	⑦	⑧	⑨
サ	⊖	⓪	①	②	③	④	⑤	⑥	⑦	⑧	⑨
シ	⊖	⓪	①	②	③	④	⑤	⑥	⑦	⑧	⑨
ス	⊖	⓪	①	②	③	④	⑤	⑥	⑦	⑧	⑨
セ	⊖	⓪	①	②	③	④	⑤	⑥	⑦	⑧	⑨
ソ	⊖	⓪	①	②	③	④	⑤	⑥	⑦	⑧	⑨
タ	⊖	⓪	①	②	③	④	⑤	⑥	⑦	⑧	⑨
チ	⊖	⓪	①	②	③	④	⑤	⑥	⑦	⑧	⑨
ツ	⊖	⓪	①	②	③	④	⑤	⑥	⑦	⑧	⑨
テ	⊖	⓪	①	②	③	④	⑤	⑥	⑦	⑧	⑨
ト	⊖	⓪	①	②	③	④	⑤	⑥	⑦	⑧	⑨
ナ	⊖	⓪	①	②	③	④	⑤	⑥	⑦	⑧	⑨
ニ	⊖	⓪	①	②	③	④	⑤	⑥	⑦	⑧	⑨
ヌ	⊖	⓪	①	②	③	④	⑤	⑥	⑦	⑧	⑨
ネ	⊖	⓪	①	②	③	④	⑤	⑥	⑦	⑧	⑨
ノ	⊖	⓪	①	②	③	④	⑤	⑥	⑦	⑧	⑨
ハ	⊖	⓪	①	②	③	④	⑤	⑥	⑦	⑧	⑨
ヒ	⊖	⓪	①	②	③	④	⑤	⑥	⑦	⑧	⑨
フ	⊖	⓪	①	②	③	④	⑤	⑥	⑦	⑧	⑨
ヘ	⊖	⓪	①	②	③	④	⑤	⑥	⑦	⑧	⑨
ホ	⊖	⓪	①	②	③	④	⑤	⑥	⑦	⑧	⑨

6

	解答欄										
	-	0	1	2	3	4	5	6	7	8	9
ア	⊖	⓪	①	②	③	④	⑤	⑥	⑦	⑧	⑨
イ	⊖	⓪	①	②	③	④	⑤	⑥	⑦	⑧	⑨
ウ	⊖	⓪	①	②	③	④	⑤	⑥	⑦	⑧	⑨
エ	⊖	⓪	①	②	③	④	⑤	⑥	⑦	⑧	⑨
オ	⊖	⓪	①	②	③	④	⑤	⑥	⑦	⑧	⑨
カ	⊖	⓪	①	②	③	④	⑤	⑥	⑦	⑧	⑨
キ	⊖	⓪	①	②	③	④	⑤	⑥	⑦	⑧	⑨
ク	⊖	⓪	①	②	③	④	⑤	⑥	⑦	⑧	⑨
ケ	⊖	⓪	①	②	③	④	⑤	⑥	⑦	⑧	⑨
コ	⊖	⓪	①	②	③	④	⑤	⑥	⑦	⑧	⑨
サ	⊖	⓪	①	②	③	④	⑤	⑥	⑦	⑧	⑨
シ	⊖	⓪	①	②	③	④	⑤	⑥	⑦	⑧	⑨
ス	⊖	⓪	①	②	③	④	⑤	⑥	⑦	⑧	⑨
セ	⊖	⓪	①	②	③	④	⑤	⑥	⑦	⑧	⑨
ソ	⊖	⓪	①	②	③	④	⑤	⑥	⑦	⑧	⑨
タ	⊖	⓪	①	②	③	④	⑤	⑥	⑦	⑧	⑨
チ	⊖	⓪	①	②	③	④	⑤	⑥	⑦	⑧	⑨
ツ	⊖	⓪	①	②	③	④	⑤	⑥	⑦	⑧	⑨
テ	⊖	⓪	①	②	③	④	⑤	⑥	⑦	⑧	⑨
ト	⊖	⓪	①	②	③	④	⑤	⑥	⑦	⑧	⑨
ナ	⊖	⓪	①	②	③	④	⑤	⑥	⑦	⑧	⑨
ニ	⊖	⓪	①	②	③	④	⑤	⑥	⑦	⑧	⑨
ヌ	⊖	⓪	①	②	③	④	⑤	⑥	⑦	⑧	⑨
ネ	⊖	⓪	①	②	③	④	⑤	⑥	⑦	⑧	⑨
ノ	⊖	⓪	①	②	③	④	⑤	⑥	⑦	⑧	⑨
ハ	⊖	⓪	①	②	③	④	⑤	⑥	⑦	⑧	⑨
ヒ	⊖	⓪	①	②	③	④	⑤	⑥	⑦	⑧	⑨
フ	⊖	⓪	①	②	③	④	⑤	⑥	⑦	⑧	⑨
ヘ	⊖	⓪	①	②	③	④	⑤	⑥	⑦	⑧	⑨
ホ	⊖	⓪	①	②	③	④	⑤	⑥	⑦	⑧	⑨

7

	解答欄										
	-	0	1	2	3	4	5	6	7	8	9
ア	⊖	⓪	①	②	③	④	⑤	⑥	⑦	⑧	⑨
イ	⊖	⓪	①	②	③	④	⑤	⑥	⑦	⑧	⑨
ウ	⊖	⓪	①	②	③	④	⑤	⑥	⑦	⑧	⑨
エ	⊖	⓪	①	②	③	④	⑤	⑥	⑦	⑧	⑨
オ	⊖	⓪	①	②	③	④	⑤	⑥	⑦	⑧	⑨
カ	⊖	⓪	①	②	③	④	⑤	⑥	⑦	⑧	⑨
キ	⊖	⓪	①	②	③	④	⑤	⑥	⑦	⑧	⑨
ク	⊖	⓪	①	②	③	④	⑤	⑥	⑦	⑧	⑨
ケ	⊖	⓪	①	②	③	④	⑤	⑥	⑦	⑧	⑨
コ	⊖	⓪	①	②	③	④	⑤	⑥	⑦	⑧	⑨
サ	⊖	⓪	①	②	③	④	⑤	⑥	⑦	⑧	⑨
シ	⊖	⓪	①	②	③	④	⑤	⑥	⑦	⑧	⑨
ス	⊖	⓪	①	②	③	④	⑤	⑥	⑦	⑧	⑨
セ	⊖	⓪	①	②	③	④	⑤	⑥	⑦	⑧	⑨
ソ	⊖	⓪	①	②	③	④	⑤	⑥	⑦	⑧	⑨
タ	⊖	⓪	①	②	③	④	⑤	⑥	⑦	⑧	⑨
チ	⊖	⓪	①	②	③	④	⑤	⑥	⑦	⑧	⑨
ツ	⊖	⓪	①	②	③	④	⑤	⑥	⑦	⑧	⑨
テ	⊖	⓪	①	②	③	④	⑤	⑥	⑦	⑧	⑨
ト	⊖	⓪	①	②	③	④	⑤	⑥	⑦	⑧	⑨
ナ	⊖	⓪	①	②	③	④	⑤	⑥	⑦	⑧	⑨
ニ	⊖	⓪	①	②	③	④	⑤	⑥	⑦	⑧	⑨
ヌ	⊖	⓪	①	②	③	④	⑤	⑥	⑦	⑧	⑨
ネ	⊖	⓪	①	②	③	④	⑤	⑥	⑦	⑧	⑨
ノ	⊖	⓪	①	②	③	④	⑤	⑥	⑦	⑧	⑨
ハ	⊖	⓪	①	②	③	④	⑤	⑥	⑦	⑧	⑨
ヒ	⊖	⓪	①	②	③	④	⑤	⑥	⑦	⑧	⑨
フ	⊖	⓪	①	②	③	④	⑤	⑥	⑦	⑧	⑨
ヘ	⊖	⓪	①	②	③	④	⑤	⑥	⑦	⑧	⑨
ホ	⊖	⓪	①	②	③	④	⑤	⑥	⑦	⑧	⑨

第 4 回・数 学 ② 解 答 用 紙・第 1 面

第 4 回・数 学 ② 解 答 用 紙・第 2 面

注意事項
1 問題番号 1 2 3 の解答欄は、この用紙の第 1 面にあります。
2 選択問題は、選択した問題番号の解答欄に解答しなさい。
ただし、指定された問題数をこえて解答してはいけません。

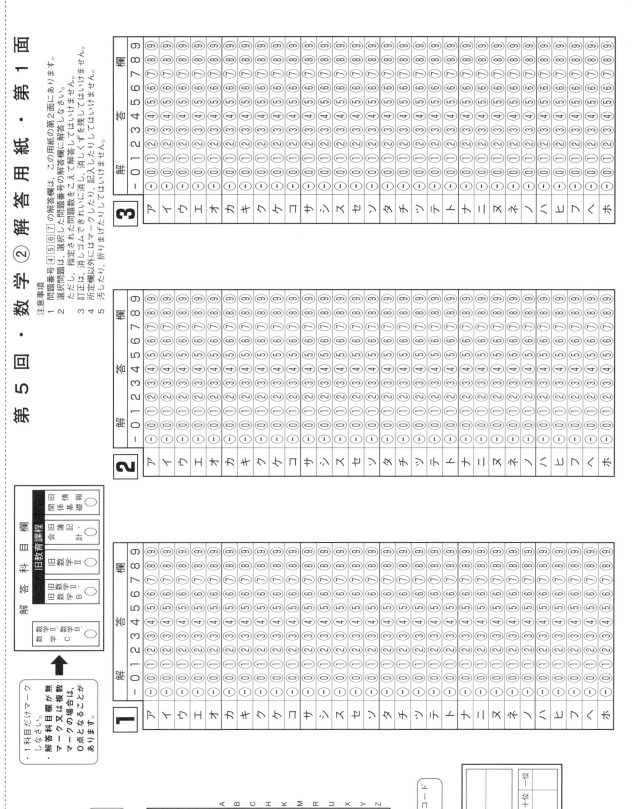

第 5 回・数学 ② 解答用紙・第 2 面

注意事項

1 問題番号 ①②③ の解答欄は、この用紙の第 1 面にあります。
2 選択問題は、選択した問題番号の解答欄に解答しなさい。
　ただし、指定された問題数をこえて解答してはいけません。

4

解答欄	-	⓪	①	②	③	④	⑤	⑥	⑦	⑧	⑨
ア											
イ											
ウ											
エ											
オ											
カ											
キ											
ク											
ケ											
コ											
サ											
シ											
ス											
セ											
ソ											
タ											
チ											
ツ											
テ											
ト											
ナ											
ニ											
ヌ											
ネ											
ノ											
ハ											
ヒ											
フ											
ヘ											
ホ											

5

解答欄	-	⓪	①	②	③	④	⑤	⑥	⑦	⑧	⑨
ア											
イ											
ウ											
エ											
オ											
カ											
キ											
ク											
ケ											
コ											
サ											
シ											
ス											
セ											
ソ											
タ											
チ											
ツ											
テ											
ト											
ナ											
ニ											
ヌ											
ネ											
ノ											
ハ											
ヒ											
フ											
ヘ											
ホ											

6

解答欄	-	⓪	①	②	③	④	⑤	⑥	⑦	⑧	⑨
ア											
イ											
ウ											
エ											
オ											
カ											
キ											
ク											
ケ											
コ											
サ											
シ											
ス											
セ											
ソ											
タ											
チ											
ツ											
テ											
ト											
ナ											
ニ											
ヌ											
ネ											
ノ											
ハ											
ヒ											
フ											
ヘ											
ホ											

7

解答欄	-	⓪	①	②	③	④	⑤	⑥	⑦	⑧	⑨
ア											
イ											
ウ											
エ											
オ											
カ											
キ											
ク											
ケ											
コ											
サ											
シ											
ス											
セ											
ソ											
タ											
チ											
ツ											
テ											
ト											
ナ											
ニ											
ヌ											
ネ											
ノ											
ハ											
ヒ											
フ											
ヘ											
ホ											

試作問題・数学②解答用紙・第1面

注意事項

1. 問題番号 4 5 6 7 の解答欄は、この用紙の第2面にあります。
2. 選択問題は、選択した問題番号の解答欄に解答しなさい。
   ただし、指定された問題数をこえて解答してはいけません。
3. 訂正は、消しゴムできれいに消し、消しくずを残してはいけません。
4. 所定欄以外にはマークしたり、記入したりしてはいけません。
5. 汚したり、折り曲げたりしてはいけません。

解答科目欄

旧教育課程

数学II・C・B	数学II・B	旧数学II・B	旧数学II	旧会計	旧情報関係基礎

- 1科目だけマークしなさい。
- 解答科目欄のマークが無マーク又は複数マークの場合は、0点となることがあります。

マーク例

良い例	悪い例
●	⊙ ⊗ ◖

受験番号を記入し、その下のマーク欄にマークしなさい。

受験番号欄

千位	百位	十位	一位	英字

氏名・フリガナ、試験場コードを記入しなさい。

フリガナ	
氏名	

試験場コード	十万位	万位	千位	百位	十位	一位

駿台文庫

試作問題・数学 ② 解答用紙・第2面

注意事項

1. 問題番号 1 2 3 の解答欄は、この用紙の第1面にあります。
2. 選択問題は、選択した問題番号の解答欄に解答しなさい。
   ただし、指定された問題数をこえて解答してはいけません。

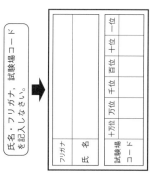

2024 本試・数学②解答用紙・第2面

注意事項
1 問題番号 ①②③ の解答欄は、この用紙の第1面にあります。
2 選択問題は、選択した問題番号の解答欄に解答しなさい。
　ただし、指定された問題数をこえて解答してはいけません。

4	解　答　欄
ア	－0 1 2 3 4 5 6 7 8 9 a b c d
イ	－0 1 2 3 4 5 6 7 8 9 a b c d
ウ	－0 1 2 3 4 5 6 7 8 9 a b c d
エ	－0 1 2 3 4 5 6 7 8 9 a b c d
オ	－0 1 2 3 4 5 6 7 8 9 a b c d
カ	－0 1 2 3 4 5 6 7 8 9 a b c d
キ	－0 1 2 3 4 5 6 7 8 9 a b c d
ク	－0 1 2 3 4 5 6 7 8 9 a b c d
ケ	－0 1 2 3 4 5 6 7 8 9 a b c d
コ	－0 1 2 3 4 5 6 7 8 9 a b c d
サ	－0 1 2 3 4 5 6 7 8 9 a b c d
シ	－0 1 2 3 4 5 6 7 8 9 a b c d
ス	－0 1 2 3 4 5 6 7 8 9 a b c d
セ	－0 1 2 3 4 5 6 7 8 9 a b c d
ソ	－0 1 2 3 4 5 6 7 8 9 a b c d
タ	－0 1 2 3 4 5 6 7 8 9 a b c d
チ	－0 1 2 3 4 5 6 7 8 9 a b c d
ツ	－0 1 2 3 4 5 6 7 8 9 a b c d
テ	－0 1 2 3 4 5 6 7 8 9 a b c d
ト	－0 1 2 3 4 5 6 7 8 9 a b c d
ナ	－0 1 2 3 4 5 6 7 8 9 a b c d
ニ	－0 1 2 3 4 5 6 7 8 9 a b c d
ヌ	－0 1 2 3 4 5 6 7 8 9 a b c d
ネ	－0 1 2 3 4 5 6 7 8 9 a b c d
ノ	－0 1 2 3 4 5 6 7 8 9 a b c d
ハ	－0 1 2 3 4 5 6 7 8 9 a b c d
ヒ	－0 1 2 3 4 5 6 7 8 9 a b c d
フ	－0 1 2 3 4 5 6 7 8 9 a b c d
ヘ	－0 1 2 3 4 5 6 7 8 9 a b c d
ホ	－0 1 2 3 4 5 6 7 8 9 a b c d

5	解　答　欄
ア	－0 1 2 3 4 5 6 7 8 9 a b c d
イ	－0 1 2 3 4 5 6 7 8 9 a b c d
ウ	－0 1 2 3 4 5 6 7 8 9 a b c d
エ	－0 1 2 3 4 5 6 7 8 9 a b c d
オ	－0 1 2 3 4 5 6 7 8 9 a b c d
カ	－0 1 2 3 4 5 6 7 8 9 a b c d
キ	－0 1 2 3 4 5 6 7 8 9 a b c d
ク	－0 1 2 3 4 5 6 7 8 9 a b c d
ケ	－0 1 2 3 4 5 6 7 8 9 a b c d
コ	－0 1 2 3 4 5 6 7 8 9 a b c d
サ	－0 1 2 3 4 5 6 7 8 9 a b c d
シ	－0 1 2 3 4 5 6 7 8 9 a b c d
ス	－0 1 2 3 4 5 6 7 8 9 a b c d
セ	－0 1 2 3 4 5 6 7 8 9 a b c d
ソ	－0 1 2 3 4 5 6 7 8 9 a b c d
タ	－0 1 2 3 4 5 6 7 8 9 a b c d
チ	－0 1 2 3 4 5 6 7 8 9 a b c d
ツ	－0 1 2 3 4 5 6 7 8 9 a b c d
テ	－0 1 2 3 4 5 6 7 8 9 a b c d
ト	－0 1 2 3 4 5 6 7 8 9 a b c d
ナ	－0 1 2 3 4 5 6 7 8 9 a b c d
ニ	－0 1 2 3 4 5 6 7 8 9 a b c d
ヌ	－0 1 2 3 4 5 6 7 8 9 a b c d
ネ	－0 1 2 3 4 5 6 7 8 9 a b c d
ノ	－0 1 2 3 4 5 6 7 8 9 a b c d
ハ	－0 1 2 3 4 5 6 7 8 9 a b c d
ヒ	－0 1 2 3 4 5 6 7 8 9 a b c d
フ	－0 1 2 3 4 5 6 7 8 9 a b c d
ヘ	－0 1 2 3 4 5 6 7 8 9 a b c d
ホ	－0 1 2 3 4 5 6 7 8 9 a b c d

2023　本試・数学②解答用紙・第1面

注意事項

1. 問題番号 4 5 の解答欄は、この用紙の第2面にあります。
2. 選択問題は、選択した問題番号の解答欄に解答しなさい。
   ただし、指定された問題数をこえて解答してはいけません。
3. 訂正は、消しゴムできれいに消し、消しくずを残してはいけません。
4. 所定欄以外にはマークしたり、記入したりしてはいけません。
5. 汚したり、折りまげたりしてはいけません。

駿　台　文　庫

2023　本試・数学②解答用紙・第1面

注意事項
1　問題番号 ① ② ③ の解答欄は、この用紙の第1面にあります。
2　選択問題は、選択した問題番号の解答欄に解答しなさい。
ただし、指定された問題数をこえて解答してはいけません。

2025

大学入学共通テスト

実戦問題集

数 学 II・B・C

【解答・解説編】

駿台文庫編

直前チェック総整理

各問いの解説ごとに，解答の際利用する項目の番号が記されている。

数 学 II

I. いろいろな式

1 整式の計算

・3 次式の計算

$(a \pm b)^3 = a^3 \pm 3a^2b + 3ab^2 \pm b^3$

$(a \pm b)(a^2 \mp ab + b^2) = a^3 \pm b^3$

$a^3 \pm b^3 = (a \pm b)(a^2 \mp ab + b^2)$ （因数分解）

（以上複号同順）

2 二項定理

・$(a+b)^n = {}_n\mathrm{C}_0 a^n + {}_n\mathrm{C}_1 a^{n-1}b + \cdots + {}_n\mathrm{C}_r a^{n-r}b^r$
$\qquad\qquad + \cdots + {}_n\mathrm{C}_{n-1} ab^{n-1} + {}_n\mathrm{C}_n b^n$

${}_n\mathrm{C}_r a^{n-r}b^r$ を一般項という。

・パスカルの三角形

$(a+b)^n$ の展開式の係数を三角形状に並べたもの。

$$
\begin{array}{ccccc}
& & 1 \ 1 & & \\
& 1 \ 2 \ 1 & & & \\
1 \ 3 \ 3 \ 1 & & & & \\
1 \ 4 \ 6 \ 4 \ 1 & & & & \\
1 \ 5 \ 10 \ 10 \ 5 \ 1 & & & &
\end{array}
$$

$$
\begin{array}{c}
{}_1\mathrm{C}_0 \ {}_1\mathrm{C}_1 \\
{}_2\mathrm{C}_0 \ {}_2\mathrm{C}_1 \ {}_2\mathrm{C}_2 \\
{}_3\mathrm{C}_0 \ {}_3\mathrm{C}_1 \ {}_3\mathrm{C}_2 \ {}_3\mathrm{C}_3 \\
{}_4\mathrm{C}_0 \ {}_4\mathrm{C}_1 \ {}_4\mathrm{C}_2 \ {}_4\mathrm{C}_3 \ {}_4\mathrm{C}_4 \\
{}_5\mathrm{C}_0 \ {}_5\mathrm{C}_1 \ {}_5\mathrm{C}_2 \ {}_5\mathrm{C}_3 \ {}_5\mathrm{C}_4 \ {}_5\mathrm{C}_5
\end{array}
$$

$\cdots\cdots\qquad\qquad\cdots\cdots$

3 整式の除法・分数式

・整式の除法

整式 A を整式 B で割ったときの商を Q，余りを R とすると

$\qquad A = BQ + R$（R は 0 または B より低次の整式）

・分数式の計算

$$\frac{A}{C} \pm \frac{B}{C} = \frac{A \pm B}{C} \quad \text{（複号同順）}$$

$$\frac{A}{B} \times \frac{C}{D} = \frac{AC}{BD}$$

$$\frac{A}{B} \div \frac{C}{D} = \frac{AD}{BC}$$

・部分分数分解の例

$$\frac{1}{x(x+1)} = \frac{1}{x} - \frac{1}{x+1}$$

$$\frac{1}{x(x+1)(x+2)} = \frac{1}{2}\left\{\frac{1}{x(x+1)} - \frac{1}{(x+1)(x+2)}\right\}$$

4 等式・不等式の証明

・恒等式

「$ax + b = 0$ が x の恒等式」$\iff a = b = 0$

「$ax^2 + bx + c = 0$ が x の恒等式」$\iff a = b = c = 0$

「$ax + by = 0$ が x, y の恒等式」$\iff a = b = 0$

・重要な不等式

$|a| + |b| \geqq |a \pm b| \geqq ||a| - |b||$　（三角不等式）

$a > 0$, $b > 0$ のとき

$$\frac{a+b}{2} \geqq \sqrt{ab} \quad \text{等号成立は } a = b \text{ のとき}$$

（相加平均と相乗平均の不等式）

$(a^2 + b^2)(x^2 + y^2) \geqq (ax + by)^2$

（コーシー・シュワルツの不等式）

$a^2 + b^2 + c^2 \geqq ab + bc + ca$

5 複素数

a, b, c, d を実数とする。

・複素数の計算

$\qquad i^2 = -1,\ \sqrt{-a} = \sqrt{a}\, i \quad (a > 0)$

$\qquad (a + bi) \pm (c + di) = (a \pm c) + (b \pm d)i$

（複号同順）

$\qquad (a + bi)(c + di) = (ac - bd) + (ad + bc)i$

$\qquad \dfrac{a + bi}{c + di} = \dfrac{ac + bd}{c^2 + d^2} + \dfrac{bc - ad}{c^2 + d^2}i \quad (c^2 + d^2 \neq 0)$

・複素数の相等

$\qquad a + bi = 0 \quad \iff \quad a = b = 0$

$\qquad a + bi = c + di \quad \iff \quad a = c,\ b = d$

・共役複素数

$\alpha = a + bi$ のとき，$\overline{\alpha} = a - bi$（$\alpha$ の共役複素数）

$\qquad$「α が実数」$\quad \iff \quad \overline{\alpha} = \alpha$

$\qquad$「α が純虚数」$\quad \iff \quad \overline{\alpha} = -\alpha \neq 0$

6 2 次方程式

$\qquad ax^2 + bx + c = 0 \quad (a \neq 0)$

の 2 解を α, β, $D = b^2 - 4ac$ とする。D を判別式という。

・解の公式

$$ax^2 + bx + c = 0 \quad \iff \quad x = \frac{-b \pm \sqrt{b^2 - 4ac}}{2a}$$

・解の判別

$\qquad D > 0$ のとき　α, β は異なる実数

$\qquad D = 0$ のとき　α, β は実数で，$\alpha = \beta$（重解）

$\qquad D < 0$ のとき　α, β は共役な虚数

—数 IIBC 1—

・解と係数の関係
$$ax^2 + bx + c = a(x - \alpha)(x - \beta)$$
$$\alpha + \beta = -\frac{b}{a}, \, \alpha\beta = \frac{c}{a}$$
$$\alpha > 0, \beta > 0 \iff D \geqq 0, \alpha + \beta > 0, \alpha\beta > 0$$
$$\alpha < 0, \beta < 0 \iff D \geqq 0, \alpha + \beta < 0, \alpha\beta > 0$$
「α, β が異符号」$\iff \alpha\beta < 0$

・α, β を解とする 2 次方程式は, $p = \alpha + \beta$, $q = \alpha\beta$ とすると
$$x^2 - px + q = 0$$

7 因数定理

・剰余の定理
整式 $P(x)$ を
$x - \alpha$ で割ったときの余りは $P(\alpha)$
$ax + b$ で割ったときの余りは $P\left(-\dfrac{b}{a}\right)$

・因数定理
$x - \alpha$ が整式 $P(x)$ の因数である条件は
$$P(\alpha) = 0$$

8 高次方程式

・1 の 3 乗根
$$x^3 = 1 \iff x = 1, \frac{-1 \pm \sqrt{3}\,i}{2}$$
$\omega = \dfrac{-1 + \sqrt{3}\,i}{2}$ とおくと
$$\omega^3 = 1, \, \omega^2 + \omega + 1 = 0, \, \overline{\omega} = \omega^2$$

・高次方程式
因数分解（因数定理を利用）して解くか，置き換えを利用して次数の低い方程式に書き換えて解く。
係数が実数の方程式で α が解のとき，$\overline{\alpha}$ も解である。

・3 次方程式の解と係数の関係
$ax^3 + bx^2 + cx + d = 0$ $(a \neq 0)$ の解を α, β, γ とする.
$$\alpha + \beta + \gamma = -\frac{b}{a}$$
$$\alpha\beta + \beta\gamma + \gamma\alpha = \frac{c}{a}$$
$$\alpha\beta\gamma = -\frac{d}{a}$$

II. 図形と方程式

1 点

O$(0, 0)$, A(x_1, y_1), B(x_2, y_2), C(x_3, y_3) とする。

・内分点・外分点
線分 AB を $m : n$ に

内分する点の座標
$$\left(\frac{nx_1 + mx_2}{m + n}, \, \frac{ny_1 + my_2}{m + n}\right)$$

外分する点の座標
$$\left(\frac{-nx_1 + mx_2}{m - n}, \, \frac{-ny_1 + my_2}{m - n}\right) \quad (m \neq n)$$

・中点
線分 AB の中点の座標
$$\left(\frac{x_1 + x_2}{2}, \, \frac{y_1 + y_2}{2}\right)$$

・重心
△ABC の重心の座標
$$\left(\frac{x_1 + x_2 + x_3}{3}, \, \frac{y_1 + y_2 + y_3}{3}\right)$$

・2 点間の距離
$$AB = \sqrt{(x_2 - x_1)^2 + (y_2 - y_1)^2}$$
$$OA = \sqrt{{x_1}^2 + {y_1}^2}$$

・△OAB の面積
$$\frac{1}{2}|x_1 y_2 - x_2 y_1|$$

2 直線

・点 (x_1, y_1) を通る直線の方程式
傾きが m のとき $\quad y = m(x - x_1) + y_1$
x 軸に垂直のとき $\quad x = x_1$

・2 点 $(x_1, y_1), (x_2, y_2)$ を通る直線の方程式
$x_1 \neq x_2$ のとき $\quad y = \dfrac{y_2 - y_1}{x_2 - x_1}(x - x_1) + y_1$
$x_1 = x_2$ のとき $\quad x = x_1$
まとめると
$$(y_2 - y_1)(x - x_1) - (x_2 - x_1)(y - y_1) = 0$$

・2 点 $(a, 0)$, $(0, b)$ $(ab \neq 0)$ を通る直線の方程式
$$\frac{x}{a} + \frac{y}{b} = 1$$

・2 直線の関係
$l_1 : y = m_1 x + n_1$, $l_2 : y = m_2 x + n_2$ について
$l_1 /\!/ l_2$ の条件は $\quad m_1 = m_2, \quad n_1 \neq n_2$
$l_1 \perp l_2$ の条件は $\quad m_1 m_2 = -1$
点 (x_1, y_1) を通り直線 $ax + by + c = 0$ に
平行な直線 $\cdots\cdots a(x - x_1) + b(y - y_1) = 0$

垂直な直線 …… $b(x-x_1)-a(y-y_1)=0$

・2直線 $a_1x+b_1y+c_1=0$, $a_2x+b_2y+c_2=0$ の交点を通る直線の方程式

$$a_1x+b_1y+c_1+k(a_2x+b_2y+c_2)=0$$

・点 (x_1,y_1) と直線 $ax+by+c=0$ との距離

$$\frac{|ax_1+by_1+c|}{\sqrt{a^2+b^2}}$$

3 対称

・点に関する対称

2点 P, Q が点 A に関して対称のとき，A は線分 PQ の中点。

・直線に関する対称

2点 P, Q が直線 l に関して対称のとき，PQ⊥l であり線分 PQ の中点が l 上にある。

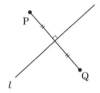

4 円

・$(x-a)^2+(y-b)^2=r^2 \quad (r>0)$
　…… 中心 (a,b)，半径 r

・$x^2+y^2+lx+my+n=0 \quad (l^2+m^2-4n>0)$
　…… 中心 $\left(-\dfrac{l}{2},-\dfrac{m}{2}\right)$，半径 $\dfrac{\sqrt{l^2+m^2-4n}}{2}$

・2円 $x^2+y^2+l_1x+m_1y+n_1=0$
　　　$x^2+y^2+l_2x+m_2y+n_2=0$
の2交点を通る円または直線の方程式

$$x^2+y^2+l_1x+m_1y+n_1$$
$$+k(x^2+y^2+l_2x+m_2y+n_2)=0$$

$$\begin{pmatrix} k\neq-1 \text{ のとき　円} \\ k=-1 \text{ のとき　直線} \end{pmatrix}$$

・$x^2+y^2=r^2$ 上の点 (x_1,y_1) における接線の方程式
$$x_1x+y_1y=r^2$$

・円と直線

半径 r の円 C の中心から直線 l までの距離を d とする。

$d>r \quad \Longleftrightarrow \quad C, l$ は共有点をもたない
$d=r \quad \Longleftrightarrow \quad C, l$ は1点で接する
$0\leqq d<r \quad \Longleftrightarrow \quad C, l$ は2点で交わる

・2円の位置関係

半径 r_1 の円 C_1，半径 r_2 の円 C_2 の中心間の距離を d とする $(r_1>r_2)$。

$d>r_1+r_2 \quad \Longleftrightarrow \quad C_1, C_2$ は互いに他の外部にある
$d=r_1+r_2 \quad \Longleftrightarrow \quad C_1, C_2$ は外接する
$r_1-r_2<d<r_1+r_2 \quad \Longleftrightarrow \quad C_1, C_2$ は2点で交わる
$d=r_1-r_2 \quad \Longleftrightarrow \quad C_2$ は C_1 に内接する
$0\leqq d<r_1-r_2 \quad \Longleftrightarrow \quad C_2$ は C_1 の内部にある

5 軌跡

・軌跡

与えられた条件を満たす点全体が描く図形。

・2定点 A, B からの距離の比が $m:n$ の点の軌跡

$m=n$ … 線分 AB の垂直二等分線
$m\neq n$ … 線分 AB を $m:n$ に内・外分する点を直径の両端とする円（アポロニウスの円）

6 不等式と領域

・$y>f(x)$ …… $y=f(x)$ の上方
　$y<f(x)$ …… $y=f(x)$ の下方

・$ax+by+c>0$
　$b>0$ なら 直線 $ax+by+c=0$ の上方
　$b<0$ なら 直線 $ax+by+c=0$ の下方

・$x^2+y^2<r^2$ …… 円 $x^2+y^2=r^2$ の内部
　$x^2+y^2>r^2$ …… 円 $x^2+y^2=r^2$ の外部

・領域における式の値

不等式で表された領域における式のとる値の最大・最小は，領域の境界を調べればよいことが多い。特に，多角形領域の場合は頂点が問題になる。

III. 三角関数

1 弧度法

・弧度法と度数法
$$180° = \pi \text{（ラジアン）}$$
$$1 \text{（ラジアン）} = \left(\frac{180}{\pi}\right)° \fallingdotseq 57.3°$$

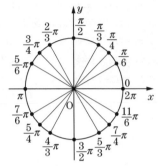

・扇形
$$l = r\theta$$
$$S = \frac{1}{2}r^2\theta = \frac{1}{2}rl$$

2 三角関数の定義と基本性質

・三角関数
$$\sin\theta = \frac{y}{r},$$
$$\cos\theta = \frac{x}{r},$$
$$\tan\theta = \frac{y}{x}$$

・相互関係
$$\sin^2\theta + \cos^2\theta = 1, \quad 1 + \tan^2\theta = \frac{1}{\cos^2\theta}$$
$$\tan\theta = \frac{\sin\theta}{\cos\theta}$$

・いろいろな性質
$$\sin(\theta + 2n\pi) = \sin\theta, \; \cos(\theta + 2n\pi) = \cos\theta,$$
$$\tan(\theta + n\pi) = \tan\theta \quad (n \text{ は整数})$$
$$\sin(-\theta) = -\sin\theta, \; \cos(-\theta) = \cos\theta,$$
$$\tan(-\theta) = -\tan\theta$$
$$\sin(\pi \pm \theta) = \mp\sin\theta, \; \cos(\pi \pm \theta) = -\cos\theta,$$
$$\tan(\pi \pm \theta) = \pm\tan\theta$$
$$\sin\left(\frac{\pi}{2} \pm \theta\right) = \cos\theta, \; \cos\left(\frac{\pi}{2} \pm \theta\right) = \mp\sin\theta,$$
$$\tan\left(\frac{\pi}{2} \pm \theta\right) = \mp\frac{1}{\tan\theta} \quad \text{（以上複号同順）}$$

・三角関数の値

θ	0	$\frac{\pi}{6}$	$\frac{\pi}{4}$	$\frac{\pi}{3}$	$\frac{\pi}{2}$	$\frac{2}{3}\pi$	$\frac{3}{4}\pi$	$\frac{5}{6}\pi$	π
$\sin\theta$	0	$\frac{1}{2}$	$\frac{\sqrt{2}}{2}$	$\frac{\sqrt{3}}{2}$	1	$\frac{\sqrt{3}}{2}$	$\frac{\sqrt{2}}{2}$	$\frac{1}{2}$	0
$\cos\theta$	1	$\frac{\sqrt{3}}{2}$	$\frac{\sqrt{2}}{2}$	$\frac{1}{2}$	0	$-\frac{1}{2}$	$-\frac{\sqrt{2}}{2}$	$-\frac{\sqrt{3}}{2}$	-1
$\tan\theta$	0	$\frac{1}{\sqrt{3}}$	1	$\sqrt{3}$	/	$-\sqrt{3}$	-1	$-\frac{1}{\sqrt{3}}$	0

3 三角関数のグラフ

・$y = \sin\theta$
周期 2π の周期関数。奇関数（原点対称）。
$-1 \leqq \sin\theta \leqq 1$

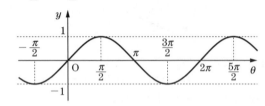

・$y = \cos\theta$
周期 2π の周期関数。偶関数（y 軸対称）。
$-1 \leqq \cos\theta \leqq 1$

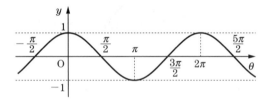

・$y = \tan\theta$
周期 π の周期関数。奇関数（原点対称）。
$\cos\theta = 0$ となる角 θ は考えない。$\left(\theta \neq \frac{\pi}{2} + n\pi\right)$

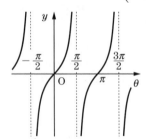

・周期
$p > 0$ とする。
$y = \sin px, \; y = \cos px$ の周期は $\frac{2\pi}{p}$
$y = \tan px$ の周期は $\frac{\pi}{p}$

4 加法定理

・加法定理
$$\sin(\alpha \pm \beta) = \sin\alpha\cos\beta \pm \cos\alpha\sin\beta$$
$$\cos(\alpha \pm \beta) = \cos\alpha\cos\beta \mp \sin\alpha\sin\beta$$
$$\tan(\alpha \pm \beta) = \frac{\tan\alpha \pm \tan\beta}{1 \mp \tan\alpha\tan\beta} \quad \text{(以上複号同順)}$$

・倍角・半角の公式
$$\sin 2\alpha = 2\sin\alpha\cos\alpha$$
$$\cos 2\alpha = \cos^2\alpha - \sin^2\alpha = 1 - 2\sin^2\alpha$$
$$= 2\cos^2\alpha - 1$$
$$\tan 2\alpha = \frac{2\tan\alpha}{1 - \tan^2\alpha}$$
$$\sin^2\frac{\alpha}{2} = \frac{1-\cos\alpha}{2}, \quad \cos^2\frac{\alpha}{2} = \frac{1+\cos\alpha}{2}$$
$$\tan^2\frac{\alpha}{2} = \frac{1-\cos\alpha}{1+\cos\alpha}$$

・2 直線のなす角

2 直線 $y = m_1x + n_1, y = m_2x + n_2$ がなす角を θ (θ は鋭角) とすると
$$\tan\theta = \left|\frac{m_1 - m_2}{1 + m_1m_2}\right|$$

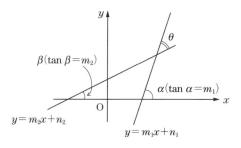

5 三角関数の合成

$$a\sin\theta + b\cos\theta = r\sin(\theta + \alpha) = r\cos(\theta - \beta)$$
$$r = \sqrt{a^2 + b^2}$$

α, β は次図のような定角で
$$\sin\alpha = \cos\beta = \frac{b}{r}, \quad \cos\alpha = \sin\beta = \frac{a}{r}$$

IV. 指数関数・対数関数

1 指数の性質

・指数の拡張　$a > 0$ とする。
$$a^0 = 1, \quad a^{-r} = \frac{1}{a^r} \quad (r > 0)$$
$$a^{\frac{m}{n}} = \sqrt[n]{a^m} \quad (m, n \text{ は正の整数}, n \geqq 2$$
$$\text{ただし}, \sqrt[2]{\ } \text{は} \sqrt{\ } \text{と書く。})$$

・指数法則　$a > 0, b > 0, r, s$ は有理数とする。
$$a^r a^s = a^{r+s}, \quad (a^r)^s = a^{rs}, \quad (ab)^r = a^r b^r$$
$$\frac{a^r}{a^s} = a^{r-s}, \quad \left(\frac{a}{b}\right)^r = \frac{a^r}{b^r}$$

2 指数関数

・$y = a^x$ のグラフ

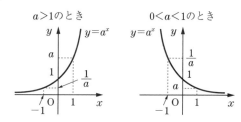

・$a > 1$ のとき
　$x_1 < x_2$ ならば $a^{x_1} < a^{x_2}$
　$0 < a < 1$ のとき
　$x_1 < x_2$ ならば $a^{x_1} > a^{x_2}$

3 対数の性質

・対数の定義

$p = a^q$ を q について解いたものを
$$q = \log_a p$$
と書く。
　　p：真数，q：対数，a：底
　　$(p > 0, \quad a > 0, \quad a \neq 1)$

・対数の性質
$$\log_a a^m = m, \quad \log_a 1 = 0, \quad \log_a a = 1$$
$$\log_a mn = \log_a m + \log_a n$$
$$\log_a \frac{m}{n} = \log_a m - \log_a n$$
$$\log_a m^r = r\log_a m$$
$$\log_a b = \frac{\log_c b}{\log_c a} \quad \text{(底の変換)}$$
$$a^{\log_a b} = b$$

4 対数関数
・$y = \log_a x$ のグラフ

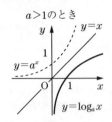
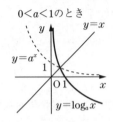

・$a > 1$ のとき
　　$0 < x_1 < x_2$　ならば　$\log_a x_1 < \log_a x_2$
　$0 < a < 1$ のとき
　　$0 < x_1 < x_2$　ならば　$\log_a x_1 > \log_a x_2$

5 常用対数
・底が 10 の対数を常用対数という。
・1 以上の数 A の整数部分が n 桁なら
　　$n - 1 \leqq \log_{10} A < n$
　1 より小さい正の小数 B が小数点以下 n 桁目に初めて 0 でない数が現れる数なら
　　$-n \leqq \log_{10} B < -(n-1)$

V. 微分，積分の考え

1 微分係数と導関数
・平均変化率　$\dfrac{f(b) - f(a)}{b - a}$
・微分係数（変化率）　$f'(a) = \lim\limits_{b \to a} \dfrac{f(b) - f(a)}{b - a}$
　　　　　　　　　　　　　　$= \lim\limits_{h \to 0} \dfrac{f(a+h) - f(a)}{h}$
・導関数　$f'(x) = \lim\limits_{h \to 0} \dfrac{f(x+h) - f(x)}{h}$
　　$y = x^n$ ならば $y' = nx^{n-1}$ 　$(n = 1, 2, 3, \cdots)$
　　$y = k$（定数）ならば $y' = 0$
・導関数の公式（k, l を定数とする）
　　$y = kf(x)$ ならば $y' = kf'(x)$
　　$y = kf(x) + lg(x)$ ならば $y' = kf'(x) + lg'(x)$

2 接線
$y = f(x)$ 上の点 $(t, f(t))$ における接線の方程式は
　　$y = f'(t)(x - t) + f(t)$
曲線上にない点 A を通る接線を考えるときは，接点を $(t, f(t))$ とおき，接線 $y = f'(t)(x-t) + f(t)$ が点 A を通るとして調べていく。

3 関数の増減と極値
・関数の増減
　$f'(x) > 0$ のところでは，$f(x)$ は増加の状態。
　$f'(x) < 0$ のところでは，$f(x)$ は減少の状態。
　$f'(x) = 0$ のところでは，個別に調べる。
・関数の極大・極小
　$f(x)$ は n 次関数とする。
　$x = a$ で極値をとるならば　$f'(a) = 0$
　$f'(x)$ の符号が $x = a$ で
　　正から負に変わるとき，
　　　　$f(x)$ は $x = a$ で極大
　　負から正に変わるとき，
　　　　$f(x)$ は $x = a$ で極小

4 不定積分
C を積分定数，k, l を定数とする。
・$F'(x) = f(x)$ のとき
　　$$\int f(x) dx = F(x) + C$$
・$\displaystyle\int x^n dx = \dfrac{1}{n+1} x^{n+1} + C$ 　$(n = 0, 1, 2, \cdots)$

$\cdot \displaystyle\int kf(x)dx = k\int f(x)dx$

$\displaystyle\int \{kf(x)+lg(x)\}dx = k\int f(x)dx + l\int g(x)dx$

5 定積分

a, b, c は定数とする。

・$f(x)$ の不定積分の 1 つを $F(x)$ とするとき
$$\int_a^b f(x)dx = \Big[F(x)\Big]_a^b = F(b)-F(a)$$

・k, l を定数とするとき
$$\int_a^b kf(x)dx = k\int_a^b f(x)dx$$
$$\int_a^b \{kf(x)+lg(x)\}dx = k\int_a^b f(x)dx + l\int_a^b g(x)dx$$

$\cdot \displaystyle\int_a^a f(x)dx = 0, \quad \int_a^b f(x)dx = -\int_b^a f(x)dx$

$\cdot \displaystyle\int_a^b f(x)dx = \int_a^c f(x)dx + \int_c^b f(x)dx$

$\cdot \displaystyle\int_{-a}^a k\,dx = 2\int_0^a k\,dx$ （k は定数）, $\displaystyle\int_{-a}^a x\,dx = 0$

$\displaystyle\int_{-a}^a x^2 dx = 2\int_0^a x^2 dx, \quad \int_{-a}^a x^3 dx = 0$

$\cdot \displaystyle\int_\alpha^\beta (x-\alpha)(x-\beta)dx = -\frac{1}{6}(\beta-\alpha)^3$

$\cdot \displaystyle\frac{d}{dx}\int_a^x f(t)dt = f(x)$

6 面積

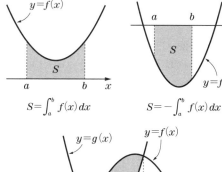

$S = \displaystyle\int_a^b f(x)dx \qquad S = -\int_a^b f(x)dx$

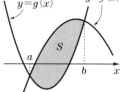

$S = \displaystyle\int_a^b \{f(x)-g(x)\}dx$

数 学 B

VI. 数列

1 等差数列

・初項を a, 公差を d とする。
 一般項 $\cdots a_n = a+(n-1)d$
 和　　$\cdots S_n = \dfrac{n}{2}(a+a_n) = \dfrac{n}{2}\{2a+(n-1)d\}$

・等差中項
 a, b, c がこの順で等差数列をなすとき
 　$2b = a+c$

2 等比数列

・初項を a, 公比を r とする。
 一般項 $\cdots a_n = ar^{n-1}$
 和 $\cdots S_n = \begin{cases} \dfrac{a(1-r^n)}{1-r} = \dfrac{a(r^n-1)}{r-1} & (r \neq 1) \\ na & (r=1) \end{cases}$

・等比中項
 a, b, c がこの順に等比数列をなすとき
 　$b^2 = ac$

3 和の公式

$\cdot \displaystyle\sum_{k=1}^n c = cn$ （c は定数）

$\displaystyle\sum_{k=1}^n k = \frac{1}{2}n(n+1), \quad \sum_{k=1}^n k^2 = \frac{1}{6}n(n+1)(2n+1)$

$\displaystyle\sum_{k=1}^n k^3 = \frac{1}{4}n^2(n+1)^2$

・p, q が定数のとき
$$\sum_{k=1}^n pa_k = p\sum_{k=1}^n a_k$$
$$\sum_{k=1}^n (pa_k+qb_k) = p\sum_{k=1}^n a_k + q\sum_{k=1}^n b_k$$

4 いろいろな数列

$\cdot S_n = \displaystyle\sum_{k=1}^n (pk+q)r^{k-1}$ は $S_n - rS_n$ を計算する。

・分数の形は，部分分数分解して
 　$a_n = f(n+1) - f(n)$
 の形にし，和を求める。

$\cdot S_n = \displaystyle\sum_{k=1}^n a_k$ のとき
 　$a_1 = S_1, \ a_n = S_n - S_{n-1} \quad (n \geq 2)$

・階差数列

数列 $\{b_n\}$ が，数列 $\{a_n\}$ の階差数列のとき

$(b_n = a_{n+1} - a_n)$

$$a_n = a_1 + \sum_{k=1}^{n-1} b_k \quad (n \geqq 2)$$

5 漸化式

・等差数列 $\quad a_{n+1} = a_n + d$ の形

一般項は $\quad a_n = a_1 + (n-1)d$

・等比数列 $\quad a_{n+1} = ra_n$ の形

一般項は $\quad a_n = a_1 \cdot r^{n-1}$

・階差数列 $\quad a_{n+1} = a_n + f(n)$ の形

一般項は $\quad a_n = a_1 + \sum_{k=1}^{n-1} f(k) \quad (n \geqq 2)$

・$a_{n+1} = pa_n + q$ の形

1 次方程式 $x = px + q$ の解 $\alpha = \dfrac{q}{1-p} \ (p \neq 1)$ を用いて

$$a_{n+1} - \alpha = p(a_n - \alpha)$$

と変形する。

・$a_{n+2} = pa_{n+1} + qa_n$ の形

2 次方程式 $x^2 = px + q$ の解 α, β を用いて

$$a_{n+2} - \alpha a_{n+1} = \beta(a_{n+1} - \alpha a_n)$$

と変形する。

複雑な漸化式の解法は，式変形と変数の置き換えなどにより，基本的な漸化式に帰着させる。

6 数学的帰納法

すべての自然数 n についてある命題が成り立つことを証明する方法で，次の 2 つを示せばよい。

〔1〕 $n = 1$ のとき成り立つこと。

〔2〕 $n = k$ のとき成り立つと仮定すると，$n = k+1$ のときも成り立つこと。

VII. 統計的な推測

1 確率変数と確率分布

・確率変数

ある試行に関連して変数 X が考えられ，X がある値をとる確率がきまるとき，X を確率変数という。

・確率分布

確率変数 X のとる値 $x_1, x_2, \cdots, x_n$ に対してそれぞれの確率 $p_1, p_2, \cdots, p_n$ がきまるとき，この対応関係を確率分布という。

X	x_1	x_2	$\cdots$	x_n	計
確率	p_1	p_2	$\cdots$	p_n	1

$$p_i \geqq 0 \ (i = 1, 2, \cdots, n), \quad \sum_{i=1}^{n} p_i = 1$$

$P(X = x_i) = p_i$ と表すこともある。

2 平均（期待値）と分散

確率変数 X が，確率分布 $P(X = x_i) = p_i$

$(i = 1, 2, \cdots, n)$ に従うとする。

・平均（期待値）

$$E(X) = \sum_{i=1}^{n} x_i p_i$$

・分散

$$\begin{aligned} V(X) &= E((X - E(X))^2) \\ &= \sum_{i=1}^{n} (x_i - E(X))^2 p_i \\ &= E(X^2) - \{E(X)\}^2 \end{aligned}$$

・標準偏差

$$\sigma(X) = \sqrt{V(X)}$$

3 確率変数の変換

・1 次式 $(Y = aX + b, a \neq 0)$ による変換

X が確率変数のとき，Y も確率変数で

$$E(Y) = aE(X) + b, \quad V(Y) = a^2 V(X)$$

・標準化

確率変数 X に対して，確率変数 Z を

$$Z = \frac{X - m}{\sigma} \quad (m = E(X), \ \sigma = \sqrt{V(X)})$$

で定めると

$$E(Z) = 0, \quad V(Z) = 1$$

X から Z に変換することを標準化という。

— 数 IIBC 8 —

4 確率変数の和と積

・同時分布

2つの確率変数 X, Y について $X = x_i, Y = y_j$ である確率が p_{ij} のとき，すべての i, j に対して x_i, y_j の組と p_{ij} の対応が得られる。この対応を X, Y の同時分布という。

X \ Y	y_1	y_2	$\cdots$	y_m	計
x_1	p_{11}	p_{12}	$\cdots$	p_{1m}	p_1
x_2	p_{21}	p_{22}	$\cdots$	p_{2m}	p_2
$\vdots$	$\vdots$	$\vdots$		$\vdots$	$\vdots$
x_n	p_{n1}	p_{n2}	$\cdots$	p_{nm}	p_n
計	q_1	q_2	$\cdots$	q_m	1

・確率変数の和の平均
$$E(X+Y) = E(X) + E(Y)$$

・確率変数の独立・従属
$$P(X=a \text{ かつ } Y=b) = P(X=a) \cdot P(Y=b)$$
が成り立つとき，X, Y は互いに独立であるという。
X, Y が独立のとき
$$E(XY) = E(X) \cdot E(Y)$$
$$V(X+Y) = V(X) + V(Y)$$
X, Y が独立でないとき，X, Y は互いに従属であるという。

5 二項分布

・二項分布

確率変数 X のとる値が $0, 1, 2, \cdots, n$ で $X = r$ となる確率が $_nC_r p^r (1-p)^{n-r}$ のとき X の確率分布を二項分布といい $B(n, p)$ で表す。

・二項分布 $B(n, p)$ の平均と分散
$$E(X) = np, \quad V(X) = np(1-p)$$

6 正規分布

・連続型確率変数

$a \leq X \leq b$ で定義された確率変数 X について
$$f(x) \geq 0 \ (a \leq x \leq b), \quad \int_a^b f(x)dx = 1$$
を満たす $f(x)$ を考える。$a \leq \alpha \leq \beta \leq b$ の α, β に対して
$$P(\alpha \leq X \leq \beta) = \int_\alpha^\beta f(x)dx$$
であるとき，X を連続型確率変数，$f(x)$ を X の確率密度関数という。このとき

$$E(X) = \int_a^b x f(x)dx$$
$$V(X) = \int_a^b \{x - E(X)\}^2 f(x)dx$$

・正規分布

m, σ は実数 $(\sigma > 0)$，$e = \lim_{h \to 0}(1+h)^{\frac{1}{h}} = 2.718\cdots$
として，$f(x) = \dfrac{1}{\sqrt{2\pi}\sigma} e^{-\frac{(x-m)^2}{2\sigma^2}}$ とおく。

$f(x)$ は連続型確率密度関数で，X は正規分布 $N(m, \sigma^2)$ に従う。
$$E(X) = m$$
$$V(X) = \sigma^2$$

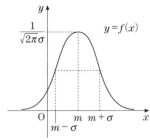

・X が $N(m, \sigma^2)$，Z が $N(0, 1)$ に従う確率変数のとき
$$P(|X-m| \leq \sigma) = P(|Z| \leq 1) \fallingdotseq 0.683$$
$$P(|X-m| \leq 2\sigma) = P(|Z| \leq 2) \fallingdotseq 0.954$$
$$P(|X-m| \leq 3\sigma) = P(|Z| \leq 3) \fallingdotseq 0.997$$
$$P(|X-m| \leq 1.65\sigma) = P(|Z| \leq 1.65) \fallingdotseq 0.901$$
$$P(|X-m| \leq 1.96\sigma) = P(|Z| \leq 1.96) \fallingdotseq 0.950$$
$$P(|X-m| \leq 2.58\sigma) = P(|Z| \leq 2.58) \fallingdotseq 0.990$$
が成り立つ。

X が $N(m, \sigma^2)$ に従う確率変数のとき $Z = \dfrac{X-m}{\sigma}$ は $N(0, 1)$ に従う確率変数である。
$$E(Z) = 0, \quad V(Z) = 1, \quad f(x) = \dfrac{1}{\sqrt{2\pi}} e^{-\frac{x^2}{2}}$$
$N(0, 1)$ を標準正規分布という。

・二項分布と正規分布

n が十分大きいとき，$B(n, p)$ に従う確率変数 X は近似的に $N(np, np(1-p))$ に従う。

7 標本調査

・標本調査

調査の対象全体の集合（母集団）から，標本を抽出して調査する。

・標本平均

母集団から大きさ n の標本 $X_1, X_2, \cdots, X_n$ を抽出する。
$\overline{X} = \dfrac{1}{n}\sum_{i=1}^{n} X_i$ を標本平均という。$\overline{X}$ は確率変数である。

大きさ N の母集団の平均が m, 分散が σ^2 のとき
　復元抽出ならば　　$E(\overline{X}) = m, V(\overline{X}) = \dfrac{\sigma^2}{n}$
　非復元抽出ならば　$E(\overline{X}) = m$
　　　　　　　　　　$V(\overline{X}) = \dfrac{\sigma^2}{n} \cdot \dfrac{N-n}{N-1}$
N が n にくらべて十分大きいときはいずれにしても
　　$E(\overline{X}) = m,\quad V(\overline{X}) = \dfrac{\sigma^2}{n}$
とみなしてよく，n が大きいとき $\overline{X}$ の分布は近似的に正規分布 $N\left(m, \dfrac{\sigma^2}{n}\right)$ に従う。

・大数の法則
　母平均 m の母集団から大きさ n の標本を抽出するとき，$\overline{X}$ は n が大きくなれば m に近づく。

8 推定

・母平均の推定
　母平均 m，母標準偏差 σ の母集団からとった大きさ n の標本の標本平均が $\overline{X}$ のとき，母平均 m を $\overline{X}$ を用いて推定すると推定区間は
　信頼度　95%…
　　　$\left[\overline{X} - 1.96 \cdot \dfrac{\sigma}{\sqrt{n}},\ \overline{X} + 1.96 \cdot \dfrac{\sigma}{\sqrt{n}}\right]$
　信頼度　99%…
　　　$\left[\overline{X} - 2.58 \cdot \dfrac{\sigma}{\sqrt{n}},\ \overline{X} + 2.58 \cdot \dfrac{\sigma}{\sqrt{n}}\right]$
実際には σ が未知のことが多いので，σ を標本標準偏差で代用する。

・母比率の推定
　母集団がもつある性質の割合（母比率）を，大きさ n の標本に含まれる比率（標本比率；r）を用いて推定すると推定区間は
　信頼度　95%…
　　　$\left[r - 1.96\sqrt{\dfrac{r(1-r)}{n}},\ r + 1.96\sqrt{\dfrac{r(1-r)}{n}}\right]$
　信頼度　99%…
　　　$\left[r - 2.58\sqrt{\dfrac{r(1-r)}{n}},\ r + 2.58\sqrt{\dfrac{r(1-r)}{n}}\right]$

9 検定

・仮説検定
　母集団の分布に関して仮説を立て，標本から得られた観測値をもとにしてその仮説を棄却するかどうかを判定する手法を仮説検定という。

・有意水準・棄却域
　仮説を棄却する基準となる確率 α を有意水準または危険率といい，仮説を棄却する範囲を有意水準 α の棄却域という。α は 0.05 または 0.01 とすることが多い。

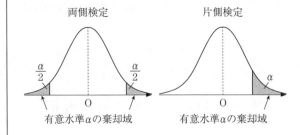

・仮説検定の手順
(1)　仮説を立てる。
　　正しいかどうかを判断したい主張を対立仮説といい，対立仮説に反する仮説を帰無仮説という。
(2)　有意水準 α を定め，棄却域を決める。
(3)　標本から得られた観測値により，仮説を棄却するかどうかを判定する。

数 学 C

VIII. ベクトル

平面上のベクトルと空間におけるベクトルは，同様に取り扱うことができる。以下では，次のようにする。

位置ベクトルを，$\mathrm{A}(\vec{a})$

点の座標，ベクトルの成分表示を

平面 …… $\mathrm{A}(a_1, a_2)$, $\vec{a} = (a_1, a_2)$

空間 …… $\mathrm{A}(a_1, a_2, a_3)$, $\vec{a} = (a_1, a_2, a_3)$

1 ベクトルの成分

・平面上のベクトル

$$|\vec{a}| = \sqrt{a_1{}^2 + a_2{}^2}$$

$$p\vec{a} + q\vec{b} = (pa_1 + qb_1, pa_2 + qb_2)$$

$$\vec{\mathrm{AB}} = (b_1 - a_1, b_2 - a_2)$$

$$\mathrm{AB} = |\vec{\mathrm{AB}}| = \sqrt{(b_1 - a_1)^2 + (b_2 - a_2)^2}$$

・空間におけるベクトル

$$|\vec{a}| = \sqrt{a_1{}^2 + a_2{}^2 + a_3{}^2}$$

$$p\vec{a} + q\vec{b} = (pa_1 + qb_1, pa_2 + qb_2, pa_3 + qb_3)$$

$$\vec{\mathrm{AB}} = (b_1 - a_1, b_2 - a_2, b_3 - a_3)$$

$$\mathrm{AB} = |\vec{\mathrm{AB}}|$$
$$= \sqrt{(b_1 - a_1)^2 + (b_2 - a_2)^2 + (b_3 - a_3)^2}$$

2 ベクトルの内積

・内積 $\vec{a} \cdot \vec{b}$

$\vec{a} \neq \vec{0}$, $\vec{b} \neq \vec{0}$ のとき

$\vec{a}$, $\vec{b}$ のなす角を

$\theta\ (0° \leqq \theta \leqq 180°)$ とすると

$$\vec{a} \cdot \vec{b} = |\vec{a}||\vec{b}|\cos\theta$$

$\vec{a} = \vec{0}$ または $\vec{b} = \vec{0}$ のとき

$$\vec{a} \cdot \vec{b} = 0$$

・内積の性質

$$\vec{a} \cdot \vec{b} = \vec{b} \cdot \vec{a}$$

$$\vec{a} \cdot (\vec{b} + \vec{c}) = \vec{a} \cdot \vec{b} + \vec{a} \cdot \vec{c}$$

$$(\vec{a} + \vec{b}) \cdot \vec{c} = \vec{a} \cdot \vec{c} + \vec{b} \cdot \vec{c}$$

$$(k\vec{a}) \cdot \vec{b} = \vec{a} \cdot (k\vec{b}) = k(\vec{a} \cdot \vec{b})$$

$$\vec{a} \cdot \vec{a} = |\vec{a}|^2,\ |\vec{a} \cdot \vec{b}| \leqq |\vec{a}||\vec{b}|$$

・内積と成分

$\vec{a}(\neq \vec{0})$, $\vec{b}(\neq \vec{0})$ のなす角を θ とする。

平面では

$$\vec{a} \cdot \vec{b} = a_1 b_1 + a_2 b_2$$

$$\cos\theta = \frac{a_1 b_1 + a_2 b_2}{\sqrt{a_1{}^2 + a_2{}^2}\sqrt{b_1{}^2 + b_2{}^2}}$$

空間では

$$\vec{a} \cdot \vec{b} = a_1 b_1 + a_2 b_2 + a_3 b_3$$

$$\cos\theta = \frac{a_1 b_1 + a_2 b_2 + a_3 b_3}{\sqrt{a_1{}^2 + a_2{}^2 + a_3{}^2}\sqrt{b_1{}^2 + b_2{}^2 + b_3{}^2}}$$

3 ベクトルの平行・垂直

・$\vec{a} /\!/ \vec{b}$ …… $\vec{b} = k\vec{a}$ （k は 0 でない実数）

平面 …… $a_1 b_2 - a_2 b_1 = 0$

・$\vec{a} \perp \vec{b}$ …… $\vec{a} \cdot \vec{b} = 0$

平面 …… $a_1 b_1 + a_2 b_2 = 0$

空間 …… $a_1 b_1 + a_2 b_2 + a_3 b_3 = 0$

4 内分点・外分点

・線分 AB を $m : n$ の比に

内分する点 …… $\dfrac{n\vec{a} + m\vec{b}}{m + n}$

外分する点 …… $\dfrac{-n\vec{a} + m\vec{b}}{m - n}$ （$m \neq n$）

・重心

△ABC の重心の位置ベクトル

$$\frac{\vec{a} + \vec{b} + \vec{c}}{3}$$

（$\vec{\mathrm{AG}} + \vec{\mathrm{BG}} + \vec{\mathrm{CG}} = \vec{0}$ が成り立つ）

5 ベクトルと図形

・1 次独立

$\vec{a} \neq \vec{0}$, $\vec{b} \neq \vec{0}$, $\vec{a} /\!\!\!/ \vec{b}$ である $\vec{a}$, $\vec{b}$ について

$\alpha\vec{a} + \beta\vec{b} = \vec{0}$ が成り立てば $\alpha = \beta = 0$

である。

このような $\vec{a}$, $\vec{b}$ を 1 次独立なベクトルという。

・O, A, B が同一直線上にないとき（$\vec{a} \neq \vec{0}$, $\vec{b} \neq \vec{0}$, $\vec{a} /\!\!\!/ \vec{b}$, すなわち $\vec{a}$, $\vec{b}$ が 1 次独立のとき），平面 OAB 上の任意のベクトル $\vec{p}$ は次の形にただ 1 通りに表される。

$$\vec{p} = \alpha\vec{a} + \beta\vec{b}$$

・O, A, B, C が同一平面上にないとき，任意のベクトル $\vec{p}$ は次の形にただ 1 通りに表される。

$$\vec{p} = \alpha\vec{a} + \beta\vec{b} + \gamma\vec{c}$$

・三角形の面積

$$\triangle \mathrm{ABC} = \frac{1}{2}\sqrt{|\vec{\mathrm{AB}}|^2|\vec{\mathrm{AC}}|^2 - (\vec{\mathrm{AB}} \cdot \vec{\mathrm{AC}})^2}$$

6 ベクトル方程式

・直線

点 A を通り，$\vec{d}$ に平行 $(\vec{AP} = t\vec{d})$
$$\vec{p} = \vec{a} + t\vec{d}$$

2 点 A，B を通る $(\vec{AP} = t\vec{AB})$
$$\vec{p} = \vec{a} + t(\vec{b} - \vec{a})$$
$$\vec{p} = (1-t)\vec{a} + t\vec{b}$$
$$\vec{p} = s\vec{a} + t\vec{b} \quad (s + t = 1)$$
$$\vec{p} = \frac{n\vec{a} + m\vec{b}}{m + n}$$

点 A を通り，$\vec{u}$ に垂直 $(\vec{u} \cdot \vec{AP} = 0)$
$$\vec{u} \cdot (\vec{p} - \vec{a}) = 0$$

・線分 AB
$$\vec{p} = (1-t)\vec{a} + t\vec{b} \quad (0 \leqq t \leqq 1)$$
$$\vec{p} = s\vec{a} + t\vec{b} \quad (s + t = 1,\ s \geqq 0, t \geqq 0)$$

・平面 ABC
$$\vec{p} = s\vec{a} + t\vec{b} + u\vec{c} \quad (s + t + u = 1)$$

・△ABC の内部
$$\vec{AP} = \alpha\vec{AB} + \beta\vec{AC} \quad (\alpha > 0, \beta > 0, \alpha + \beta < 1)$$
$$\vec{p} = l\vec{a} + m\vec{b} + n\vec{c}$$
$$(l + m + n = 1,\ l > 0, m > 0, n > 0)$$

・円（球）

中心 C，半径 r 　　$|\vec{p} - \vec{c}| = r$

直径 AB 　　$(\vec{p} - \vec{a}) \cdot (\vec{p} - \vec{b}) = 0$

7 空間座標

・直線

点 (a, b, c) を通り，ベクトル $(l, m, n), lmn \neq 0$ に平行な直線
$$x = a + tl,\ y = b + tm,\ z = c + tn$$

・平面

点 (a, b, c) を通り，座標軸に垂直な平面

　　x 軸に垂直　　$x = a$ 　　$(yz$ 平面　$x = 0)$

　　y 軸に垂直　　$y = b$ 　　$(zx$ 平面　$y = 0)$

　　z 軸に垂直　　$z = c$ 　　$(xy$ 平面　$z = 0)$

点 (a, b, c) を通り，ベクトル $(l, m, n), lmn \neq 0$ に垂直な平面
$$l(x - a) + m(y - b) + n(z - c) = 0$$

・球面

中心 (a, b, c)，半径 r の球面
$$(x - a)^2 + (y - b)^2 + (z - c)^2 = r^2$$

IX. 平面上の曲線

1 放物線

・$y^2 = 4px \quad (p \neq 0)$

　　頂点…原点 O，軸…x 軸 $(y = 0)$

　　焦点…F$(p, 0)$，準線…$l : x = -p$

　　放物線上の点を P とすると
$$PF = PH$$

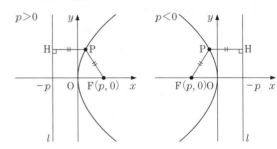

・$x^2 = 4py \quad (p \neq 0)$

　　頂点…原点 O，軸…y 軸 $(x = 0)$

　　焦点…F$(0, p)$，準線…$l : y = -p$

　　放物線上の点を P とすると
$$PF = PH$$

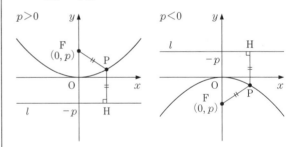

2 楕円

・$\dfrac{x^2}{a^2} + \dfrac{y^2}{b^2} = 1 \quad (a > b > 0)$

　　中心…原点 O

　　長軸の長さ…$2a$，短軸の長さ…$2b$

　　焦点…F$(c, 0)$，F$'(-c, 0)$ $(c = \sqrt{a^2 - b^2})$

　　楕円上の点を P とすると
$$PF + PF' = 2a$$

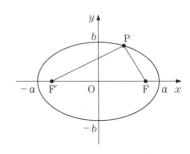

・$\dfrac{x^2}{a^2} + \dfrac{y^2}{b^2} = 1 \quad (b > a > 0)$

　　中心 … 原点 O

　　長軸の長さ … $2b$，短軸の長さ … $2a$

　　頂点 … $F(0, c)$，$F(0, -c) \quad (c = \sqrt{b^2 - a^2})$

　楕円上の点を P とすると

　　　$PF + PF' = 2b$

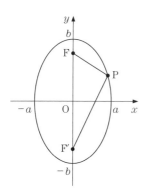

3　双曲線

・$\dfrac{x^2}{a^2} - \dfrac{y^2}{b^2} = 1 \quad (a > 0, b > 0)$

　　中心 … 原点 O，頂点 … $(a, 0)$，$(-a, 0)$

　　焦点 … $F(c, 0)$，$F'(-c, 0) \quad (c = \sqrt{a^2 + b^2})$

　　漸近線 … $y = \dfrac{b}{a}x$，$y = -\dfrac{b}{a}x$

　双曲線上の点を P とすると

　　　$|PF - PF'| = 2a$

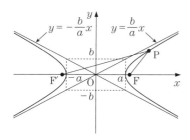

・$\dfrac{x^2}{a^2} - \dfrac{y^2}{b^2} = -1 \quad (a > 0, b > 0)$

　　中心 … 原点 O，頂点 … $(0, b)$，$(0, -b)$

　　焦点 … $F(0, c)$，$F'(0, -c) \quad (c = \sqrt{a^2 + b^2})$

　　漸近線 … $y = \dfrac{b}{a}x$，$y = -\dfrac{b}{a}x$

　双曲線上の点を P とすると

　　　$|PF - PF'| = 2b$

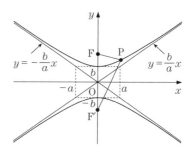

4　2次曲線の平行移動

曲線 $F(x, y) = 0$ を x 軸方向に p，y 軸方向に q だけ平行移動して得られる曲線の方程式は

　　　$F(x - p, y - q) = 0$

5　2次曲線と直線

・2次曲線と直線の共有点の座標は，それらの方程式を連立させた連立方程式の解として求められる。

・2次曲線と直線の方程式から1文字を消去して得られる2次方程式の判別式を D とすると，2次曲線と直線は

　　$D > 0$ のとき　2点で交わる

　　$D = 0$ のとき　1点で接する

　　$D < 0$ のとき　共有点をもたない

6　曲線の媒介変数表示

・放物線
$$y^2 = 4px \cdots\cdots \begin{cases} x = pt^2 \\ y = 2pt \end{cases}$$

・円
$$x^2 + y^2 = r^2 \cdots\cdots \begin{cases} x = r\cos\theta \\ y = r\sin\theta \end{cases}$$

・楕円
$$\dfrac{x^2}{a^2} + \dfrac{y^2}{b^2} = 1 \cdots\cdots \begin{cases} x = a\cos\theta \\ y = b\sin\theta \end{cases}$$

・双曲線
$$\dfrac{x^2}{a^2} - \dfrac{y^2}{b^2} = 1 \cdots\cdots \begin{cases} x = \dfrac{a}{\cos\theta} \\ y = b\tan\theta \end{cases}$$

・サイクロイド
$$\begin{cases} x = a(\theta - \sin\theta) \\ y = a(1 - \cos\theta) \end{cases}$$

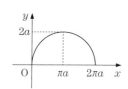

7　極座標

・極座標

　点 O を極，半直線 OX を始線とする点 P の極座標は

P(r, θ)

r を動径 OP の長さ，θ を偏角という。

・極座標と直交座標の関係

$x = r\cos\theta,\ y = r\sin\theta$

$r = \sqrt{x^2 + y^2},\ \cos\theta = \dfrac{x}{r},\ \sin\theta = \dfrac{y}{r}\quad (r \neq 0)$

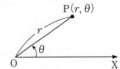
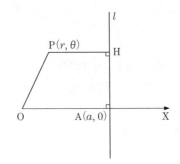

8 極方程式

・極 O を通り，始線 OX とのなす角が α の直線

$\theta = \alpha$

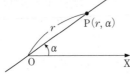

・極 O を中心とする半径 a の円

$r = a$

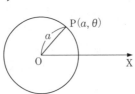

・点 A$(a,\ \alpha)$ を通り線分 OA に垂直な直線

$r\cos(\theta - \alpha) = a$

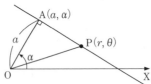

・点 A$(a,\ 0)$ を中心とし，半径 a の円

$r = 2a\cos\theta$

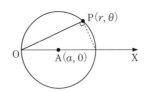

・2 次曲線

点 A$(a,\ 0)$ を通り，始線 OX に垂直な直線を l として，

$e = \dfrac{\text{OP}}{\text{PH}}$（離心率）とすると

$r = \dfrac{ae}{1 + e\cos\theta}$ ……(∗)

極方程式 (∗) が表す 2 次曲線は

$\quad 0 < e < 1$ のとき　楕円

$\quad e = 1$　　　のとき　放物線

$\quad e > 1$　　　のとき　双曲線

X. 複素数平面

1 複素数平面

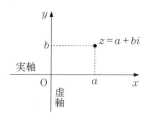

- 共役複素数

  $z = a + bi$ に対して，共役複素数 $\bar{z} = a - bi$

  $\overline{\alpha + \beta} = \bar{\alpha} + \bar{\beta}, \quad \overline{\alpha - \beta} = \bar{\alpha} - \bar{\beta}$

  $\overline{\alpha\beta} = \bar{\alpha}\bar{\beta}, \quad \overline{\left(\dfrac{\alpha}{\beta}\right)} = \dfrac{\bar{\alpha}}{\bar{\beta}}$

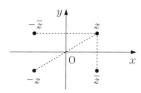

  z が実数 $\iff \bar{z} = z$

  z が純虚数 $\iff \bar{z} = -z, \ z \neq 0$

- 絶対値

  $z = a + bi$ として

  $|z| = |a + bi| = \sqrt{a^2 + b^2}$

  $|z| = |-z| = |\bar{z}|$

  $|z|^2 = z\bar{z}$

  $A(\alpha), \ B(\beta)$ として

  $AB = |\beta - \alpha|$

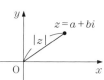

2 極形式

- $z = a + bi \ (\neq 0)$ で，r, θ を次図のようにとる。

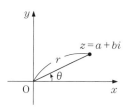

  $a = r\cos\theta, \ b = r\sin\theta$ であり

  $z = r(\cos\theta + i\sin\theta)$ …… 極形式

  $r = |z|$ …… 絶対値

  $\theta = \arg z$ …… 偏角

（一般に，$\arg z = \theta + 2n\pi$ であるが，偏角は 0 から 2π のように，ひとまわりで考えるのがふつうである）

3 四則演算

- 複素数の加法・減法

  $\gamma = \alpha + \beta$

  γ は，OA, OB を 2 辺とする平行四辺形の第 4 頂点。

  $\delta = \alpha - \beta$

  δ は，OA を対角線とし，OB を 1 辺とする平行四辺形の第 4 頂点。

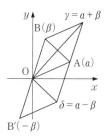

- 複素数の乗法・除法

  $z_1 = r_1(\cos\theta_1 + i\sin\theta_1), \ z_2 = r_2(\cos\theta_2 + i\sin\theta_2)$ のとき

  $z_1 z_2 = r_1 r_2 \{\cos(\theta_1 + \theta_2) + i\sin(\theta_1 + \theta_2)\}$

  $\dfrac{z_1}{z_2} = \dfrac{r_1}{r_2}\{\cos(\theta_1 - \theta_2) + i\sin(\theta_1 - \theta_2)\}$

  $|z_1 z_2| = |z_1||z_2|, \ |z^n| = |z|^n$

  $\arg(z_1 z_2) = \arg z_1 + \arg z_2$

  $\left|\dfrac{z_1}{z_2}\right| = \dfrac{|z_1|}{|z_2|}$

  $\arg\left(\dfrac{z_1}{z_2}\right) = \arg z_1 - \arg z_2, \ \arg z^n = n\arg z$

（注）偏角を考えるとき，2π の整数倍の差は無視。

4 ド・モアブルの定理

- ド・モアブルの定理

  $(\cos\theta + i\sin\theta)^n = \cos n\theta + i\sin n\theta$

- n 乗根

  1 の n 乗根は

  $\cos\left(\dfrac{2\pi}{n} \times k\right) + i\sin\left(\dfrac{2\pi}{n} \times k\right)$

  $(k = 0, 1, 2, \cdots, n-1)$

  $\alpha = r(\cos\theta + i\sin\theta)$ の n 乗根

  $\sqrt[n]{r}\left\{\cos\left(\dfrac{\theta}{n} + \dfrac{2\pi}{n} \times k\right) + i\sin\left(\dfrac{\theta}{n} + \dfrac{2\pi}{n} \times k\right)\right\}$

  $(k = 0, 1, 2, \cdots, n-1)$

(例) $z^4 = -4$ の解は, $-4 = 4(\cos\pi + i\sin\pi)$ より
$$\sqrt{2}\left\{\cos\left(\frac{\pi}{4} + \frac{\pi}{2} \times k\right) + i\sin\left(\frac{\pi}{4} + \frac{\pi}{2} \times k\right)\right\}$$
$$(k = 0, 1, 2, 3)$$
であり, 実際に計算すると, 次のようになる.
$$1 + i,\ -1 + i,\ -1 - i,\ 1 - i$$

5 複素数と図形

$A(\alpha)$, $B(\beta)$, $C(\gamma)$, $D(\delta)$ とする.

・内分点・外分点

　線分 AB を $m : n$ の比に

　　内分する点 …… $\dfrac{n\alpha + m\beta}{m + n}$

　　外分する点 …… $\dfrac{-n\alpha + m\beta}{m - n}$

　　△ABC の重心 …… $\dfrac{\alpha + \beta + \gamma}{3}$

・円

　中心 A, 半径 r の円の方程式 …… $|z - \alpha| = r$

・線分 AB の垂直二等分線

　　$|z - \alpha| = |z - \beta|$

・アポロニウスの円

　2 点 A, B からの距離の比が $m : n (m \neq n)$ である点の軌跡は

　　線分 AB を $m : n$ に内分する点と外分する点を直径の両端とする円

・直線の平行・垂直

　　$\angle BAC = \arg\dfrac{\gamma - \alpha}{\beta - \alpha}$

　　AB//CD である条件は $\dfrac{\delta - \gamma}{\beta - \alpha}$ が実数

　　A, B, C が一直線上にある条件は

　　　　$\dfrac{\gamma - \alpha}{\beta - \alpha}$ が実数

　　AB⊥CD である条件は $\dfrac{\delta - \gamma}{\beta - \alpha}$ が純虚数

　　AB⊥AC である条件は $\dfrac{\gamma - \alpha}{\beta - \alpha}$ が純虚数

・回転

　$A(\alpha)$ を O のまわりに θ 回転した点を $B(\beta)$ とすると

　　$\beta = (\cos\theta + i\sin\theta)\alpha$

　$A(\alpha)$ を $C(\gamma)$ のまわりに θ 回転した点を $B(\beta)$ とすると

$\beta = \gamma + (\cos\theta + i\sin\theta)(\alpha - \gamma)$

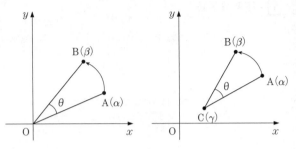

(注) 数学 II の図形と方程式, 数学 C のベクトルとの関連も確かめよう.

第 1 回
実 戦 問 題

解答・解説

数学 II・B・C　第1回　(100点満点)

(解答・配点)

問題番号(配点)	解答記号(配点)		正解	自己採点欄	問題番号(配点)	解答記号(配点)		正解	自己採点欄
第1問 (15)	ア	(1)	③		第3問 (22)	ア	(1)	1	
	イ	(1)	①			イ, ウ	(1)	2, 1	
	ウ	(2)	⓪			エ, $\dfrac{オ}{カ}$	(2)	-, $\dfrac{8}{3}$	
	エ	(1)	④			キ	(1)	1	
	オ	(2)	⑥			ク	(3)	①	
	カ	(1)	8			$\dfrac{ケ}{コ}$	(3)	$\dfrac{4}{3}$	
	$\dfrac{キ}{ク}$	(1)	$\dfrac{1}{8}$			サ	(1)	0	
	ケ	(2)	①			シ	(2)	⑦	
	コ	(2)	④			ス	(2)	⑦	
	サ	(2)	⑥			$\dfrac{セソ}{タ}, \dfrac{チ}{ツ}$	(3)	$\dfrac{-1}{6}, \dfrac{1}{2}$	
小　計						テ	(3)	①	
第2問 (15)	ア, イ	(2)	①, ⓪		小　計				
	ウ, エ	(2)	4, 2		第4問 (16)	ア	(1)	①	
	$\dfrac{オ}{カ}$	(2)	$\dfrac{1}{2}$			イ	(1)	④	
	キ, ク	(3)	1, 2			ウ	(1)	4	
	ケ, コ	(2)	⓪, ④			エ, オ	(2)	4, 4	
	サ	(2)	①			カ, キ	(2)	2, 2	
	シ	(2)	①			ク, ケ, コ	(1)	2, ⓪, ①	
小　計						サ, シ, ス	(3)	⓪, 2, ①	
						セ, ソ	(2)	①, ⓪	
						タ, チ, ツ	(3)	6, ③, ⓪	
					小　計				

— 数 IIBC 18 —

問題番号(配点)	解答記号(配点)		正解	自己採点欄
第5問 (16)	アイ	(1)	64	
	ウエ.オカ	(2)	10.24	
	キ.クケ	(2)	1.92	
	コ	(2)	③	
	サシ	(2)	50	
	ス	(2)	③	
	セ	(2)	③	
	ソタ	(3)	96	
小　計				
第6問 (16)	ア	(1)	3	
	$\sqrt{イ}$	(1)	$\sqrt{6}$	
	ウ	(1)	6	
	$\dfrac{エ\sqrt{オ}}{カ}$	(2)	$\dfrac{3\sqrt{2}}{2}$	
	$\dfrac{キク}{ケ}$, コ	(2)	$\dfrac{-1}{3}$, 1	
	$\sqrt{サ}$	(1)	$\sqrt{3}$	
	$\dfrac{シス}{セ}$	(1)	$\dfrac{-1}{3}$	
	ソ	(1)	④	
	$タ\sqrt{チ}$	(2)	$2\sqrt{2}$	
	$\dfrac{ツテ}{ト}$, $\dfrac{ナ}{ニ}$	(2)	$\dfrac{-4}{3}$, $\dfrac{8}{3}$	
	$ヌ\sqrt{ネ}$	(1)	$3\sqrt{2}$	
	ノ	(1)	4	
小　計				

問題番号(配点)	解答記号(配点)		正解	自己採点欄
第7問 (16)	ア	(2)	④	
	イ	(2)	③	
	$\dfrac{ウ+\sqrt{エ}\,i}{オ}$	(1)	$\dfrac{1+\sqrt{3}\,i}{2}$	
	カキ	(2)	-1	
	ク	(2)	1	
	ケ	(2)	5	
	$\sqrt{コ}$	(2)	$\sqrt{3}$	
	サ	(1)	②	
	シ	(2)	6	
小　計				
合　計				

(注)　第1問，第2問，第3問は必答。第4問～第7問のうちから3問選択。計6問を解答。

解 説

第1問　(数学Ⅱ　三角関数)
Ⅲ ② ③ ④　　　【難易度…★★】

$$f(x)=\sin\left(x+\frac{3}{8}\pi\right)$$

(1)　$f(\pi)=\sin\left(\pi+\frac{3}{8}\pi\right)$

$\qquad =\sin\left(\frac{\pi}{2}+\frac{7}{8}\pi\right)=\cos\frac{7}{8}\pi$　(③)

$f(0)=\sin\frac{3}{8}\pi$

$f\left(\frac{\pi}{4}\right)=\sin\left(\frac{\pi}{4}+\frac{3}{8}\pi\right)$

$\qquad =\sin\frac{5}{8}\pi$

$\qquad =\sin\left(\pi-\frac{3}{8}\pi\right)=\sin\frac{3}{8}\pi$

よって　$f\left(\frac{\pi}{4}\right)=f(0)$　(⓪)

(2)　関数 $y=f(x)$ の周期は 2π であり，$y=\sin x$ のグラフを x 軸の負の方向に $\frac{3}{8}\pi$ だけ平行移動すると $y=f(x)$ のグラフに重なるので，$y=f(x)$ のグラフの概形は　⓪

(3)　$0\leqq x\leqq\frac{\pi}{2}$ のとき，$\frac{3}{8}\pi\leqq x+\frac{3}{8}\pi\leqq\frac{7}{8}\pi$ であるから，

$y=f(x)$ は $x+\frac{3}{8}\pi=\frac{\pi}{2}$　つまり　$x=\frac{\pi}{8}$ のとき

$\qquad$最大値　1　(④)

$x+\frac{3}{8}\pi=\frac{7}{8}\pi$　つまり　$x=\frac{\pi}{2}$ のとき

$\qquad$最小値　$\sin\frac{7}{8}\pi=\sin\frac{\pi}{8}$　(⑥)

をとる。

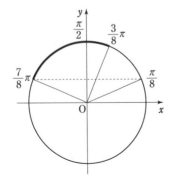

(4)　$\sin\alpha=\frac{\sqrt{7}}{4}$ のとき，2倍角の公式により

$$\cos2\alpha=1-2\sin^2\alpha=1-2\left(\frac{\sqrt{7}}{4}\right)^2=\frac{1}{8}$$

$0<\frac{1}{8}<\frac{\sqrt{2}}{2}$ より

$$\cos\frac{\pi}{2}<\cos2\alpha<\cos\frac{\pi}{4}$$

であり，$y=\cos\theta$ は $0<\theta<\pi$ で減少するので

$$\frac{\pi}{2}>2\alpha>\frac{\pi}{4}$$

よって　$\frac{\pi}{8}<\alpha<\frac{\pi}{4}$　(⓪)

$0\leqq x\leqq\alpha$ のとき，$\frac{3}{8}\pi\leqq x+\frac{3}{8}\pi\leqq\alpha+\frac{3}{8}\pi$ であり，$\frac{\pi}{2}<\alpha+\frac{3}{8}\pi<\frac{5}{8}\pi$ であることから，$y=f(x)$ は

$x+\frac{3}{8}\pi=\frac{\pi}{2}$　つまり　$x=\frac{\pi}{8}$ のとき

$\qquad$最大値　1　(④)

$x+\frac{3}{8}\pi=\frac{3}{8}\pi$　つまり　$x=0$ のとき

$\qquad$最小値　$\sin\frac{3}{8}\pi$　(⑥)

をとる。

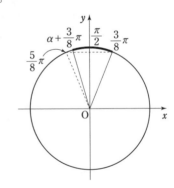

第2問　(数学Ⅱ　指数関数・対数関数)
Ⅳ ① ③ ④　　　【難易度…★】

(1)　$C:y=a^{x+2}-4$

$a^0=1$ であるから，$x=-2$ のとき $y=-3$ であり，C は a の値にかかわらず点 $(-2,-3)$ を通る(⓪, ⓪)。

$y=0$ のとき

$\qquad a^{x+2}=4$

$\qquad x+2=\log_a4$

$\qquad x=\log_a4-2$

ゆえに
$$s=\log_a 4-2$$
$s=-4$ のとき
$$-4=\log_a 4-2$$
$$\log_a 4=-2$$
$$a^{-2}=4$$
$a>0$ より
$$a=\frac{1}{2}$$
$s>0$ のとき
$$\log_a 4-2>0$$
$$\log_a 4>2$$
であり
$a>1$ ならば，$4>a^2$ より $1<a<2$
$0<a<1$ ならば，$4<a^2$ より $0<a<1$ を満たさない
ゆえに，a の値の範囲は
$$1<a<2$$

(2)
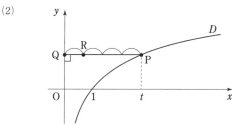

$D: y=\log_2 x \quad (x>0)$

P，Q の座標は
$$P(t, \log_2 t), \quad Q(0, \log_2 t) \quad (t>0)$$
であるから，R の座標は
$$R\left(\frac{t}{4}, \log_2 t\right) \quad (⓪，④)$$
$x=\dfrac{t}{4}, \ y=\log_2 t$ とおき，t を消去すると
$$y=\log_2 4x$$
$$=\log_2 4+\log_2 x$$
$$=\log_2 x+2 \quad (x>0)$$
P が D 上を動くとき，R の軌跡の方程式は $y=\log_2 x+2$ (⓪) であり，これは $y=\log_2 x$ のグラフを y 軸方向に 2 (⓪) だけ平行移動したものである．

第3問 （数学Ⅱ　微分，積分の考え）
Ⅴ ①②③⑤⑥　　【難易度…★★】

$f(x)=\dfrac{1}{3}x^3-(a+1)x^2+(2a+1)x$ より
$$f'(x)=x^2-2(a+1)x+2a+1$$
$$=(x-1)(x-2a-1)$$
である．

(1) $a=1$ のとき
$$f(x)=\frac{1}{3}x^3-2x^2+3x$$
$$f'(x)=(x-1)(x-3)$$
であるから，$f(x)$ の増減は下の表のようになる．

x	$\cdots$	1	$\cdots$	3	$\cdots$
$f'(x)$	$+$	0	$-$	0	$+$
$f(x)$	↗	$\dfrac{4}{3}$	↘	0	↗

$f(2)=\dfrac{2}{3}$，$f'(2)=-1$ であるから，点 $(2, f(2))$ における接線の方程式は
$$y=-(x-2)+\frac{2}{3}, \quad \text{すなわち}\quad y=-x+\frac{8}{3}$$
である．

$g(x)=-x+\dfrac{8}{3}$ とし，$f(x)=g(x)$ を解くと
$$\frac{1}{3}x^3-2x^2+3x=-x+\frac{8}{3}$$
$$\frac{1}{3}x^3-2x^2+4x-\frac{8}{3}=0$$
$$x^3-6x^2+12x-8=0$$
$$(x-2)^3=0$$
$$x=2$$
であるから，$f(x)=g(x)$ を満たす実数 x の値は **1** 個である．したがって，直線 $y=g(x)$ の傾きが負であることに注意すると，$y=f(x)$ のグラフと $y=g(x)$ のグラフの概形は⓪である．
曲線 $y=f(x)$，直線 $y=g(x)$，および y 軸で囲まれた図形の面積は，次の図の斜線部分の面積であるから

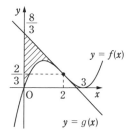

$$\int_0^2 \{g(x)-f(x)\}dx$$
$$=\int_0^2 \left(-\frac{1}{3}x^3+2x^2-4x+\frac{8}{3}\right)dx$$
$$=-\frac{1}{3}\int_0^2(x^3-6x^2+12x-8)dx$$
$$=-\frac{1}{3}\left[\frac{1}{4}x^4-2x^3+6x^2-8x\right]_0^2$$
$$=\frac{4}{3}$$

である。

（注）$\int(x-p)^n dx=\frac{1}{n+1}(x-p)^{n+1}+C$
 （n は正の整数，C は積分定数）

を用いると
$$\int_0^2\{g(x)-f(x)\}dx$$
$$=-\frac{1}{3}\int_0^2(x-2)^3 dx$$
$$=-\frac{1}{3}\left[\frac{1}{4}(x-2)^4\right]_0^2$$
$$=\frac{1}{3}\cdot\frac{(-2)^4}{4}$$
$$=\frac{4}{3}$$

である。

(2)(i) $f'(x)=(x-1)(x-2a-1)$ であるから
$$2a+1=1 \quad \text{すなわち} \quad a=\mathbf{0}$$

のとき，$f'(x)=(x-1)^2$ となり，$f(x)$ は極値をもたない。

$a<0$ のとき，$2a+1<1$ であるから $f(x)$ の増減は下の表のようになる。

x	$\cdots$	$2a+1$	$\cdots$	1	$\cdots$
$f'(x)$	$+$	0	$-$	0	$+$
$f(x)$	$\nearrow$	極大	$\searrow$	極小	$\nearrow$

よって，$f(x)$ は
$$x=2a+1 \quad (\mathbf{⑦})$$

で極大となり，極大値は
$$f(2a+1)=\frac{1}{3}(2a+1)^3-(a+1)(2a+1)^2$$
$$\qquad\qquad\qquad\qquad +(2a+1)^2$$
$$=\frac{1}{3}(2a+1)^2\{(2a+1)-3(a+1)+3\}$$
$$=\frac{1}{3}(2a+1)^2(-a+1)$$

$$=-\frac{(2a+1)^2(a-1)}{3} \quad (\mathbf{⑦})$$

である。

(ii) $a<0$ のとき，(i)より
$$X=2a+1, \quad Y=-\frac{(2a+1)^2(a-1)}{3}$$

であるから，$a=\frac{X-1}{2}$ に注意すると，$X<1$ かつ
$$Y=-\frac{X^2\left(\frac{X-1}{2}-1\right)}{3}$$
$$=-\frac{X^2(X-3)}{6}$$
$$=-\frac{1}{6}X^3+\frac{1}{2}X^2$$

である。

$a>0$ のとき，$2a+1>1$ であるから $f(x)$ の増減は下の表のようになる。

x	$\cdots$	1	$\cdots$	$2a+1$	$\cdots$
$f'(x)$	$+$	0	$-$	0	$+$
$f(x)$	$\nearrow$	極大	$\searrow$	極小	$\nearrow$

よって，$f(x)$ は
$$x=1$$

で極大となり，極大値は
$$f(1)=a+\frac{1}{3}$$

である。よって
$$X=1, \quad Y=a+\frac{1}{3}$$

である。$a>0$ より
$$Y>\frac{1}{3}$$

である。したがって，点 (X, Y) が座標平面上で描く図形の概形は右の図のようになる（**⓪**）。

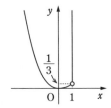

（注）$Y=-\frac{1}{6}X^3+\frac{1}{2}X^2 \ (X<1)$ について
$$Y'=-\frac{1}{2}X^2+X=-\frac{1}{2}X(X-2)$$

であるから，$X<1$ における Y の増減は下の表のようになる。

X	$\cdots$	0	$\cdots$	(1)
Y'	$-$	0	$+$	
Y	$\searrow$	0	$\nearrow$	$\left(\frac{1}{3}\right)$

第4問 （数学B　数列）

Ⅵ $\boxed{1}\boxed{2}\boxed{3}\boxed{4}\boxed{5}$　　　　　【難易度…★★】

初項 8，公差 4 の等差数列の一般項は

$$8+(n-1)\cdot4=4n+4 \quad (\textcircled{\scriptsize 0})$$

初項 1，公比 2 の等比数列の一般項は

$$1\cdot2^{n-1}=2^{n-1} \quad (\textcircled{\scriptsize 4})$$

(1)　与式より

$$a_{n+1}=a_n-(4n+4)a_na_{n+1} \qquad \cdots\cdots\text{①}$$

①の両辺を a_na_{n+1} で割ると

$$\frac{1}{a_n}=\frac{1}{a_{n+1}}-(4n+4)$$

$$\frac{1}{a_{n+1}}=\frac{1}{a_n}+4n+4$$

$b_n=\dfrac{1}{a_n}$ とおくと，$b_1=\dfrac{1}{a_1}=\mathbf{4}$ であり

$$b_{n+1}=b_n+4n+4$$

数列 $\{b_n\}$ の階差数列が $\{4n+4\}$ であるから，$n\geqq2$ のとき

$$b_n=b_1+\sum_{k=1}^{n-1}(4k+4)$$

$$=4+4\cdot\frac{1}{2}(n-1)n+4(n-1)$$

$$=\mathbf{2n^2+2n}$$

これは $n=1$ のときも成り立つ。

よって

$$a_n=\frac{1}{b_n}=\frac{1}{2n^2+2n}$$

このとき

$$a_n=\frac{1}{2n(n+1)}=\frac{1}{\mathbf{2}}\left(\frac{1}{n}-\frac{1}{n+1}\right) \quad (\textcircled{\scriptsize 0},\ \textcircled{\scriptsize 0})$$

と変形できるので

$$\sum_{k=1}^{n}a_k=\frac{1}{2}\sum_{k=1}^{n}\left(\frac{1}{k}-\frac{1}{k+1}\right)$$

$$=\frac{1}{2}\left\{\left(\frac{1}{1}-\frac{1}{2}\right)+\left(\frac{1}{2}-\frac{1}{3}\right)+\cdots\cdots\right.$$

$$\left.+\left(\frac{1}{n}-\frac{1}{n+1}\right)\right\}$$

$$=\frac{1}{2}\left(\frac{1}{1}-\frac{1}{n+1}\right)$$

$$=\frac{n}{\mathbf{2}(n+1)} \quad (\textcircled{\scriptsize 0},\ \textcircled{\scriptsize 0})$$

(2)　与式より

$$(n+1)c_{n+1}=(n+2)c_n-2^{n-1}c_nc_{n+1} \qquad \cdots\cdots\text{②}$$

②の両辺を c_nc_{n+1} で割ると

$$\frac{n+1}{c_n}=\frac{n+2}{c_{n+1}}-2^{n-1}$$

$$\frac{n+2}{c_{n+1}}=\frac{n+1}{c_n}+2^{n-1}$$

$d_n=\dfrac{n+1}{c_n}$ とおくと，$d_1=\dfrac{2}{c_1}=1$ であり

$$d_{n+1}=d_n+2^{n-1}$$

数列 $\{d_n\}$ の階差数列が $\{2^{n-1}\}$ であるから，$n\geqq2$ のとき

$$d_n=d_1+\sum_{k=1}^{n-1}2^{k-1}$$

$$=1+\frac{2^{n-1}-1}{2-1}$$

$$=2^{n-1}$$

これは $n=1$ のときも成り立つ。

よって

$$c_n=\frac{n+1}{d_n}=\frac{n+1}{2^{n-1}} \quad (\textcircled{\scriptsize 0},\ \textcircled{\scriptsize 0})$$

$S_n=\displaystyle\sum_{k=1}^{n}c_k=\sum_{k=1}^{n}\frac{k+1}{2^{k-1}}$ とおくと

$$S_n=\frac{2}{1}+\frac{3}{2}+\frac{4}{2^2}+\cdots\cdots+\frac{n+1}{2^{n-1}}$$

$$\frac{1}{2}S_n=\qquad\ \frac{2}{2}+\frac{3}{2^2}+\cdots\cdots+\frac{n}{2^{n-1}}+\frac{n+1}{2^n}$$

辺々引くと

$$\frac{1}{2}S_n=2+\frac{1}{2}+\frac{1}{2^2}+\cdots\cdots+\frac{1}{2^{n-1}}-\frac{n+1}{2^n}$$

$$=2+\frac{1}{2}\cdot\frac{1-\left(\frac{1}{2}\right)^{n-1}}{1-\frac{1}{2}}-\frac{n+1}{2^n}$$

$$=3-\frac{n+3}{2^n}$$

よって

$$S_n=2\left(3-\frac{n+3}{2^n}\right)=\mathbf{6}-\frac{n+3}{2^{n-1}} \quad (\textcircled{\scriptsize 3},\ \textcircled{\scriptsize 0})$$

第5問 （数学B　統計的な推測）

Ⅶ $\boxed{3}\boxed{5}\boxed{6}\boxed{7}\boxed{8}$　　　　　【難易度…★★】

(1)　Q 高校の 3 年生のうち，休日の勉強時間が 3 時間未満である 3 年生の割合は

$$48+16=\mathbf{64}(\%)$$

である。

X は二項分布 $B(16,\ 0.64)$ に従うから，X の期待値は

$$16\times0.64=\mathbf{10.24}$$

であり，X の標準偏差は

$$\sqrt{16\times0.64\times(1-0.64)}=\sqrt{\frac{4^2\times8^2\times6^2}{100^2}}$$

$$=\frac{4\times8\times6}{100}$$

— 数 ⅡBC 23 —

$$=1.92$$

である。

したがって，$Z=\dfrac{X-10.24}{1.92}$ が近似的に標準正規分布に従うと考えると

$$\begin{aligned}
P(X\leqq 6)&=P\left(Z\leqq\frac{6-10.24}{1.92}\right)\\
&\fallingdotseq P(Z\leqq -2.21)\\
&=0.5-0.4864\\
&=0.0136\\
&=1.36(\%)\quad\text{③}
\end{aligned}$$

と求められる。

(2) Q高校の3年生全体を1としたとき，大学への進学予定と勉強時間について，問題中の表と**花子さんの仮定**(i)より次のようにまとめることができる。

勉強時間	3時間未満	3時間以上	計
大学に進学する予定である	a		0.6
大学に進学する予定でない	b		0.4
計	0.64	0.36	1

花子さんの仮定(ii)より，大学に進学する予定でなく，かつ勉強時間が3時間未満である3年生の割合は

$$\begin{aligned}
b&=0.4\times(0.50+0.35)\\
&=0.34
\end{aligned}$$

であり，大学に進学する予定で，かつ勉強時間が3時間未満である3年生の割合は

$$\begin{aligned}
a&=0.64-b\\
&=0.3
\end{aligned}$$

である。

よって，大学に進学する予定であるQ高校の3年生から無作為に1人を選ぶとき，休日の勉強時間が3時間未満である確率は

$$\frac{0.3}{0.6}=0.5=\textbf{50}(\%)$$

である。

このとき，大学に進学する予定であるQ高校の3年生から無作為に16人を抽出したとき，休日の勉強時間が3時間未満の人の人数を表す確率変数を Y とすると，Y は二項分布 $B(16,\ 0.5)$ に従うから，Y の期待値は

$$16\times0.5=8$$

であり，Y の標準偏差は

$$\sqrt{16\times0.5\times(1-0.5)}=2$$

である。

したがって，$W=\dfrac{Y-8}{2}$ が近似的に標準正規分布に従うと考えると

$$\begin{aligned}
P(Y\leqq 6)&=P(W\leqq -1)\\
&=0.5-0.3413\\
&=0.1587\\
&=15.87(\%)\quad\text{③}
\end{aligned}$$

と求められる。

(3) 標本平均は，期待値 m，標準偏差 $\dfrac{2.5}{\sqrt{n}}$ の正規分布に近似的に従う（③）。

よって，休日の勉強時間の標本平均を $\bar{t}$ とすると，m に対する信頼度95%の信頼区間は

$$\bar{t}-1.96\times\frac{2.5}{\sqrt{n}}\leqq m\leqq\bar{t}+1.96\times\frac{2.5}{\sqrt{n}}$$

である。したがって，信頼区間の幅 L が1となるような条件は

$$2\times1.96\times\frac{2.5}{\sqrt{n}}=1$$

すなわち

$$\sqrt{n}=1.96\times5$$

より

$$\begin{aligned}
n&=(1.96\times5)^2\\
&=1.96^2\times5^2\\
&=3.84\times25\\
&=\textbf{96}
\end{aligned}$$

である。

第6問（数学C　ベクトル）

Ⅷ $\boxed{1}\boxed{2}\boxed{3}\boxed{5}\boxed{6}$　　　　【難易度…★★】

$$\begin{aligned}
\overrightarrow{AB}&=\overrightarrow{OB}-\overrightarrow{OA}\\
&=(3,\ 1,\ 5)-(4,\ 3,\ 3)\\
&=(-1,\ -2,\ 2)\\
\overrightarrow{AC}&=\overrightarrow{OC}-\overrightarrow{OA}\\
&=(2,\ 2,\ 4)-(4,\ 3,\ 3)\\
&=(-2,\ -1,\ 1)
\end{aligned}$$

(1)
$$\begin{aligned}
|\overrightarrow{AB}|&=\sqrt{(-1)^2+(-2)^2+2^2}=\textbf{3}\\
|\overrightarrow{AC}|&=\sqrt{(-2)^2+(-1)^2+1^2}=\sqrt{\textbf{6}}
\end{aligned}$$

であり

$$\begin{aligned}
\overrightarrow{AB}\cdot\overrightarrow{AC}&=(-1)\cdot(-2)+(-2)\cdot(-1)+2\cdot1\\
&=\textbf{6}
\end{aligned}$$

である。また，△ABCの面積を S とおくと

— 数ⅡBC 24 —

$$S=\frac{1}{2}\sqrt{|\overrightarrow{AB}|^2|\overrightarrow{AC}|^2-(\overrightarrow{AB}\cdot\overrightarrow{AC})^2}$$
$$=\frac{1}{2}\sqrt{3^2\cdot(\sqrt{6})^2-6^2}$$
$$=\boldsymbol{\frac{3\sqrt{2}}{2}}$$

である。

(2) $\overrightarrow{AB}\cdot\overrightarrow{AD}=3,\ \overrightarrow{AC}\cdot\overrightarrow{AD}=4$ ……①

①に
$$\overrightarrow{AD}=p\overrightarrow{AB}+q\overrightarrow{AC} \qquad ……②$$
を代入すると
$$\begin{cases}\overrightarrow{AB}\cdot(p\overrightarrow{AB}+q\overrightarrow{AC})=3 & ……③\\ \overrightarrow{AC}\cdot(p\overrightarrow{AB}+q\overrightarrow{AC})=4 & ……④\end{cases}$$
である。③より
$$p|\overrightarrow{AB}|^2+q\overrightarrow{AB}\cdot\overrightarrow{AC}=3$$
$$\therefore\ 9p+6q=3 \qquad ……③'$$
であり，④より
$$p\overrightarrow{AB}\cdot\overrightarrow{AC}+q|\overrightarrow{AC}|^2=4$$
$$\therefore\ 6p+6q=4 \qquad ……④'$$
である。③'，④'より
$$p=-\frac{1}{3},\ q=1$$
である。したがって，②より
$$\overrightarrow{AD}=-\frac{1}{3}\overrightarrow{AB}+\overrightarrow{AC} \qquad ……②'$$
$$=-\frac{1}{3}(-1,\ -2,\ 2)+(-2,\ -1,\ 1)$$
$$=\left(-\frac{5}{3},\ -\frac{1}{3},\ \frac{1}{3}\right)$$
であり
$$|\overrightarrow{AD}|=\sqrt{\left(-\frac{5}{3}\right)^2+\left(-\frac{1}{3}\right)^2+\left(\frac{1}{3}\right)^2}=\sqrt{3}$$
である。

(注) $|\overrightarrow{AD}|^2=\left|-\frac{1}{3}\overrightarrow{AB}+\overrightarrow{AC}\right|^2$
$$=\frac{1}{9}|\overrightarrow{AB}|^2-\frac{2}{3}\overrightarrow{AB}\cdot\overrightarrow{AC}+|\overrightarrow{AC}|^2$$
$$=\frac{1}{9}\cdot 3^2-\frac{2}{3}\cdot 6+(\sqrt{6})^2$$
$$=3$$
よって
$$|\overrightarrow{AD}|=\sqrt{3}$$
である。

(3) ②'より
$$\overrightarrow{CD}=\overrightarrow{AD}-\overrightarrow{AC}=-\frac{1}{3}\overrightarrow{AB} \qquad ……⑤$$
であるから，四角形 ABCD は平行四辺形ではないが，台形である(**④**)。

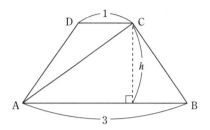

また
$$|\overrightarrow{CD}|=\frac{1}{3}|\overrightarrow{AB}|=1$$
辺 AB を底辺とする三角形 ABC の高さを h とおくと，$S=\frac{1}{2}|\overrightarrow{AB}|h$ より
$$\frac{3\sqrt{2}}{2}=\frac{1}{2}\cdot 3h \quad\therefore\ h=\sqrt{2}$$
であるから，四角形 ABCD の面積を T とすると
$$T=\frac{1}{2}(AB+CD)\cdot h$$
$$=\frac{1}{2}(3+1)\cdot\sqrt{2}$$
$$=\boldsymbol{2\sqrt{2}}$$
である。

(注) ⑤より
$$T=\triangle ABC+\triangle ACD$$
$$=S+\frac{1}{3}S$$
$$=\frac{4}{3}S$$
$$=\frac{4}{3}\cdot\frac{3\sqrt{2}}{2}$$
$$=2\sqrt{2}$$
である。

(4) $\overrightarrow{AH}=r\overrightarrow{AB}+s\overrightarrow{AC}$ より
$$\overrightarrow{OH}-\overrightarrow{OA}=r\overrightarrow{AB}+s\overrightarrow{AC}$$
$$\overrightarrow{OH}=\overrightarrow{OA}+r\overrightarrow{AB}+s\overrightarrow{AC}$$
$\overrightarrow{OH}\perp\overrightarrow{AB},\ \overrightarrow{OH}\perp\overrightarrow{AC}$ より $\overrightarrow{OH}\cdot\overrightarrow{AB}=0,\ \overrightarrow{OH}\cdot\overrightarrow{AC}=0$
であるから
$$\begin{cases}(\overrightarrow{OA}+r\overrightarrow{AB}+s\overrightarrow{AC})\cdot\overrightarrow{AB}=0 & ……⑥\\ (\overrightarrow{OA}+r\overrightarrow{AB}+s\overrightarrow{AC})\cdot\overrightarrow{AC}=0 & ……⑦\end{cases}$$

である。
ここで，$\vec{OA}=(4, 3, 3)$ より
$$\vec{OA}\cdot\vec{AB}=4\cdot(-1)+3\cdot(-2)+3\cdot 2$$
$$=-4$$
$$\vec{OA}\cdot\vec{AC}=4\cdot(-2)+3\cdot(-1)+3\cdot 1$$
$$=-8$$
である。⑥より
$$\vec{OA}\cdot\vec{AB}+r|\vec{AB}|^2+s\vec{AB}\cdot\vec{AC}=0$$
$$\therefore \quad -4+9r+6s=0 \quad \cdots\cdots ⑥'$$
であり，⑦より
$$\vec{OA}\cdot\vec{AC}+r\vec{AB}\cdot\vec{AC}+s|\vec{AC}|^2=0$$
$$\therefore \quad -8+6r+6s=0 \quad \cdots\cdots ⑦'$$
である。
⑥'，⑦'より
$$r=-\frac{4}{3}, \quad s=\frac{8}{3}$$
である。よって
$$\vec{AH}=-\frac{4}{3}\vec{AB}+\frac{8}{3}\vec{AC}$$
$$=-\frac{4}{3}(-1, -2, 2)+\frac{8}{3}(-2, -1, 1)$$
$$=(-4, 0, 0)$$
$$\vec{OH}=\vec{OA}+\vec{AH}$$
$$=(4, 3, 3)+(-4, 0, 0)$$
$$=(0, 3, 3)$$
であり
$$|\vec{OH}|=\sqrt{0^2+3^2+3^2}=\mathbf{3\sqrt{2}}$$
が得られる。したがって
$$V=\frac{1}{3}T\cdot|\vec{OH}|$$
$$=\frac{1}{3}\cdot 2\sqrt{2}\cdot 3\sqrt{2}=\mathbf{4}$$
である。

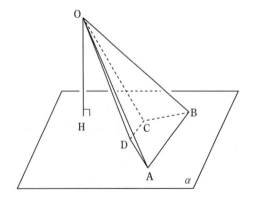

第7問
〔1〕（数学C 平面上の曲線）
IX ② 【難易度…★】
楕円上の任意の点について，2つの焦点からの距離の和は楕円の長軸の長さと等しいので，糸の長さは10 cmにすればよい（④）。
長軸の長さを $2a$，短軸の長さを $2b$ とすると2つの焦点間の距離は $2\sqrt{a^2-b^2}$ であるから，$2a=10, 2b=6$ のとき $a=5, b=3$ であり
$$2\sqrt{a^2-b^2}=2\sqrt{5^2-3^2}=8$$
である。したがって，糸の両端は 8 cm 離した位置に固定すればよい（③）。

〔2〕（数学C 複素数平面）
X ①②③④⑤ 【難易度…★】
$z_0=1$ であり，点 z_1, z_2, z_3, z_4, z_5 は原点Oのまわりに点 z_0 をそれぞれ $\frac{\pi}{3}, \frac{2}{3}\pi, \pi, \frac{4}{3}\pi, \frac{5}{3}\pi$ 回転して得られるから
$$z_1=\cos\frac{\pi}{3}+i\sin\frac{\pi}{3}$$
$$z_2=\cos\frac{2}{3}\pi+i\sin\frac{2}{3}\pi$$
$$z_3=\cos\pi+i\sin\pi$$
$$z_4=\cos\frac{4}{3}\pi+i\sin\frac{4}{3}\pi$$
$$z_5=\cos\frac{5}{3}\pi+i\sin\frac{5}{3}\pi$$
よって
$$\alpha=\cos\frac{\pi}{3}+i\sin\frac{\pi}{3}$$
とおくと，ド・モアブルの定理より
$$\alpha^k=\cos\frac{k\pi}{3}+i\sin\frac{k\pi}{3} \quad (k \text{ は整数})$$
であるから
$$z_1=\alpha, \ z_2=\alpha^2, \ z_3=\alpha^3, \ z_4=\alpha^4, \ z_5=\alpha^5$$
また
$$\alpha^6=\cos 2\pi+i\sin 2\pi=1$$
である。

(1) $$z_1=\alpha=\frac{\mathbf{1+\sqrt{3}\,i}}{\mathbf{2}}$$
$$z_1^3=\alpha^3=\cos\pi+i\sin\pi=\mathbf{-1}$$
$$z_2 z_5=\alpha^2\cdot\alpha^5=\alpha^7=\alpha^6\cdot\alpha=\alpha=z_1$$
$$\frac{z_2}{z_3}=\frac{\alpha^2}{\alpha^3}=\frac{1}{\alpha}=\frac{\alpha^6}{\alpha}=\alpha^5=z_5$$

(2)　$z_2 = -\dfrac{1}{2} + \dfrac{\sqrt{3}}{2}i$, $z_3 = -1$ より

$$z_2 + z_3 = -\frac{3}{2} + \frac{\sqrt{3}}{2}i$$

$$= \sqrt{3}\left(-\frac{\sqrt{3}}{2} + \frac{1}{2}i\right)$$

$$= \sqrt{3}\left(\cos\frac{5}{6}\pi + i\sin\frac{5}{6}\pi\right)$$

よって

$$r = \sqrt{3}, \ \ \theta = \frac{5}{6}\pi \quad \text{（❷）}$$

また

$$(z_2 + z_3)^n = \left\{\sqrt{3}\left(\cos\frac{5}{6}\pi + i\sin\frac{5}{6}\pi\right)\right\}^n$$

$$= (\sqrt{3})^n\left(\cos\frac{5}{6}n\pi + i\sin\frac{5}{6}n\pi\right)$$

であるから，$(z_2 + z_3)^n$ が実数となる条件は

$$\sin\frac{5}{6}n\pi = 0$$

より

$$\frac{5}{6}n\pi = m\pi \quad (m \text{ は整数})$$

$$\therefore \ \ 5n = 6m$$

となることである。

よって，最小の自然数 n は　$n = 6$

第 2 回
実 戦 問 題

解答・解説

数学 II・B・C　第2回　（100点満点）

（解答・配点）

問題番号（配点）	解答記号（配点）		正解	自己採点欄
第1問 (15)	ア√イ, ウ	(3)	$2\sqrt{2}$, ④	
	√エ, √オ, カ	(2)	$\sqrt{6}$, $\sqrt{2}$, 4	
	キ√ク	(2)	$2\sqrt{2}$	
	ケ	(2)	②	
	コ	(2)	4	
	$\dfrac{\pi}{サシ}$	(2)	$\dfrac{\pi}{12}$	
	$\dfrac{スセ}{ソタ}\pi$	(2)	$\dfrac{59}{36}\pi$	
小計				
第2問 (15)	$\dfrac{ア}{イ}$	(1)	$\dfrac{3}{2}$	
	ウ	(1)	①	
	エ	(1)	③	
	オ	(1)	④	
	カ, キク, ケ	(3)	4, 13, 9	
	$\dfrac{コ}{サ}$	(2)	$\dfrac{9}{4}$	
	$\dfrac{シ}{ス}$	(1)	$\dfrac{1}{4}$	
	セ	(2)	①	
	ソ	(3)	③	
小計				

問題番号（配点）	解答記号（配点）		正解	自己採点欄
第3問 (22)	ア, イ	(2)	2, 3	
	ウ	(2)	6	
	エ, オ	(2)	2, 3	
	$\dfrac{カキ}{ク}$, ケ, コ, $\dfrac{サ}{シ}$	(3)	$\dfrac{-7}{6}$, 4, 4, $\dfrac{4}{3}$	
	ス	(2)	③	
	セ, ソ, タ	(3)	2, 3, 2	
	$\dfrac{チツ}{テ}$	(2)	$\dfrac{-3}{2}$	
	$\dfrac{ト}{ナ}$, $\dfrac{ニ}{ヌ}$	(3)	$\dfrac{1}{3}$, $\dfrac{3}{2}$	
	$\dfrac{\sqrt{ネ}}{ノ}$	(3)	$\dfrac{\sqrt{6}}{2}$	
小計				
第4問 (16)	$\dfrac{ア}{イ}$, ウ	(2)	$\dfrac{1}{2}$, ①	
	エ	(1)	②	
	オ, カ, キ	(2)	②, ②, ①	
	ク, ケ	(2)	4, 3	
	コ	(2)	2	
	サ, シ, ス	(2)	2, 4, 1	
	セ, ソ	(2)	4, 5	
	タ	(1)	1	
	チ, ツ, テ, ト	(2)	5, 2, 4, 5	
小計				

問題番号（配点）	解答記号（配点）		正解	自己採点欄
第5問 (16)	ア	(1)	④	
	イ	(1)	⑥	
	ウ	(1)	⑦	
	エ	(1)	③	
	オ	(1)	④	
	カ	(1)	⑦	
	キ	(1)	④	
	ク	(1)	⑥	
	ケ	(2)	⑤	
	0.コ	(1)	0.2	
	0.サシ≦p≦0.スセ	(2)	0.16≦p≦0.24	
	0.ソタ	(1)	0.04	
	チ	(2)	⑤	
小　　計				
第6問 (16)	$\dfrac{ア}{イ}$	(1)	$\dfrac{1}{3}$	
	$\dfrac{ウ}{エ}$	(2)	$\dfrac{3}{4}$	
	オ	(2)	3	
	カ	(1)	1	
	キ，ク，ケ，コ	(3)	2，7，4，1	
	サ，シス，セ	(3)	8，11，2	
	$\dfrac{ソタ}{チツ}$	(2)	$\dfrac{11}{15}$	
	テト	(2)	14	
小　　計				

問題番号（配点）	解答記号（配点）		正解	自己採点欄
第7問 (16)	ア$\sqrt{イ}$	(2)	$2\sqrt{2}$	
	ウ	(1)	①	
	エオ	(1)	-2	
	$\dfrac{\sqrt{カ}}{キ}$	(1)	$\dfrac{\sqrt{2}}{2}$	
	ク	(1)	2	
	$\dfrac{\pi}{ケ}$	(1)	$\dfrac{\pi}{3}$	
	$\dfrac{\pi}{コサ}$	(2)	$\dfrac{\pi}{12}$	
	シ	(2)	②	
	ス	(1)	③	
	$\dfrac{セ\sqrt{ソ}}{タ}$	(2)	$\dfrac{2\sqrt{3}}{3}$	
	チ	(2)	4	
小　　計				
合　　計				

（注）　第1問，第2問，第3問は必答。第4問～第7問のうちから3問選択。計6問を解答。

解　説

第1問（数学Ⅱ　三角関数）

Ⅲ ②④⑤　　　【難易度…★★】

$$4\sqrt{2}\sin\theta\cos\theta=(\sqrt{3}+1)\sin\theta+(\sqrt{3}-1)\cos\theta$$
$$\cdots\cdots①$$

(1)(i)　$\sin 2\theta=2\sin\theta\cos\theta$

より，①の左辺は

$$4\sqrt{2}\sin\theta\cos\theta=\mathbf{2\sqrt{2}}\sin 2\theta\quad(\mathbf{④})\quad\cdots\cdots②$$

と表すことができる。

(ii)　加法定理により

$$\sin\frac{\pi}{12}=\sin\left(\frac{\pi}{3}-\frac{\pi}{4}\right)$$
$$=\sin\frac{\pi}{3}\cos\frac{\pi}{4}-\cos\frac{\pi}{3}\sin\frac{\pi}{4}$$
$$=\frac{\sqrt{3}}{2}\cdot\frac{\sqrt{2}}{2}-\frac{1}{2}\cdot\frac{\sqrt{2}}{2}$$
$$=\frac{\sqrt{6}-\sqrt{2}}{4}$$

$$\cos\frac{\pi}{12}=\cos\left(\frac{\pi}{3}-\frac{\pi}{4}\right)$$
$$=\cos\frac{\pi}{3}\cos\frac{\pi}{4}+\sin\frac{\pi}{3}\sin\frac{\pi}{4}$$
$$=\frac{1}{2}\cdot\frac{\sqrt{2}}{2}+\frac{\sqrt{3}}{2}\cdot\frac{\sqrt{2}}{2}$$
$$=\frac{\sqrt{6}+\sqrt{2}}{4}$$

である。また $\sqrt{(\sqrt{3}+1)^2+(\sqrt{3}-1)^2}=2\sqrt{2}$ より

①の右辺は

$$(\sqrt{3}+1)\sin\theta+(\sqrt{3}-1)\cos\theta$$
$$=2\sqrt{2}\left(\sin\theta\cdot\frac{\sqrt{3}+1}{2\sqrt{2}}+\cos\theta\cdot\frac{\sqrt{3}-1}{2\sqrt{2}}\right)$$
$$=2\sqrt{2}\left(\sin\theta\cdot\frac{\sqrt{6}+\sqrt{2}}{4}+\cos\theta\cdot\frac{\sqrt{6}-\sqrt{2}}{4}\right)$$
$$=2\sqrt{2}\left(\sin\theta\cos\frac{\pi}{12}+\cos\theta\sin\frac{\pi}{12}\right)$$
$$=\mathbf{2\sqrt{2}}\sin\left(\theta+\frac{\pi}{12}\right)\quad(\mathbf{②})\quad\cdots\cdots③$$

と表すことができる。

(注)　$\sin\dfrac{\pi}{12}=\sin\left(\dfrac{\pi}{4}-\dfrac{\pi}{6}\right)$，$\cos\dfrac{\pi}{12}=\cos\left(\dfrac{\pi}{4}-\dfrac{\pi}{6}\right)$

などとしてもよい。

(2)

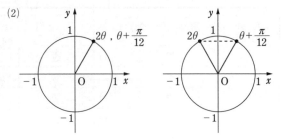

②，③より，①は

$$\sin 2\theta=\sin\left(\theta+\frac{\pi}{12}\right)$$

となる。これを満たす θ を一般角で表すと，n を整数として

$$2\theta=\theta+\frac{\pi}{12}+2n\pi$$

または

$$2\theta=\pi-\left(\theta+\frac{\pi}{12}\right)+2n\pi$$

すなわち

$$\theta=\frac{\pi}{12}+2n\pi\quad\text{または}\quad\theta=\frac{11}{36}\pi+\frac{2n}{3}\pi$$

となる。したがって，$0\leqq\theta<2\pi$ において①を満たす θ の値は

$$\theta=\frac{\pi}{12},\ \frac{11}{36}\pi,\ \frac{35}{36}\pi,\ \frac{59}{36}\pi$$

の **4** 個あり，そのうち最小のものは $\dfrac{\pi}{12}$，最大のものは $\dfrac{59}{36}\pi$ である。

第2問（数学Ⅱ　指数関数・対数関数）

Ⅳ ①②③⑤　　　【難易度…★】

(1)　　$\log_4 x=\log_9 y=\log_6(2y-3x)$　　$\cdots\cdots①$

真数は正であるから

$$x>0,\ y>0,\ 2y-3x>0$$
$$\therefore\ y>\frac{3}{2}x>0\quad\cdots\cdots②$$

①より

$\log_4 x=a$　から　$x=4^a=2^{2a}$　(**⓪**)

$\log_9 y=a$　から　$y=9^a=3^{2a}$　(**③**)

$\log_6(2y-3x)=a$ から $2y-3x=6^a=2^a\cdot 3^a$　(**④**)

$(2^a\cdot 3^a)^2=2^{2a}\cdot 3^{2a}$ であるから

$$(2y-3x)^2=xy$$
$$\mathbf{4}y^2-\mathbf{13}xy+\mathbf{9}x^2=0$$
$$(y-x)(4y-9x)=0$$

②より $y=\dfrac{9}{4}x$ であるから
$$\dfrac{y}{x}=\dfrac{\mathbf{9}}{\mathbf{4}}$$

(注) このとき
$$\dfrac{y}{x}=\left(\dfrac{9}{4}\right)^{a}=\dfrac{9}{4}$$
より，$a=1$ であり，$x=4$，$y=9$

(2) 試料に含まれる「炭素14」の量は，5730年で半分に減るので，5730年後には，作られた当時の約 $\dfrac{1}{2}$ 倍になり，11460年後には，作られた当時の約 $\left(\dfrac{1}{2}\right)^{2}=\dfrac{1}{4}$ 倍になる。

(ⅰ) 与式より，1900年後の工芸品に含まれる「炭素14」の量は
$$m\left(\dfrac{1}{2}\right)^{\frac{1900}{5730}} \fallingdotseq m\left(\dfrac{1}{2}\right)^{\frac{1}{3}}=\dfrac{m}{\sqrt[3]{2}} \quad (\mathbf{①})$$

(ⅱ) 与式より $y=\dfrac{k}{100}$ として
$$k\left(\dfrac{1}{2}\right)^{\frac{x}{5730}}=\dfrac{k}{100}$$
$$2^{\frac{x}{5730}}=100$$
$$\dfrac{x}{5730}=\log_2 100=\dfrac{\log_{10} 100}{\log_{10} 2}=\dfrac{2}{0.301}$$

よって
$$x=5730\cdot\dfrac{2}{0.301}\fallingdotseq 38073$$
であるから，マンモスは約38000年前に死んだことになる（**③**）。

第3問 （数学Ⅱ　微分，積分の考え）
Ⅴ □1□□3□□5□□6□　【難易度…★★】

$f(x)=x^{2}+2x-3$
$C_1 : y=f(x)$

(1)

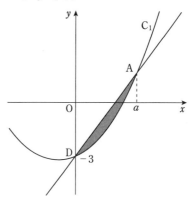

A$(a, a^{2}+2a-3)$, D$(0, -3)$ であるから，直線 AD の傾きは
$$\dfrac{(a^{2}+2a-3)-(-3)}{a-0}=a+2$$
よって，直線 AD の方程式は
$$y=(a+\mathbf{2})x-\mathbf{3} \qquad \cdots\cdots ①$$
$1<a<2$ より，$0<x<a$ で直線 AD は C_1 の上側にあるから
$$\begin{aligned}S_1 &= \int_0^a \{(a+2)x-3-f(x)\}dx \\ &= \int_0^a (-x^2+ax)dx \\ &= \left[-\dfrac{x^3}{3}+\dfrac{a}{2}x^2\right]_0^a \\ &= \dfrac{a^3}{\mathbf{6}} \qquad \cdots\cdots ②\end{aligned}$$

(注) S_1 は
$$\int_\alpha^\beta (x-\alpha)(x-\beta)dx=-\dfrac{1}{6}(\beta-\alpha)^3$$
を用いて，次のように求めてもよい。
$$\begin{aligned}S_1 &= \int_0^a \{(a+2)x-3-f(x)\}dx \\ &= -\int_0^a x(x-a)dx \\ &= -\left(-\dfrac{1}{6}\right)(a-0)^3=\dfrac{a^3}{6}\end{aligned}$$

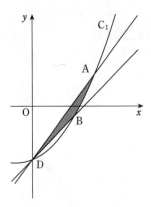

また，B$(2a-2, f(2a-2))$ であるから，直線 BD の方程式は，①で a を $2a-2$ に置き換えて
$$y = 2ax - 3$$
である。
$1 < a < 2$ より，$0 < 2a - 2 < a$ であり，$0 < x < 2a-2$ で直線 BD は C_1 の上側にある。よって，C_1 と線分 BD で囲まれる図形の面積を T とおくと，②で a を $2a-2$ に置き換えて
$$T = \frac{(2a-2)^3}{6} = \frac{4}{3}(a-1)^3$$
である。よって
$$\begin{cases} y \geq f(x) \\ y \leq (a+2)x - 3 \\ y \geq 2ax - 3 \end{cases}$$
の表す領域の面積 S_2 は
$$S_2 = S_1 - T$$
$$= \frac{1}{6}a^3 - \frac{4}{3}(a-1)^3$$
$$= \frac{1}{6}a^3 - \frac{4}{3}(a^3 - 3a^2 + 3a - 1)$$
$$= -\frac{7}{6}a^3 + 4a^2 - 4a + \frac{4}{3}$$
である。さらに
$$\frac{dS_2}{da} = -\frac{7}{2}a^2 + 8a - 4$$
$$= -\frac{1}{2}(7a^2 - 16a + 8)$$
$7a^2 - 16a + 8 = 0$ を解くと
$$a = \frac{8 \pm 2\sqrt{2}}{7}$$
であり，$1 < \sqrt{2} < 2$ より
$$\frac{8 - 2\sqrt{2}}{7} < 1 < \frac{8 + 2\sqrt{2}}{7} < 2$$

であるから，$1 < a < 2$ における S_2 の増減は次のようになる。

a	(1)	$\cdots$	$\dfrac{8+2\sqrt{2}}{7}$	$\cdots$	(2)
$\dfrac{dS_2}{da}$		$+$	0	$-$	
S_2		↗	極大	↘	

よって，S_2 は極大値をとるが，極小値はとらない（**❸**）。

(2) C_2 は 2 点 $(a, f(a))$，$(b, f(b))$ を通るので
$$g(a) = -a^2 + ap = a^2 + 2a - 3 \quad \cdots\cdots ③$$
$$g(b) = -b^2 + bp = b^2 + 2b - 3 \quad \cdots\cdots ④$$
$a \neq 0$ より，③から
$$p = 2a - \frac{3}{a} + 2$$
同様に，④から
$$p = 2b - \frac{3}{b} + 2$$
であるから
$$2a - \frac{3}{a} + 2 = 2b - \frac{3}{b} + 2$$
$$2(a-b) + \frac{3(a-b)}{ab} = 0$$
$a \neq b$ より
$$ab = -\frac{3}{2}$$

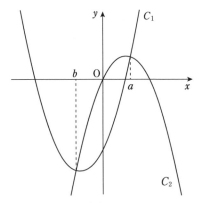

$a > 0$ より，$b < 0 < a$ であり，$b < x < a$ で C_2 は C_1 の上側にあるから
$$S_3 = \int_b^a \{g(x) - f(x)\} dx$$
$$= \int_b^a \left\{-2x^2 + \left(2a - \frac{3}{a}\right)x + 3\right\} dx$$
$$= \left[-\frac{2}{3}x^3 + \left(a - \frac{3}{2a}\right)x^2 + 3x\right]_b^a$$

$$=-\frac{2}{3}a^3+\left(a-\frac{3}{2a}\right)a^2+3a$$

$$=\frac{1}{3}a^3+\frac{3}{2}a \qquad \cdots\cdots\text{③}$$

さらに

$$S_4=\int_b^0\{g(x)-f(x)\}dx$$

$$=-\int_0^b\{g(x)-f(x)\}dx$$

$$=-\frac{1}{3}b^3-\frac{3}{2}b$$

したがって，$S_3=S_4$ となる条件は

$$\frac{1}{3}a^3+\frac{3}{2}a=-\frac{1}{3}b^3-\frac{3}{2}b$$

$$\frac{1}{3}(a^3+b^3)+\frac{3}{2}(a+b)=0$$

$$2(a+b)(a^2-ab+b^2)+9(a+b)=0$$

$$\therefore \quad (a+b)\{2(a^2-ab+b^2)+9\}=0$$

ここで

$$a^2-ab+b^2=\left(a-\frac{b}{2}\right)^2+\frac{3}{4}b^2>0$$

より

$$2(a^2-ab+b^2)+9\neq0$$

である。よって，$a+b=0$ であり

$$a-\frac{3}{2a}=0 \qquad \therefore \quad a^2=\frac{3}{2}$$

$a>0$ より

$$a=\sqrt{\frac{3}{2}}=\frac{\sqrt{6}}{2}$$

である。

第4問 （数学B　数列）
Ⅵ $\boxed{2}\boxed{3}\boxed{4}\boxed{5}$ 【難易度…★★】

(1) n 日目の廃油 a_n kg の $\frac{1}{2}$ が残り，次の日には新たに A kg の廃油が発生するから，$(n+1)$ 日目の廃油の質量 a_{n+1} は

$$a_{n+1}=\frac{1}{2}a_n+A \quad \text{(⓪)} \qquad \cdots\cdots(*)$$

となる。

$(*)$ を変形すると

$$a_{n+1}-2A=\frac{1}{2}(a_n-2A) \quad \text{(②)}$$

となるから，$b_n=a_n-2A$ とおくと

$$b_{n+1}=\frac{1}{2}b_n$$

よって，数列 $\{b_n\}$ は，初項 $b_1=a_1-2A=B-2A$，公比 $\frac{1}{2}$ の等比数列であるから

$$b_n=(B-2A)\cdot\left(\frac{1}{2}\right)^{n-1}$$

したがって

$$a_n=2A+b_n=2A+(B-2A)\cdot\left(\frac{1}{2}\right)^{n-1}$$

$$\text{(②, ②, ⓪)}$$

(2) 添加剤は，初日に 1 kg 投入し，1 日ごとに前日より 4 kg ずつ増やして投入するから，n 日目に投入する添加剤の質量 c_n kg は

$$c_n=1+(n-1)\cdot4=4n-3$$

よって，n 日目までに投入された添加剤の質量の合計は

$$\sum_{k=1}^n c_k=\sum_{k=1}^n(4k-3)$$

$$=4\cdot\frac{1}{2}n(n+1)-3n$$

$$=2n^2-n$$

次に，n 日目に再生された潤滑油の質量 d_n kg について，n 日目までに再生された潤滑油の質量の合計 $\sum_{k=1}^n d_k$ は，n 日目に再生された潤滑油の質量 d_n の 2 倍から，それまでに投入された添加物の質量の合計 $\sum_{k=1}^n c_k$ を差し引いた質量となるから

$$\sum_{k=1}^n d_k=2d_n-\sum_{k=1}^n c_k$$

よって

$$\sum_{k=1}^n d_k=2d_n-(2n^2-n) \qquad \cdots\cdots\text{①}$$

①で n を $n+1$ で置き換えると

$$\sum_{k=1}^{n+1} d_k=2d_{n+1}-\{2(n+1)^2-(n+1)\}$$

$$=2d_{n+1}-(2n^2+3n+1) \qquad \cdots\cdots\text{②}$$

であり

$$\sum_{k=1}^{n+1} d_k=\sum_{k=1}^n d_k+d_{n+1} \qquad \cdots\cdots\text{③}$$

が成り立つことから，①，②を③に代入して

$$2d_{n+1}-(2n^2+3n+1)=2d_n-(2n^2-n)+d_{n+1}$$

よって

$$d_{n+1}=2d_n+4n+1 \qquad \cdots\cdots\text{④}$$

④を

$$d_{n+1}+s(n+1)+t=2(d_n+sn+t)$$

の形に変形する。すなわち

$$d_{n+1}=2d_n+sn-s+t \qquad \cdots\cdots\text{⑤}$$

となるように s, t の値を定めると, ④, ⑤の係数を比べて

$$\begin{cases} s=4 \\ -s+t=1 \end{cases} \quad \text{ゆえに} \quad \begin{cases} s=4 \\ t=5 \end{cases}$$

したがって, ④は

$$d_{n+1}+4(n+1)+5=2(d_n+4n+5)$$

と変形できる。

このとき, 数列 $\{d_n+4n+5\}$ は,

初項 $d_1+4\cdot1+5=d_1+9$, 公比 2 の等比数列になるから

$$d_n+4n+5=(d_1+9)\cdot2^{n-1}$$
$$d_n=(d_1+9)\cdot2^{n-1}-4n-5$$

①で $n=1$ とおくと

$$d_1=2d_1-1 \quad \text{ゆえに} \quad d_1=1$$

よって

$$d_n=10\cdot2^{n-1}-4n-5$$
$$=5\cdot2^n-4n-5$$

第5問 （数学B　統計的な推測）

Ⅶ [3][5][6][8]　　　　　　　【難易度…★】

(1)(i)　確率変数 X が二項分布 $B(n, p)$ に従うとき

平均　$E(X)=np$　（④）

分散　$V(X)=np(1-p)$

標準偏差　$\sigma(X)=\sqrt{np(1-p)}$　（⑥）

$n=100$, $p=0.03$ より

$$E(Y)=100\cdot0.03=3.0 \quad (\text{⑦})$$
$$\sigma(Y)=\sqrt{100\cdot0.03\cdot0.97}=\sqrt{2.91}$$

$1.7^2=2.89$ より

$$\sigma(Y)≒1.7 \quad (\text{③})$$

(ii)　確率変数 X が二項分布 $B(n, p)$ に従うとき, n が十分に大きいならば, X は近似的に正規分布 $N(np, np(1-p))$（④, ⑦）に従うので, 確率変数 Z を

$$Z=\frac{X-np}{\sqrt{np(1-p)}} \quad (\text{④, ⑥})$$

とおくと, Z は近似的に標準正規分布 $N(0, 1)$ に従う。

$n=400$, $p=0.03$ より

$$E(W)=400\cdot0.03=12$$
$$\sigma(W)=\sqrt{400\cdot0.03\cdot0.97}≒2\cdot1.7=3.4$$

400 は十分大きいので, W は近似的に正規分布 $N(12, 3.4^2)$ に従い, $Z=\dfrac{W-12}{3.4}$ は近似的に標準

正規分布 $N(0, 1)$ に従う。

$W≧10$ のとき

$$Z≧\frac{10-12}{3.4}≒-0.59$$

であるから

$$P(W≧10)=P(Z≧-0.59)$$
$$=0.5+P(0≦Z≦0.59)$$

正規分布表より

$$P(0≦Z≦0.59)=0.2224$$

であるから

$$P(W≧10)=0.7224≒0.722 \quad (\text{⑤})$$

(2)　10 枚以上当選している家の標本比率 R は

$$R=\frac{80}{400}=0.2$$

400 は十分大きいので, 10 枚以上当選している家の母比率 p に対する信頼度 95% の信頼区間は

$$0.2-1.96\sqrt{\frac{0.2\cdot0.8}{400}}≦p≦0.2+1.96\sqrt{\frac{0.2\cdot0.8}{400}}$$
$$0.2-1.96\cdot0.02≦p≦0.2+1.96\cdot0.02$$
$$0.1608≦p≦0.2392$$

よって

$$0.16≦p≦0.24$$

信頼区間の幅は

$$2\times1.96\cdot0.02=1.96\cdot0.04$$
$$=0.0784$$

1.96 の近似値として 2 を用いると, 標本の大きさが n のとき, 信頼区間の幅は

$$2\cdot2\sqrt{\frac{0.2\cdot0.8}{n}}=\frac{1.6}{\sqrt{n}}$$

であるから, 信頼区間の幅が 0.02 以下のとき

$$\frac{1.6}{\sqrt{n}}≦0.02$$
$$\sqrt{n}≧80$$
$$n≧6400 \quad (\text{⑤})$$

第6問 (数学C ベクトル)

Ⅷ ②③④⑤⑥ 【難易度…★★】

(1)

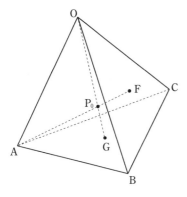

点 G, F は，それぞれ △ABC, △OBC の重心であるから

$$\vec{OG} = \frac{1}{3}(\vec{OA} + \vec{OB} + \vec{OC})$$

$$\vec{OF} = \frac{1}{3}(\vec{OB} + \vec{OC})$$

である。
直線 AF 上の点 P は

$$\vec{AP} = k\vec{AF} \quad (k \text{ は実数})$$

と表されるので，始点を O として

$$\vec{OP} - \vec{OA} = k(\vec{OF} - \vec{OA})$$

$$\vec{OP} = (1-k)\vec{OA} + k\vec{OF}$$

$$= (1-k)\vec{OA} + \frac{k}{3}(\vec{OB} + \vec{OC}) \quad \cdots\cdots ①$$

点 P が直線 OG 上にあるとき，実数 ℓ を用いて

$$\vec{OP} = \ell\vec{OG} = \frac{\ell}{3}(\vec{OA} + \vec{OB} + \vec{OC}) \quad \cdots\cdots ②$$

と表される。4点 O, A, B, C は同一平面上にはないから，①，② より

$$1 - k = \frac{k}{3} = \frac{\ell}{3}$$

$$\therefore \quad k = \ell = \frac{3}{4}$$

よって

$$\vec{OP_0} = \frac{3}{4}\vec{OG} = \frac{1}{4}\vec{OA} + \frac{1}{4}\vec{OB} + \frac{1}{4}\vec{OC}$$

であり，直線 OG と直線 AF は，線分 OG を $\ell:(1-\ell) = 3:1$ に内分する点 P_0 で交わる。

(2)

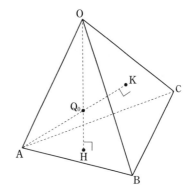

点 H は平面 ABC 上にあるので

$$\vec{AH} = s\vec{AB} + t\vec{AC} \quad (s, t \text{ は実数})$$

と表される。始点を O として

$$\vec{OH} - \vec{OA} = s(\vec{OB} - \vec{OA}) + t(\vec{OC} - \vec{OA})$$

$$\vec{OH} = (1-s-t)\vec{OA} + s\vec{OB} + t\vec{OC} \quad \cdots\cdots ③$$

$\vec{OH} \cdot \vec{AB} = 0$ より

$$\{(1-s-t)\vec{OA} + s\vec{OB} + t\vec{OC}\} \cdot (\vec{OB} - \vec{OA}) = 0$$

$$(1-s-t)(\vec{OA} \cdot \vec{OB} - |\vec{OA}|^2) + s(|\vec{OB}|^2 - \vec{OB} \cdot \vec{OA})$$

$$+ t(\vec{OC} \cdot \vec{OB} - \vec{OC} \cdot \vec{OA}) = 0$$

$$(1-s-t)(8-10) + s(9-8) + t(8-8) = 0$$

$$3s + 2t = 2 \quad \cdots\cdots ④$$

また，$\vec{OH} \cdot \vec{AC} = 0$ より

$$\{(1-s-t)\vec{OA} + s\vec{OB} + t\vec{OC}\} \cdot (\vec{OC} - \vec{OA}) = 0$$

$$(1-s-t)(\vec{OA} \cdot \vec{OC} - |\vec{OA}|^2) + s(\vec{OB} \cdot \vec{OC} - \vec{OB} \cdot \vec{OA})$$

$$+ t(|\vec{OC}|^2 - \vec{OC} \cdot \vec{OA}) = 0$$

$$(1-s-t)(8-10) + s(8-8) + t(12-8) = 0$$

$$s + 3t = 1 \quad \cdots\cdots ⑤$$

④，⑤ より

$$s = \frac{4}{7}, \quad t = \frac{1}{7}$$

よって，③ より

$$\vec{OH} = \frac{2}{7}\vec{OA} + \frac{4}{7}\vec{OB} + \frac{1}{7}\vec{OC}$$

点 K は平面 OBC 上にあるので

$$\vec{OK} = x\vec{OB} + y\vec{OC} \quad (x, y \text{ は実数})$$

と表すと

$$\vec{AK} = \vec{OK} - \vec{OA} = -\vec{OA} + x\vec{OB} + y\vec{OC}$$

$\overrightarrow{AK}\cdot\overrightarrow{OB}=\overrightarrow{AK}\cdot\overrightarrow{OC}=0$ より

$$\begin{cases}(-\overrightarrow{OA}+x\overrightarrow{OB}+y\overrightarrow{OC})\cdot\overrightarrow{OB}=0\\(-\overrightarrow{OA}+x\overrightarrow{OB}+y\overrightarrow{OC})\cdot\overrightarrow{OC}=0\end{cases}$$

$$\begin{cases}-\overrightarrow{OA}\cdot\overrightarrow{OB}+x|\overrightarrow{OB}|^2+y\overrightarrow{OC}\cdot\overrightarrow{OB}=0\\-\overrightarrow{OA}\cdot\overrightarrow{OC}+x\overrightarrow{OB}\cdot\overrightarrow{OC}+y|\overrightarrow{OC}|^2=0\end{cases}$$

$$\begin{cases}-8+9x+8y=0\\-8+8x+12y=0\end{cases}$$

$$\therefore\quad x=\frac{8}{11},\ y=\frac{2}{11}$$

よって

$$\overrightarrow{OK}=\frac{8}{11}\overrightarrow{OB}+\frac{2}{11}\overrightarrow{OC}$$

直線 AK 上の点 Q は

$$\overrightarrow{AQ}=u\overrightarrow{AK}\quad (u\text{ は実数})$$

と表されるので，始点を O として

$$\overrightarrow{OQ}-\overrightarrow{OA}=u(\overrightarrow{OK}-\overrightarrow{OA})$$
$$\overrightarrow{OQ}=(1-u)\overrightarrow{OA}+u\overrightarrow{OK}$$
$$=(1-u)\overrightarrow{OA}+\frac{8u}{11}\overrightarrow{OB}+\frac{2u}{11}\overrightarrow{OC}\ \cdots\cdots ⑥$$

点 Q が直線 OH 上にあるとき，実数 v を用いて

$$\overrightarrow{OQ}=v\overrightarrow{OH}=\frac{2v}{7}\overrightarrow{OA}+\frac{4v}{7}\overrightarrow{OB}+\frac{v}{7}\overrightarrow{OC}\ \cdots\cdots ⑦$$

と表される。4 点 O, A, B, C は同一平面上にないから，⑥，⑦ より

$$1-u=\frac{2v}{7},\ \frac{8u}{11}=\frac{4v}{7},\ \frac{2u}{11}=\frac{v}{7}$$

$$\therefore\quad u=\frac{11}{15},\ v=\frac{14}{15}$$

よって

$$\overrightarrow{OQ_0}=\frac{14}{15}\overrightarrow{OH}=\frac{4}{15}\overrightarrow{OA}+\frac{8}{15}\overrightarrow{OB}+\frac{2}{15}\overrightarrow{OC}$$

であり，直線 OH と直線 AK は，線分 OH を $v:(1-v)=\mathbf{14}:1$ に内分する点 Q_0 で交わる。

第 7 問

〔 1 〕（数学 C　平面上の曲線）

Ⅸ $\boxed{2}\boxed{5}$　【難易度…★】

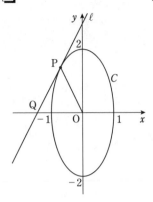

(1)　$x^2+\dfrac{y^2}{4}=1$ と $y=2x+k$ から y を消去すると

$$x^2+\frac{(2x+k)^2}{4}=1$$

$$2x^2+kx+\frac{k^2}{4}-1=0\quad\cdots\cdots ①$$

C と ℓ が接するとき，①は重解をもつ。

①の判別式を D とすると

$$D=k^2-4\cdot 2\left(\frac{k^2}{4}-1\right)=0$$

$$k^2=8$$

$$\therefore\quad k=\pm 2\sqrt{2}$$

$k=2\sqrt{2}$ のとき，①の重解は $x=-\dfrac{\sqrt{2}}{2}$ であるから，

$P\left(-\dfrac{\sqrt{2}}{2},\ \sqrt{2}\right)$ であり，直線 OP の方程式は　$y=-2x$

したがって，∠POQ＝∠PQO であり，PQ＝PO である（⓪）。

(2)

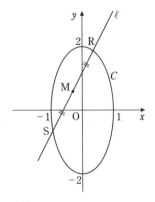

$-2\sqrt{2}<k<2\sqrt{2}$ のとき，C と ℓ は 2 点で交わり，交点を $R(\alpha,\ 2\alpha+k)$，$S(\beta,\ 2\beta+k)$ とすると，$\alpha,\ \beta$ は①

の 2 解であるから，解と係数の関係より
$$\alpha+\beta=-\frac{k}{2}$$
線分 RS の中点を M(X, Y) とすると
$$X=\frac{\alpha+\beta}{2}=-\frac{k}{4}$$
$$Y=2X+k=2\left(-\frac{k}{4}\right)+k=\frac{k}{2}$$
k を消去して
$$Y=-2X$$
$-2\sqrt{2}<k<2\sqrt{2}$ であるから
$$-\frac{\sqrt{2}}{2}<X<\frac{\sqrt{2}}{2}$$
よって，M の軌跡は

直線 $y=-2x$ の $-\dfrac{\sqrt{2}}{2}<x<\dfrac{\sqrt{2}}{2}$ の部分

〔2〕（数学 C　複素数平面）

X 1 2 3 5　　【難易度…★★】

(1) $1+\sqrt{3}i=2\left(\cos\dfrac{\pi}{3}+i\sin\dfrac{\pi}{3}\right)$ であるから
$$\alpha=2\left(\cos\frac{\pi}{3}+i\sin\frac{\pi}{3}\right)(\cos\theta+i\sin\theta)$$
$$=2\left\{\cos\left(\frac{\pi}{3}+\theta\right)+i\sin\left(\frac{\pi}{3}+\theta\right)\right\}$$
ゆえに
$$|\alpha|=\mathbf{2},\ \arg\alpha=\frac{\pi}{3}+\theta$$
であり，ド・モアブルの定理より
$$\alpha^{24}=2^{24}\left\{\cos 24\left(\frac{\pi}{3}+\theta\right)+i\sin 24\left(\frac{\pi}{3}+\theta\right)\right\}$$
であるから，α^{24} が正の実数となるのは，n を整数として
$$24\left(\frac{\pi}{3}+\theta\right)=2n\pi\quad\therefore\ \theta=\frac{n-4}{12}\pi$$
となるときである。このような最小の θ は，$0<\theta<\dfrac{\pi}{2}$ より $n=5$ のときで
$$\theta=\frac{\pi}{\mathbf{12}}$$

(2) $\beta=2\left(\cos\dfrac{5}{3}\pi+i\sin\dfrac{5}{3}\pi\right)$ であるから，$|\beta|=2$，$\arg\beta=\dfrac{5}{3}\pi$ である。$0<\theta<\dfrac{\pi}{2}$ より $\dfrac{\pi}{3}<\arg\alpha<\dfrac{5}{6}\pi$ であるから，O，A，B が一直線上にあるのは図のように O が AB の中点となるときであり，このとき $\arg\alpha=\dfrac{2}{3}\pi$ である。ゆえに

$$\theta=\frac{\pi}{\mathbf{3}}\quad ❷$$
であり
$$\alpha=2\left(\cos\frac{2}{3}\pi+i\sin\frac{2}{3}\pi\right)=\mathbf{-1+\sqrt{3}i}$$

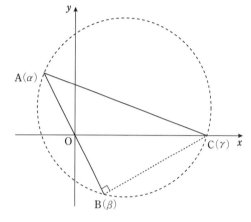

このとき，AC を直径とする円周上に B があれば $\angle\mathrm{ABC}=90°$ であり，半直線 BC を $90°$ 回転すれば半直線 BA に重なるから
$$\arg\frac{\alpha-\beta}{\gamma-\beta}=\frac{\pi}{2}$$
であり，k を正の実数として
$$\frac{\alpha-\beta}{\gamma-\beta}=k\left(\cos\frac{\pi}{2}+i\sin\frac{\pi}{2}\right)\quad ❸$$
$$=ki$$
が成り立つ。ゆえに
$$\alpha-\beta=k(\gamma-\beta)i$$
であり，$\beta=1-\sqrt{3}i$，$\alpha=-1+\sqrt{3}i$ であるから
$$-2+2\sqrt{3}i=k(\gamma-1+\sqrt{3}i)i$$
$$=-\sqrt{3}k+(\gamma-1)ki$$
となり，γ，k は実数であるから
$$-2=-\sqrt{3}k,\ 2\sqrt{3}=(\gamma-1)k$$
$$\therefore\ k=\frac{\mathbf{2\sqrt{3}}}{\mathbf{3}},\ \gamma=\mathbf{4}$$

（注）円の中心は $\dfrac{3}{2}+\dfrac{\sqrt{3}}{2}i\left(=\sqrt{3}\left(\cos\dfrac{\pi}{6}+i\sin\dfrac{\pi}{6}\right)\right)$，半径は $\sqrt{7}$ である。

第 3 回
実 戦 問 題

解答・解説

数学 II・B・C　第3回　（100点満点）

（解答・配点）

問題番号（配点）	解答記号（配点）		正解	自己採点欄
第1問 (15)	ア	(2)	④	
	イ	(2)	④	
	ウ, エ	(2)	3, 4	
	$\dfrac{オ}{カ}$	(2)	$\dfrac{7}{8}$	
	キ	(3)	④	
	ク, ケ, コ	(2)	②, ③, ④	
	サ, シ, ス	(2)	④, ②, ③	
小　計				
第2問 (15)	ア, イ	(2)	2, 1	
	ウ	(1)	5	
	エ, オ	(2)	2, 2	
	カ	(2)	①	
	キ	(2)	2	
	ク	(3)	⑦	
	ケ	(3)	④	
小　計				

問題番号（配点）	解答記号（配点）		正解	自己採点欄
第3問 (22)	ア, イ	(2)	2, 6	
	$\dfrac{ウ}{エ}$	(1)	$\dfrac{1}{3}$	
	$\dfrac{オ}{カ}$	(2)	$\dfrac{2}{9}$	
	$\dfrac{キ}{クケコ}$	(2)	$\dfrac{8}{243}$	
	$\dfrac{サ}{シ}$	(3)	$\dfrac{8}{9}$	
	$-$ス, セ	(1)	-1, 3	
	ソ	(2)	⑤	
	タ	(2)	⑤	
	チ, ツ	(2)	5, 7	
	$\dfrac{テ}{ト}$	(2)	$\dfrac{2}{3}$	
	$\dfrac{ナニ}{ヌ}$	(1)	$\dfrac{32}{3}$	
	ネノ	(2)	13	
小　計				
第4問 (16)	ア, イ, ウ	(2)	4, 8, 8	
	エ	(1)	⓪	
	オ	(1)	②	
	カ	(1)	②	
	キ, ク, ケ	(2)	6, 2, 8	
	コ	(2)	⑧	
	サ	(2)	⑦	
	シ	(2)	④	
	ス, セ	(1)	2, 2	
	ソ, タ, チ	(2)	3, ⓪, 2	
小　計				

問題番号（配点）	解答記号（配点）		正解	自己採点欄
第5問 (16)	ア	(1)	5	
	$\dfrac{イ}{ウ}$	(1)	$\dfrac{5}{3}$	
	エ	(1)	③	
	オ	(2)	⓪	
	カ	(2)	③	
	キ	(2)	⑥	
	ク	(2)	2	
	ケ，コ	(1)	②，③	
	サ，シ	(1)	⑤，②	
	ス	(1)	①	
	セ	(1)	⓪	
	ソ	(1)	⓪	
小　　計				
第6問 (16)	$\dfrac{ア}{イ}$	(1)	$\dfrac{2}{3}$	
	$\dfrac{ウ}{エ}$	(1)	$\dfrac{1}{3}$	
	オ	(2)	②	
	カ≦k≦キ	(2)	$1≦k≦3$	
	ク≦k≦ケ	(2)	$3≦k≦4$	
	コ	(2)	④	
	サ，シ	(2)	②，⓪	
	ス	(2)	⑦	
	セ＜k＜ソ	(2)	$0<k<2$	
小　　計				

問題番号（配点）	解答記号（配点）		正解	自己採点欄
第7問 (16)	ア	(1)	②	
	イ，ウ，エ，オ	(2)	①，①，⓪，③	
	カ	(1)	③	
	キ	(1)	⓪	
	ク	(1)	④	
	ケ	(1)	⓪	
	コサ$\sqrt{シ}$	(1)	$10\sqrt{3}$	
	スセ$\sqrt{ソ}$＋タi	(2)	$-4\sqrt{3}+6i$	
	チ$\sqrt{ツ}$	(1)	$4\sqrt{3}$	
	テ$\sqrt{ト}$＋ナi	(2)	$-\sqrt{3}+5i$	
	$\dfrac{\pi}{二}$	(1)	$\dfrac{\pi}{3}$	
	ヌネ$\sqrt{ノ}$	(2)	$25\sqrt{3}$	
小　　計				
合　　計				

(注)　第1問，第2問，第3問は必答。第4問〜第7問のうちから3問選択。計6問を解答。

解　説

第1問　（数学Ⅱ　三角関数）
　Ⅲ 1 2 3 4　　　　　　　　　　　【難易度…★★】

$(\sin^2 x+\cos^2 x)^2=\sin^4 x+2\sin^2 x\cos^2 x+\cos^4 x$ より
$$f(x)=(\sin^2 x+\cos^2 x)^2-2\sin^2 x\cos^2 x \quad (④)$$
$$=1-2\sin^2 x\cos^2 x \quad \cdots\cdots ①$$

2倍角の公式より
$$\sin 2\theta=2\sin\theta\cos\theta \iff \sin\theta\cos\theta=\frac{\sin 2\theta}{2}$$
$$\cos 2\theta=1-2\sin^2\theta \iff \sin^2\theta=\frac{1-\cos 2\theta}{2}$$

これを①に用いて
$$f(x)=1-2\left(\frac{\sin 2x}{2}\right)^2$$
$$=1-\frac{1}{2}\sin^2 2x \quad (④)$$
$$=1-\frac{1}{2}\cdot\frac{1-\cos 4x}{2}$$
$$=\frac{\cos 4x+\mathbf{3}}{\mathbf{4}}$$
$$=\frac{1}{4}\cos 4x+\frac{3}{4} \quad \cdots\cdots ②$$

となる。

(1) ②より
$$f\left(\frac{\pi}{12}\right)=\frac{1}{4}\cos\frac{\pi}{3}+\frac{3}{4}=\frac{\mathbf{7}}{\mathbf{8}}$$

(2) ②より, $y=f(x)$ のグラフは

「$y=\cos 4x$ のグラフを

　y 軸方向に $\dfrac{1}{4}$ 倍に縮小し,

　y 軸方向に $\dfrac{3}{4}$ だけ平行移動したもの」

である。よって
　・$x=0$ で最大
　・正の周期で最小のものは $\dfrac{2\pi}{4}=\dfrac{\pi}{2}$

以上より, 最も適当なグラフの概形は④である。

(3) ②より, $f(x)$ の最大値が1, 最小値が $\dfrac{7}{8}$ となるとき
　　　$\cos 4x$ の最大値が1　　　……(A)
　　　$\cos 4x$ の最小値が $\dfrac{1}{2}$　　……(B)

x の変域が $\alpha\leq x\leq\beta$ より
$$4\alpha\leq 4x\leq 4\beta$$
である。また, $0<\alpha<\beta<\pi$ より
$$0<4\alpha<4\beta<4\pi$$
である。よって, (A)より, $4\alpha\leq 2\pi\leq 4\beta$ である。

ここで, $\cos\theta=\dfrac{1}{2}$ を満たし, 2π に最も近い θ は
$$\theta=2\pi\pm\frac{\pi}{3}$$
$$\therefore\ \theta=\frac{5}{3}\pi,\ \frac{7}{3}\pi$$

であることに注意すると, (A), (B)を満たす $4\alpha\leq 4x\leq 4\beta$ は次の図の実線部である。

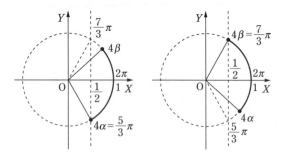

・$4\alpha=\dfrac{5}{3}\pi$ かつ $2\pi\leq 4\beta\leq\dfrac{7}{3}\pi$ すなわち
$$\alpha=\frac{\mathbf{5}}{\mathbf{12}}\pi\ \text{かつ}\ \frac{\pi}{2}\leq\beta\leq\frac{\mathbf{7}}{\mathbf{12}}\pi \quad (②, ③, ④)$$
または
・$4\beta=\dfrac{7}{3}\pi$ かつ $\dfrac{5}{3}\pi\leq 4\alpha\leq 2\pi$ すなわち
$$\beta=\frac{\mathbf{7}}{\mathbf{12}}\pi\ \text{かつ}\ \frac{\mathbf{5}}{\mathbf{12}}\pi\leq\alpha\leq\frac{\pi}{2} \quad (④, ②, ③)$$

である。
(注) (2)の $y=f(x)$ のグラフで考えると, 次のようになっている。

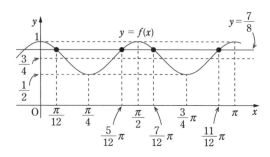

- $a = \dfrac{5}{12}\pi$ かつ
  $\dfrac{\pi}{2} \leqq \beta \leqq \dfrac{7}{12}\pi$

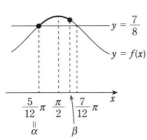

- $\beta = \dfrac{7}{12}\pi$ かつ
  $\dfrac{5}{12}\pi \leqq \alpha \leqq \dfrac{\pi}{2}$

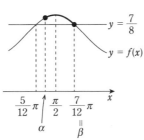

第 2 問 (数学 II 図形と方程式)

II $\boxed{2}$ $\boxed{4}$ $\boxed{6}$ 【難易度…★】

(1)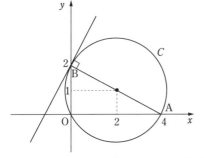

$\angle AOB = 90°$ より，円 C は線分 AB を直径とする円である。C の中心は線分 AB の中点 $(2, 1)$，半径は
$$\dfrac{1}{2}AB = \dfrac{1}{2}\sqrt{4^2 + 2^2} = \sqrt{5}$$
よって，C の方程式は
$$(x-\mathbf{2})^2 + (y-\mathbf{1})^2 = \mathbf{5}$$

直線 AB の傾きは $-\dfrac{1}{2}$ であるから，B における接線の傾きは 2 である。よって，点 B における C の接線の方程式は
$$y = \mathbf{2}x + \mathbf{2}$$

(2)(i) 不等式 $(x-2)^2 + (y-1)^2 \leqq 5$ の表す領域は，円 C の周および内部であり
$$xy \geqq 0 \iff \begin{cases} x \geqq 0 \\ y \geqq 0 \end{cases} \text{または} \begin{cases} x \leqq 0 \\ y \leqq 0 \end{cases}$$

であるから，不等式 $xy \geqq 0$ の表す領域は，第 1 象限，第 3 象限および x 軸，y 軸である。したがって，領域 D は下図の斜線部分である。ただし，境界を含む(**⓪**)。

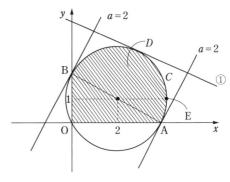

(ii) $y - ax = k$ とおくと
$$y = ax + k \quad \cdots\cdots ①$$
であり，①は傾き a，y 切片 k の直線を表す。
点 (x, y) が D 内を動くとき，直線①と D が共有点をもつような k のとり得る値の最大値を考える。
(1)より，点 A，B における C の接線の傾きは 2 であることに注意する。

- $a < 2$ のとき

図のように点 $E(2+\sqrt{5}, 1)$ をとると，直線①が円 C の O を含まない弧 BE (両端を除く) の部分と接するとき，k は最大になる。このとき
$$(C \text{の中心と①の距離}) = (\text{半径})$$
であり，①は $ax - y + k = 0$ であるから
$$\dfrac{|2a - 1 + k|}{\sqrt{a^2 + (-1)^2}} = \sqrt{5}$$
C の中心 $(2, 1)$ は直線①の下側，すなわち $y < ax + k$ の表す領域にあるので
$$1 < 2a + k \quad \therefore \quad 2a - 1 + k > 0$$
ゆえに
$$\dfrac{2a - 1 + k}{\sqrt{a^2 + 1}} = \sqrt{5}$$
$$k = -2a + 1 + \sqrt{5(a^2 + 1)}$$

- $a \geqq 2$ のとき

直線①が点 $B(0, 2)$ を通るとき k は最大になる。このとき
$$k = 2$$
よって
$$a < \mathbf{2} \text{ のとき } M = -2a + 1 + \sqrt{5(a^2 + 1)} \quad (\mathbf{⑦})$$
$$a \geqq 2 \text{ のとき } M = 2 \quad (\mathbf{④})$$

第3問 （数学Ⅱ　微分・積分の考え）

Ⅴ ①②③⑤⑥ 【難易度…〔1〕★，〔2〕★】

〔1〕

太郎さんの箱は，縦の長さが x，横の長さが $2x$ であるから，高さを y とすると

$$x+2x+y=1$$
$$y=1-3x$$

$x>0$，$y>0$ より　$0<x<\dfrac{1}{3}$

このとき

$$V=x\cdot 2x\cdot y=2x^2(1-3x)$$
$$=2x^2-6x^3$$
$$V'=4x-18x^2=2x(2-9x)$$

$0<x<\dfrac{1}{3}$ における V の増減は，次のようになる。

x	(0)	$\cdots$	$\dfrac{2}{9}$	$\cdots$	$\left(\dfrac{1}{3}\right)$
V'		$+$	0	$-$	
V		$\nearrow$	極大	$\searrow$	

よって，V が最大になる x の値は $x=\dfrac{2}{9}$ であり

最大値 $V_1=2\left(\dfrac{2}{9}\right)^2\cdot\dfrac{1}{3}=\dfrac{8}{243}$

花子さんの箱の縦，横の長さを x，高さを y とすると

$$x+x+y=1$$
$$y=1-2x$$

$x>0$，$y>0$ より $0<x<\dfrac{1}{2}$ であり，箱の体積を V とすると

$$V=x\cdot x\cdot y=x^2(1-2x)$$
$$=x^2-2x^3$$
$$V'=2x-6x^2=2x(1-3x)$$

$0<x<\dfrac{1}{2}$ における V の増減は次のようになる。

x	(0)	$\cdots$	$\dfrac{1}{3}$	$\cdots$	$\left(\dfrac{1}{2}\right)$
V'		$+$	0	$-$	
V		$\nearrow$	極大	$\searrow$	

よって，V が最大になる x の値は $x=\dfrac{1}{3}$ であり

最大値 $V_2=\left(\dfrac{1}{3}\right)^2\cdot\dfrac{1}{3}=\dfrac{1}{27}$

したがって

$$\dfrac{V_1}{V_2}=\dfrac{\dfrac{8}{243}}{\dfrac{1}{27}}=\dfrac{8}{9}$$

〔2〕　　$f(x)=x^3-2x+1$

$\qquad\qquad g(x)=x^3-x^2+4$

$f(x)=g(x)$ のとき

$$x^3-2x+1=x^3-x^2+4$$
$$x^2-2x-3=0$$
$$(x+1)(x-3)=0$$
$$\therefore\quad x=-1,\ 3$$

よって　$\alpha=-1$，$\beta=3$

(1)　$f'(x)=3x^2-2$ より，$f(x)$ の増減は次のようになる。

x	$\cdots$	$-\sqrt{\dfrac{2}{3}}$	$\cdots$	$\sqrt{\dfrac{2}{3}}$	$\cdots$
$f'(x)$	$+$	0	$-$	0	$+$
$f(x)$	$\nearrow$	極大	$\searrow$	極小	$\nearrow$

$-1<-\sqrt{\dfrac{2}{3}}<\sqrt{\dfrac{2}{3}}<3$ であるから，$-1<x<3$ の範囲で $f(x)$ は極大値と極小値の両方をとる(⑤)。

$g'(x)=3x^2-2x=x(3x-2)$ より，$g(x)$ の増減は次のようになる。

x	$\cdots$	0	$\cdots$	$\dfrac{2}{3}$	$\cdots$
$g'(x)$	$+$	0	$-$	0	$+$
$g(x)$	$\nearrow$	極大	$\searrow$	極小	$\nearrow$

$-1<0<\dfrac{2}{3}<3$ であるから，$-1<x<3$ の範囲で $g(x)$ は極大値と極小値の両方をとる(⑤)。

(2)　$f(-1)=2$，$f'(-1)=1$ より，C_1 上の点 $(-1,\ 2)$ における接線 ℓ_1 の方程式は

$$y=(x+1)+2=x+3$$

$g(-1)=2$，$g'(-1)=5$ より，C_2 上の点 $(-1,\ 2)$ における接線 ℓ_2 の方程式は

$$y=5(x+1)+2=5x+7$$

ℓ_1，ℓ_2 の傾きは，それぞれ 1，5 であるから

$$\tan\theta=\left|\dfrac{5-1}{1+5\cdot 1}\right|=\dfrac{2}{3}$$

（注）　ℓ_1，ℓ_2 が x 軸の正の向きとなす角をそれぞれ θ_1，θ_2 とすると

$$\tan\theta_1=1,\ \tan\theta_2=5\quad\left(0<\theta_1<\theta_2<\dfrac{\pi}{2}\right)$$

であり，$\theta=\theta_2-\theta_1$ である。よって

$$\begin{aligned}\tan\theta &= \tan(\theta_2-\theta_1)\\ &= \frac{\tan\theta_2-\tan\theta_1}{1+\tan\theta_2\tan\theta_1}\\ &= \frac{5-1}{1+5\cdot 1}\\ &= \frac{2}{3}\end{aligned}$$

(3) $\quad g(x)-f(x) = -x^2+2x+3$
$\qquad\qquad\qquad = -(x+1)(x-3)$ ……①

であるから

$$\begin{aligned}\int_{-1}^{3}\{g(x)-f(x)\}dx &= -\int_{-1}^{3}(x+1)(x-3)dx\\ &= \frac{1}{6}\{3-(-1)\}^3\\ &= \mathbf{\frac{32}{3}}\end{aligned}$$

$$\begin{aligned}\int_{-2}^{-1}\{g(x)-f(x)\}dx &= \left[-\frac{x^3}{3}+x^2+3x\right]_{-2}^{-1}\\ &= -\frac{5}{3}-\frac{2}{3}\\ &= -\frac{7}{3}\end{aligned}$$

①より

$\quad -1<x<3$ において $\quad g(x)>f(x)$
$\quad x<-1,\ 3<x$ において $\quad f(x)>g(x)$

であるから, C_1 と C_2 の概形は次のようになる。

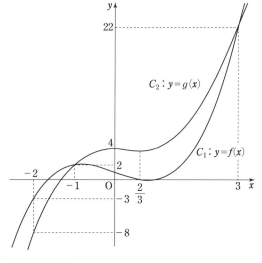

求める面積は

$$\int_{-2}^{-1}\{f(x)-g(x)\}dx+\int_{-1}^{3}\{g(x)-f(x)\}dx$$
$$=-\left(-\frac{7}{3}\right)+\frac{32}{3}$$
$$=\mathbf{13}$$

第4問 （数学B　数列）

Ⅵ [1] [2] [4] 【難易度…★★】

(1) 毎回1回目と同じ方向に折ると，折り目の辺の対辺に重なっている紙の枚数は1ずつ増えていくから
$$a_{n+1}=a_n+1 \quad (n=1,\ 2,\ 3,\ \cdots)$$
が成り立つ。
また，折り目の辺の両隣りの辺に重なっている紙の枚数はそれぞれ2倍になるから
$$\begin{cases}b_{n+1}=2b_n & (n=1,\ 2,\ 3,\ \cdots)\\ c_{n+1}=2c_n & (n=1,\ 2,\ 3,\ \cdots)\end{cases}$$
が成り立つ。
$$a_2=3,\ b_2=4,\ c_2=4$$
であるから
$$a_3=\mathbf{4},\ b_3=\mathbf{8},\ c_3=\mathbf{8}$$
数列 $\{a_n\}$ は，公差1の等差数列である（**⓪**）。
数列 $\{b_n\}$ は，公比2の等比数列である（**②**）。
数列 $\{c_n\}$ は，公比2の等比数列である（**②**）。

(2) $n+1$ 回目は n 回目と違う方向に折ったとき，折り目の辺の対辺に重なっている紙の枚数は b_n+c_n, 折り目の辺の両隣りの辺に重なっている紙の枚数のうち，多くない方の枚数は2，もう一方の枚数は $2a_n$ であるから
$$\begin{cases}a_{n+1}=b_n+c_n\ (n=1,\ 2,\ 3,\ \cdots)(\mathbf{⑧})\cdots\cdots①\\ b_{n+1}=2 \qquad\quad (n=1,\ 2,\ 3,\ \cdots)(\mathbf{⑦})\cdots\cdots②\\ c_{n+1}=2a_n \qquad (n=1,\ 2,\ 3,\ \cdots)(\mathbf{④})\cdots\cdots③\end{cases}$$
が成り立つ。
$$a_2=4,\ b_2=2,\ c_2=4$$
であるから
$$\begin{cases}a_3=b_2+c_2=\mathbf{6}\\ b_3=\mathbf{2}\\ c_3=2a_2=\mathbf{8}\end{cases}$$
毎回違う方向に折ると，①より
$$a_{n+2}=b_{n+1}+c_{n+1}$$
であるから，②，③を代入して
$$a_{n+2}=\mathbf{2}a_n+\mathbf{2} \qquad\qquad\cdots\cdots(*)$$
$n=2m$ とおくと
$$a_{2m+2}=2a_{2m}+2$$
よって，$d_m=a_{2m}\ (m=1,\ 2,\ 3,\ \cdots)$ とおくと
$$d_{m+1}=2d_m+2$$
より
$$d_{m+1}+2=2(d_m+2)$$
数列 $\{d_m+2\}$ は公比2の等比数列であるから
$$d_m+2=(d_1+2)\cdot 2^{m-1}$$
$d_1=a_2=4$ であるから

$$d_m + 2 = 6 \cdot 2^{m-1} = 3 \cdot 2^m$$
$$\therefore \quad d_m = \mathbf{3 \cdot 2^m - 2} \quad (\textbf{⓪})$$

(注) (*)で，$n = 2m-1$ とおくと
$$a_{2m+1} = 2a_{2m-1} + 2$$
両辺を 2 倍して
$$2a_{2m+1} = 2 \cdot 2a_{2m-1} + 4$$
③より
$$c_{2m+2} = 2c_{2m} + 4$$
$e_m = c_{2m}$ $(m = 1, 2, 3, \cdots)$ とおくと
$$e_{m+1} = 2e_m + 4$$
より
$$e_{m+1} + 4 = 2(e_m + 4)$$
数列 $\{e_m + 4\}$ は公比 2 の等比数列であるから
$$e_m + 4 = (e_1 + 4) \cdot 2^{m-1}$$
$e_1 = c_2 = 4$ であるから
$$e_m + 4 = 8 \cdot 2^{m-1} = 2^{m+2}$$
$$\therefore \quad e_m = 2^{m+2} - 4$$

第 5 問 （数学 B　統計的な推測）
Ⅶ $\boxed{2}\boxed{3}\boxed{5}\boxed{6}\boxed{7}\boxed{8}$ 【難易度…★】

(1) 確率変数 X は二項分布 $B(100,\ 0.5)$ に従うので
　　　平均（期待値）　$E(X) = 100 \cdot 0.5 = 50$
　　　標準偏差　$\sigma(X) = \sqrt{100 \cdot 0.5 \cdot (1-0.5)} = 5$
　確率変数 Y は二項分布 $B(100,\ 0.1)$ に従うので
　　　平均（期待値）　$E(Y) = 100 \cdot 0.1 = 10$
　　　標準偏差　$\sigma(Y) = \sqrt{100 \cdot 0.1 \cdot (1-0.1)} = 3$
　よって
$$\frac{E(X)}{E(Y)} = \frac{50}{10} = \mathbf{5}$$
$$\frac{\sigma(X)}{\sigma(Y)} = \frac{\mathbf{5}}{\mathbf{3}}$$
標本の大きさ 100 は十分に大きいので，X は近似的に正規分布 $N(50,\ 5^2)$ に従う。さらに確率変数 Z' を
$$Z' = \frac{X-50}{5}$$
とおくと，Z' は近似的に標準正規分布 $N(0,\ 1)$ に従う。$X \leqq 48$ のとき
$$Z' \leqq \frac{48-50}{5} = -0.4$$
であるから
$$\begin{aligned}
p_1 &= P(X \leqq 48) \\
&= P(Z' \leqq -0.4) \\
&= 0.5 - P(0 \leqq Z' \leqq 0.4)
\end{aligned}$$
正規分布表より

$$P(0 \leqq Z' \leqq 0.4) = 0.1554$$
であるから
$$p_1 = 0.5 - 0.1554 = 0.3446 \fallingdotseq 0.345 \quad (\textbf{③})$$
また，Y は近似的に正規分布 $N(10,\ 3^2)$ に従うので，確率変数 U を
$$U = \frac{Y-10}{3}$$
とおくと，U は近似的に標準正規分布 $N(0,\ 1)$ に従う。$Y \geqq 7$ のとき
$$U \geqq \frac{7-10}{3} = -1$$
であるから
$$\begin{aligned}
p_2 &= P(Y \geqq 7) \\
&= P(U \geqq -1) \\
&= 0.5 + P(0 \leqq U \leqq 1)
\end{aligned}$$
$P(0 \leqq U \leqq 1) > 0$ より $p_1 < 0.5 < p_2$ であるから
$$p_1 < p_2 \quad (\textbf{⓪})$$

(2) 母平均 m に対する信頼度 95% の信頼区間は，標本の大きさを n としたとき
$$350 - 1.96 \cdot \frac{\sigma}{\sqrt{n}} \leqq m \leqq 350 + 1.96 \cdot \frac{\sigma}{\sqrt{n}}$$
である。
$n = 100,\ \sigma = 100$ のとき
$$C_1 = 350 - 1.96 \cdot \frac{100}{\sqrt{100}} = 330.40 \quad (\textbf{③})$$
$$C_2 = 350 + 1.96 \cdot \frac{100}{\sqrt{100}} = 369.60 \quad (\textbf{⑥})$$
であり
$$C_2 - C_1 = 2 \cdot 1.96 \cdot \frac{100}{\sqrt{100}} = 39.2$$
また，$n = 100,\ \sigma = 200$ のとき
$$D_1 = 350 - 1.96 \cdot \frac{200}{\sqrt{100}}$$
$$D_2 = 350 + 1.96 \cdot \frac{200}{\sqrt{100}}$$
であり
$$D_2 - D_1 = 2 \cdot 1.96 \cdot \frac{200}{\sqrt{100}} \ (=78.4)$$
よって
$$D_2 - D_1 = \mathbf{2}(C_2 - C_1)$$

(3) 帰無仮説を「今年の睡眠時間の母平均 m は昨年と同じである」，すなわち「m は 370 である」（**②**）とし，対立仮説を「今年の睡眠時間の母平均 m は昨年とは異なる」，すなわち「m は 370 ではない」（**③**）とする。帰無仮説が正しいとすると，W は平均 370，標準偏

— 数 IIBC 48 —

差 $\dfrac{80}{\sqrt{100}}=8$ の正規分布 $N(370,\,8^2)$（**⑤**，**②**）に近似的に従うので，$Z=\dfrac{W-370}{8}$ は近似的に標準正規分布 $N(0,\,1)$ に従う。

正規分布表より，$P(|Z|\leqq 1.96)\fallingdotseq 0.95$（**⓪**）であるから有意水準 5% の棄却域は $|Z|>1.96$ である。

$W=350$ のとき $Z=\dfrac{350-370}{8}=-2.5$（**⓪**）であり，この値は棄却域に入るので，帰無仮説は棄却できる。

よって，この高校の生徒の平日の睡眠時間は昨年と異なるといえる（**⓪**）。

第6問 （数学C　ベクトル）

Ⅷ ４ ５ ６　　【難易度…★★】

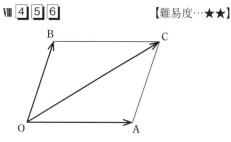

(1) P は
$$\begin{cases}\overrightarrow{OP}=x\overrightarrow{OA}+y\overrightarrow{OB}\\3x+y=2\end{cases}$$
を満たしながら動く。
A′ は直線 OA 上の点であるから，$y=0$ であり
$$3x+0=2,\ \text{すなわち}\ x=\dfrac{2}{3}$$
より
$$\overrightarrow{OA'}=\dfrac{2}{3}\overrightarrow{OA}$$
である。また，B′ は直線 BC 上の点であるから，$y=1$ であり
$$3x+1=2,\ \text{すなわち}\ x=\dfrac{1}{3}$$
より
$$\overrightarrow{OB'}=\dfrac{1}{3}\overrightarrow{OA}+\overrightarrow{OB}$$
である。
M は線分 A′B′ の中点であるから
$$\overrightarrow{OM}=\dfrac{\overrightarrow{OA'}+\overrightarrow{OB'}}{2}$$
$$=\dfrac{1}{2}\left\{\dfrac{2}{3}\overrightarrow{OA}+\left(\dfrac{1}{3}\overrightarrow{OA}+\overrightarrow{OB}\right)\right\}$$

$$=\dfrac{1}{2}\overrightarrow{OA}+\dfrac{1}{2}\overrightarrow{OB}$$
である。

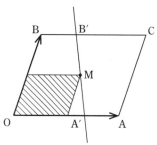

点 M を通り 2 直線 OA，OB それぞれと平行な 2 本の直線と辺 OA，OB で囲まれた平行四辺形の面積 S_1 は
$$S_1=\left|\dfrac{1}{2}\overrightarrow{OA}\right|\left|\dfrac{1}{2}\overrightarrow{OB}\right|\sin\angle\mathrm{AOB}$$
$$=\dfrac{1}{4}|\overrightarrow{OA}||\overrightarrow{OB}|\sin\angle\mathrm{AOB}$$
$$=\dfrac{1}{4}S\quad\text{（②）}$$
である。

(2) P は
$$\begin{cases}\overrightarrow{OP}=x\overrightarrow{OA}+y\overrightarrow{OB}\\3x+y=k\end{cases}\quad\cdots\cdots ①$$
を満たしながら動く。

(i)

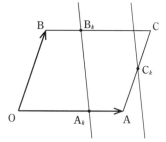

直線 ℓ_k と直線 OA の交点を A_k とおく。点 P と点 A_k が一致する条件は $y=0$ であり，① より
$$3x+0=k,\ \text{すなわち}\ x=\dfrac{k}{3}$$
である。よって
$$\overrightarrow{\mathrm{OA}_k}=\dfrac{k}{3}\overrightarrow{OA}$$
であるから，点 A_k が辺 OA 上にある条件は
$$0\leqq\dfrac{k}{3}\leqq 1$$
すなわち
$$0\leqq k\leqq 3\quad\cdots\cdots ③$$
である。

直線 ℓ_k と直線 BC の交点を B_k とおく。点 P と点 B_k が一致する条件は $y=1$ であり，①より
$$3x+1=k, \text{すなわち } x=\frac{k-1}{3}$$
である。よって
$$\overrightarrow{OB_k}=\frac{k-1}{3}\overrightarrow{OA}+\overrightarrow{OB}$$
であるから，点 B_k が辺 BC 上にある条件は
$$0\leq\frac{k-1}{3}\leq 1$$
すなわち
$$1\leq k\leq 4 \quad\cdots\cdots ④$$
である。
直線 ℓ_k と直線 AC の交点を C_k とおく。点 P と点 C_k が一致する条件は $x=1$ であり，①より
$$3\cdot 1+y=k, \text{すなわち } y=k-3$$
である。よって
$$\overrightarrow{OC_k}=\overrightarrow{OA}+(k-3)\overrightarrow{OB}$$
であるから，点 C_k が辺 AC 上にある条件は
$$0\leq k-3\leq 1$$
すなわち
$$3\leq k\leq 4 \quad\cdots\cdots ⑤$$
である。
以上から，直線 ℓ_k が 2 辺 OA, BC の両方と共有点をもつような k の値の範囲は
③ かつ ④
すなわち
$$1\leq k\leq 3$$
であり，直線 ℓ_k が 2 辺 BC, AC の両方と共有点をもつような k の値の範囲は
④ かつ ⑤
すなわち
$$3\leq k\leq 4$$
である。

(ii) ②のとき，点 P を通り 2 直線 OA, OB それぞれと平行な 2 本の直線と，辺 OA, OB で囲まれた平行四辺形の面積 S_2 は
$$S_2=|x\overrightarrow{OA}||y\overrightarrow{OB}|\sin\angle AOB$$
$$=xy|\overrightarrow{OA}||\overrightarrow{OB}|\sin\angle AOB$$
$$=xyS \quad (④)$$
である。よって，S_2 が最大となるのは xy が最大となるときである。

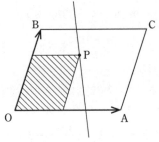

x, y は①を満たしながら変化するから，$y=k-3x$ より
$$xy=x(k-3x)$$
$$=-3x^2+kx$$
$$=-3\left(x-\frac{k}{6}\right)^2+\frac{k^2}{12}$$
である。$x>0, y>0$ より $k>0$ であるから，xy は $x=\frac{k}{6}$ のとき最大値 $\frac{k^2}{12}$ をとる。このとき
$$y=k-3\cdot\frac{k}{6}=\frac{k}{2}$$
である。以上より，S_2 は
$$\overrightarrow{OP}=\frac{k}{6}\overrightarrow{OA}+\frac{k}{2}\overrightarrow{OB} \quad (②, ⓪)$$
のとき，最大値
$$\frac{k^2}{12}S \quad (⑦)$$
をとる。
点 P が平行四辺形 OACB の内部の点である条件は
$$0<x<1 \text{ かつ } 0<y<1$$
である。よって，S_2 を最大にする点 P が平行四辺形 OACB の内部の点となるような k の値の範囲は
$$\begin{cases} 0<\dfrac{k}{6}<1 \\ 0<\dfrac{k}{2}<1 \end{cases}$$
すなわち
$$0<k<2$$
である。

(注) x, y は②を満たすから，相加平均と相乗平均の関係を用いて S_2 の最大値を求めることもできる。
x, y は①も満たすから
$$\frac{3x+y}{2}\geq\sqrt{3x\cdot y}$$
$$\left(\frac{k}{2}\right)^2\geq 3xy$$
$$xy\leq\frac{k^2}{12}$$

である。また，等号が成り立つのは
$$3x=y$$
のときであり，①とあわせると
$$3x=y=\frac{k}{2}$$
すなわち
$$x=\frac{k}{6},\ y=\frac{k}{2}$$
である。
よって，S_2 は
$$\overrightarrow{OP}=\frac{k}{6}\overrightarrow{OA}+\frac{k}{2}\overrightarrow{OB}$$
のとき，最大値
$$\frac{k^2}{12}S$$
をとる。

第7問

〔1〕（数学C　平均上の曲線）

IX ①②③④　【難易度…★★】
$$C: ax^2+(a-1)y^2+2y=1 \quad \cdots\cdots ①$$

(1) $0<a<1$ のとき，$a-1<0$ より，C は双曲線である（②）。

(2) $a\neq 1$ のとき，①の両辺を $a(a-1)$ で割ると
$$\frac{x^2}{a-1}+\frac{y^2}{a}+\frac{2y}{a(a-1)}=\frac{1}{a(a-1)}$$
$$\frac{x^2}{a-1}+\frac{\left(y+\dfrac{1}{a-1}\right)^2}{a}=\frac{1}{a(a-1)}+\frac{1}{a(a-1)^2}$$
右辺を整理すると
$$\frac{1}{a(a-1)}+\frac{1}{a(a-1)^2}=\frac{a-1}{a(a-1)^2}+\frac{1}{a(a-1)^2}$$
$$=\frac{a}{a(a-1)^2}=\frac{1}{(a-1)^2}$$
よって，C の方程式は
$$\frac{x^2}{a-1}+\frac{\left(y+\dfrac{1}{a-1}\right)^2}{a}=\frac{1}{(a-1)^2}$$
$$(⓪, ⓪, ⓪, ③)$$
$$\frac{x^2}{\dfrac{1}{a-1}}+\frac{\left(y+\dfrac{1}{a-1}\right)^2}{\dfrac{a}{(a-1)^2}}=1$$

$a>1$ のとき，C は楕円であり
$$\sqrt{\frac{a}{(a-1)^2}-\frac{1}{a-1}}=\sqrt{\frac{a}{(a-1)^2}-\frac{a-1}{(a-1)^2}}$$
$$=\sqrt{\frac{1}{(a-1)^2}}=\frac{1}{a-1}$$
よって，$\dfrac{a}{(a-1)^2}>\dfrac{1}{a-1}>0$ であり，焦点は y 軸上にあるから，F, F′ の座標は
$$\left(0,\ -\frac{1}{a-1}\pm\frac{1}{a-1}\right)=(0,\ 0),\ \left(0,\ -\frac{2}{a-1}\right)$$
したがって
$$FF'=\frac{2}{a-1}\quad (③)$$
直線 FF′ の方程式は　$x=0$　（⓪）

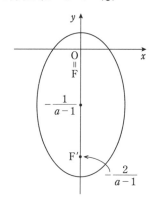

$0<a<1$ のとき，C は双曲線であり，$1-a>0$ に注意して，C の方程式は
$$\frac{x^2}{\dfrac{1}{1-a}}-\frac{\left(y+\dfrac{1}{a-1}\right)^2}{\dfrac{a}{(1-a)^2}}=-1$$
となるので，焦点は y 軸上にある。
$$\sqrt{\frac{1}{1-a}+\frac{a}{(1-a)^2}}=\sqrt{\frac{1-a}{(1-a)^2}+\frac{a}{(1-a)^2}}$$
$$=\sqrt{\frac{1}{(1-a)^2}}=\frac{1}{1-a}$$
であるから，F, F′ の座標は
$$\left(0,\ -\frac{1}{a-1}\pm\frac{1}{1-a}\right)=(0,\ 0),\ \left(0,\ \frac{2}{1-a}\right)$$
したがって
$$FF'=\frac{2}{1-a}\quad (④)$$
直線 FF′ の方程式は　$x=0$　（⓪）

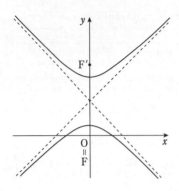

〔2〕(数学C 複素数平面)

X ①②③⑤ 【難易度…★】

$\alpha=\sqrt{3}+9i$, $\beta=\sqrt{3}-9i$ とおけば，α，β を表す点がそれぞれ A，B であり A は第1象限の点である。また，A と B は実軸に関して対称な位置にある。

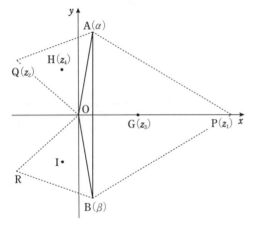

(1) P は実軸上にあるから z_1 は実数である。また，AP＝BP であるから，△ABP が正三角形となる条件は
$$AB=AP$$
である。いま
$$AB=|\alpha-\beta|$$
$$=|(\sqrt{3}+9i)-(\sqrt{3}-9i)|$$
$$=|18i|$$
$$=18$$
$$AP=|z_1-\alpha|$$
$$=|z_1-(\sqrt{3}+9i)|$$
$$=|(z_1-\sqrt{3})-9i|$$
$$=\sqrt{(z_1-\sqrt{3})^2+81}$$
であるから

$$18=\sqrt{(z_1-\sqrt{3})^2+81}$$
$$(z_1-\sqrt{3})^2+81=324$$
$$(z_1-\sqrt{3})^2=243$$
$$z_1-\sqrt{3}=\pm 9\sqrt{3}$$
ここで，$z_1>0$ であるから
$$z_1=\boldsymbol{10\sqrt{3}}$$

(注) 線分 AB の中点を $M(\sqrt{3})$ とする。△ABP は正三角形であるから
$$MP=\sqrt{3}\,AM=9\sqrt{3}$$
よって
$$z_1=\sqrt{3}+9\sqrt{3}=10\sqrt{3}$$

△AOQ が正三角形であることから Q は A を O のまわりに $\dfrac{\pi}{3}$ 回転した点であり
$$z_2=\left(\cos\frac{\pi}{3}+i\sin\frac{\pi}{3}\right)\alpha$$
$$=\left(\frac{1}{2}+\frac{\sqrt{3}}{2}i\right)(\sqrt{3}+9i)$$
$$=\boldsymbol{-4\sqrt{3}+6i}$$
である。次に G は △ABP の重心であるから
$$z_3=\frac{\alpha+\beta+z_1}{3}$$
$$=\frac{(\sqrt{3}+9i)+(\sqrt{3}-9i)+10\sqrt{3}}{3}$$
$$=\boldsymbol{4\sqrt{3}}$$
であり，H は △AOQ の重心であるから
$$z_4=\frac{\alpha+z_2}{3}$$
$$=\frac{(\sqrt{3}+9i)+(-4\sqrt{3}+6i)}{3}$$
$$=\boldsymbol{-\sqrt{3}+5i}$$
である。

(2)
$$z_4-z_3=(-\sqrt{3}+5i)-4\sqrt{3}$$
$$=-5\sqrt{3}+5i$$
$$=10\left(-\frac{\sqrt{3}}{2}+\frac{1}{2}i\right)$$
$$=10\left(\cos\frac{5}{6}\pi+i\sin\frac{5}{6}\pi\right)$$
であるから
$$|z_4-z_3|=10$$
z_4-z_3 の偏角は $\dfrac{5}{6}\pi$
である。

ゆえに

$$\angle \text{HGO} = \pi - \frac{5}{6}\pi$$

$$= \frac{\pi}{6}$$

であり，H と I は実軸に関して対称であるから

$$\angle \text{HGI} = 2\angle \text{HGO}$$

$$= \frac{\pi}{3}$$

となり，△GHI は正三角形であることがわかる。1 辺の長さが a の正三角形の面積は $\dfrac{\sqrt{3}}{4}a^2$ であるから，△GHI の面積は

$$\frac{\sqrt{3}}{4} \cdot 10^2 = \boldsymbol{25\sqrt{3}}$$

である。

(注) H と I は実軸に関して対称であり，線分 HI の中点を $\text{N}(-\sqrt{3})$ とすると

$$\text{HN} = 5, \quad \text{GN} = 4\sqrt{3} - (-\sqrt{3}) = 5\sqrt{3}$$

であるから

$$\angle \text{HGN} = \frac{\pi}{6}$$

第 4 回

実 戦 問 題

解答・解説

数学 II・B・C　　第4回　（100点満点）

（解答・配点）

問題番号（配点）	解答記号（配点）		正解	自己採点欄	問題番号（配点）	解答記号（配点）		正解	自己採点欄
第1問（15）	ア	(2)	①		**第3問**（22）	アイ，ウ	(1)	$-2, 8$	
	イ	(2)	⑥			エ，オ	(2)	$2, 8$	
	ウ	(1)	⓪			カ	(2)	8	
	エ	(1)	③			キク，ケコ	(3)	$16, 64$	
	オ	(1)	④			$\dfrac{\text{サ}}{\text{シ}}a^{\text{ス}}$	(2)	$\dfrac{1}{6}a^3$	
	（カ，キ）	(2)	（⑧，⑦）			セ，ソタ，チツ	(3)	$2, 32, 64$	
	ク	(1)	⓪			テ	(3)	①	
	（ケ，コ）	(2)	（③，⑦）			ト	(3)	⑥	
	$\left(\dfrac{\text{サ}}{\text{シ}}, \text{ス}\right)$	(2)	$\left(\dfrac{4}{3}, 0\right)$			ナ	(3)	⑨	
	$\dfrac{\text{セ}}{\text{ソ}}$	(1)	$\dfrac{4}{3}$		**小　計**				
小　計					**第4問**（16）	アイ	(1)	25	
第2問（15）	ア	(1)	2			ウエ	(1)	26	
	イ	(1)	2			オ	(2)	②	
	ウ	(2)	0			カ	(2)	①	
	$\dfrac{\text{エ}}{\text{オ}}$	(2)	$\dfrac{1}{4}$			キ	(2)	③	
	カ	(2)	③			ク	(1)	④	
	キ	(2)	①			ケ	(1)	③	
	ク	(2)	②			コ	(2)	②	
	ケ	(3)	⓪			サシス	(1)	183	
小　計						セ，ソ	(2)	②，3	
						タチ，ツテ	(1)	$14, 11$	
					小　計				

問題番号 (配点)	解答記号（配点）		正解	自己採点欄
第5問 (16)	ア	(1)	⓪	
	イ	(1)	⑧	
	ウエ	(1)	90	
	0．オ	(1)	0.1	
	0．カキ	(1)	0.01	
	0．クケコサ	(1)	0.6826	
	0．シスセソ	(2)	0.0392	
	タ	(2)	①	
	チ，ツ	(1)	⓪，②	
	テ，ト	(1)	⑤，①	
	ナ	(1)	⓪	
	ニ	(1)	③	
	ヌ	(1)	⓪	
	ネ	(1)	②	
小　計				
第6問 (16)	ア，$\dfrac{イ}{ウ}$，エ	(2)	1，$\dfrac{7}{5}$，5	
	$\dfrac{オ}{カ}$	(1)	$\dfrac{5}{7}$	
	キ	(1)	5	
	ク	(1)	⓪	
	$\dfrac{ケ}{コ}$，$\dfrac{サ}{シ}$，$\dfrac{ス}{セ}$	(2)	$\dfrac{6}{5}$，$\dfrac{2}{5}$，$\dfrac{1}{5}$	
	ソ，タ，チ	(1)	1，3，6	
	ツテ，ト	(2)	−1，1	
	$\dfrac{\sqrt{ナ}}{ニ}$	(2)	$\dfrac{\sqrt{7}}{3}$	
	ヌネ	(2)	90	
	ノ	(2)	①	
小　計				

問題番号 (配点)	解答記号（配点）		正解	自己採点欄
第7問 (16)	ア	(1)	⑤	
	イ	(1)	⓪	
	ウ	(2)	②	
	エ	(2)	②	
	オ	(1)	2	
	$\dfrac{\pi}{カ}$	(1)	$\dfrac{\pi}{6}$	
	キ	(1)	③	
	ク	(1)	⑤	
	ケ	(2)	3	
	コサ	(2)	16	
	シス	(2)	21	
小　計				
合　計				

(注)　第1問，第2問，第3問は必答。第4問～第7問のうちから3問選択。計6問を解答。

— 数ⅡBC 57 —

解 説

第1問 （数学Ⅱ　図形と方程式，三角関数）
Ⅱ 1 3 4 5, Ⅲ 2 4　　【難易度…★★】

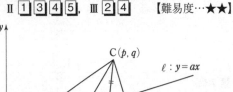

(1)(i) Cの座標を (p, q) とおくと，$\ell \perp BC$ より
$$a \cdot \frac{q-0}{p-4} = -1$$
$$p + aq - 4 = 0 \quad (\text{⓪}) \quad \cdots\cdots ①$$
また，線分 BC の中点 $\left(\dfrac{p+4}{2}, \dfrac{q}{2}\right)$ が ℓ 上にあるので
$$\frac{q}{2} = a \cdot \frac{p+4}{2}$$
$$\therefore \ ap - q + 4a = 0 \quad (\text{⑥}) \quad \cdots\cdots ②$$
②より $q = ap + 4a$，①に代入して
$$p + a(ap + 4a) - 4 = 0$$
$$(1+a^2)p = 4(1-a^2)$$
$$\therefore \ p = \frac{4(1-a^2)}{1+a^2}$$
②より
$$q = a\left\{\frac{4(1-a^2)}{1+a^2} + 4\right\} = \frac{8a}{1+a^2}$$

(ii) $\angle POB = \theta \ \left(0 < \theta < \dfrac{\pi}{2}\right)$ とおくと，$\tan\theta$ は ℓ の傾きを表すので
$$\tan\theta = a \quad (\text{⓪})$$
このとき
$$\cos^2\theta = \frac{1}{1+\tan^2\theta} = \frac{1}{1+a^2}$$
$\cos\theta > 0$ より
$$\cos\theta = \frac{1}{\sqrt{1+a^2}} \quad (\text{③})$$
$$\sin\theta = \tan\theta\cos\theta = \frac{a}{\sqrt{1+a^2}} \quad (\text{④})$$

$OC = OB = 4$，$\angle COB = 2\theta$ より，C の x 座標は
$$4\cos 2\theta = 4(\cos^2\theta - \sin^2\theta) = 4\left(\frac{1}{1+a^2} - \frac{a^2}{1+a^2}\right)$$
$$= \frac{4(1-a^2)}{1+a^2}$$
C の y 座標は
$$4\sin 2\theta = 8\sin\theta\cos\theta = 8 \cdot \frac{a}{\sqrt{1+a^2}} \cdot \frac{1}{\sqrt{1+a^2}}$$
$$= \frac{8a}{1+a^2}$$
よって，C の座標は
$$C\left(\frac{4(1-a^2)}{1+a^2}, \ \frac{8a}{1+a^2}\right) \quad (\text{⑧，⑦})$$

(2) ℓ は線分 BC の垂直二等分線であり，A は線分 OB の中点であるから，Q は △OBC の重心である（⓪）。
よって，Q の x 座標は
$$\frac{1}{3}\left\{4 + \frac{4(1-a^2)}{1+a^2}\right\} = \frac{8}{3(1+a^2)}$$
Q の y 座標は
$$\frac{1}{3} \cdot \frac{8a}{1+a^2} = \frac{8a}{3(1+a^2)}$$
よって，Q の座標は
$$Q\left(\frac{8}{3(1+a^2)}, \ \frac{8a}{3(1+a^2)}\right) \quad (\text{③，⑦})$$

(3) (2)より
$$x = \frac{8}{3(1+a^2)} \quad \cdots\cdots ③$$
$$y = \frac{8a}{3(1+a^2)} \quad \cdots\cdots ④$$
とおくと，$a > 0$ より $x > 0$，$y > 0$ であり，③，④より
$$a = \frac{y}{x}$$
これを③，すなわち $x(1+a^2) = \dfrac{8}{3}$ に代入して
$$x\left(1 + \frac{y^2}{x^2}\right) = \frac{8}{3}$$
$$x^2 + y^2 = \frac{8}{3}x$$
$$\left(x - \frac{4}{3}\right)^2 + y^2 = \frac{16}{9}$$
よって，点 Q の軌跡は
中心 $\left(\dfrac{4}{3}, \ 0\right)$，半径 $\dfrac{4}{3}$ の円
の $y > 0$ の部分である。

第2問　(数学Ⅱ　指数関数・対数関数)

Ⅳ ③ ④ 　　　　　　　　　　　　【難易度…★】

(1) $\log_4 x = \dfrac{\log_2 x}{\log_2 4} = \dfrac{\log_2 x}{2}$

$1 + \log_2 x = \log_2 2 + \log_2 x = \log_2 2x$

また

$\log_4 x > 1 + \log_2 x$

$\dfrac{\log_2 x}{2} > 1 + \log_2 x$

$\log_2 x < -2$

$\log_2 x < \log_2 2^{-2}$

底 2 は 1 より大きいから

$x < 2^{-2}$　　∴　$0 < x < \dfrac{1}{4}$

(2) $y = \log_4 x$, つまり $y = \dfrac{\log_2 x}{2}$ のグラフは $y = \log_2 x$ のグラフを x 軸をもとにして y 軸方向に $\dfrac{1}{2}$ 倍に縮小したものである (❸)。

$y = 1 + \log_2 x$, つまり $y = \log_2 2x$ のグラフは $y = \log_2 x$ のグラフを y 軸をもとにして x 軸方向に $\dfrac{1}{2}$ 倍に縮小したものである (❶)。

$y = \log_2 x^2$, つまり $y = 2\log_2 x$ のグラフは $y = \log_2 x$ のグラフを x 軸をもとにして y 軸方向に 2 倍に拡大したものである (❷)。

(3) (1)の結果より, $0 < x < \dfrac{1}{4}$ のとき

$\log_4 x > 1 + \log_2 x$, よって $B > C$

また, $C = 1 + A$ より

$C > A$

さらに, (2)の結果より, $y = \log_2 x$, $y = \log_2 x^2$ のグラフは次の図のようになる。

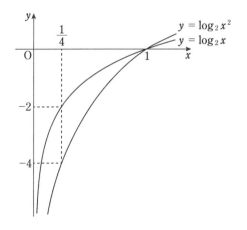

グラフより, $0 < x < \dfrac{1}{4}$ のとき

$A > D$

したがって　$B > C > A > D$　(⓪)

(注)　(2)の結果より, $y = A$, $y = B$, $y = C$, $y = D$ のグラフは次の図のようになる。

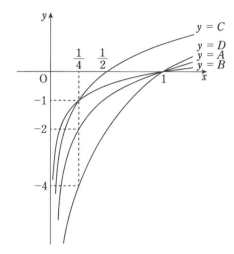

グラフより, $0 < x < \dfrac{1}{4}$ において　$B > C > A > D$

(注)　$t = \log_2 x$ とおくと, $0 < x < \dfrac{1}{4}$ のとき $t < -2$

$A = t$, $B = \log_4 x = \dfrac{t}{2}$, $C = 1 + \log_2 x = 1 + t$,

$D = \log_2 x^2 = 2t$

これらのグラフを tu 平面で考えると次の図のようになる。

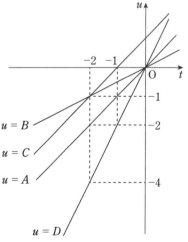

グラフより, $t < -2$ において, $B > C > A > D$

第3問 (数学Ⅱ 微分・積分の考え)
V ②③⑤⑥ 【難易度…〔1〕★, 〔2〕★】

〔1〕
(1) $C: y = -x^2 + 8x$, $y' = -2x + 8$

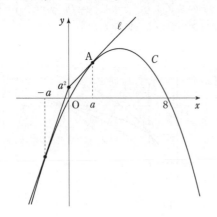

C 上の点 $A(a, -a^2 + 8a)$ における接線 ℓ の方程式は
$$y = (-2a + 8)(x - a) - a^2 + 8a$$
$$y = (\mathbf{-2}a + \mathbf{8})x + a^2$$

C 上の点 $(t, -t^2 + 8t)$ $(t \neq a)$ における接線の方程式は
$$y = (-2t + 8)x + t^2$$
であり, これが点 $(0, a^2)$ を通るとき
$$t^2 = a^2$$
$t \neq a$ より $t = -a$

よって, 点 $(0, a^2)$ を通る接線は, ℓ と
$$y = (\mathbf{2}a + \mathbf{8})x + a^2$$

(2)

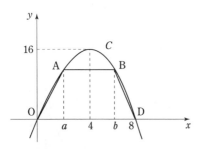

B の x 座標を b とすると, 点 A と点 B は直線 $x = 4$ に関して対称であるから
$$\frac{a + b}{2} = 4$$
∴ $b = \mathbf{8} - a$

よって, O, $A(a, -a^2 + 8a)$, $B(8-a, -a^2 + 8a)$, $D(8, 0)$ であるから, 四角形 $OABD$ の面積 S は
$$S = \frac{1}{2}\{8 + (8 - 2a)\}(-a^2 + 8a)$$
$$= \frac{1}{2}(16 - 2a)(-a^2 + 8a)$$

$$= a^3 - 16a^2 + 64a$$

また, C と $OA : y = (8-a)x$ で囲まれた図形の面積 T は
$$T = \int_0^a \{-x^2 + 8x - (8-a)x\}dx$$
$$= \int_0^a (-x^2 + ax)dx$$
$$= \left[-\frac{1}{3}x^3 + \frac{a}{2}x^2\right]_0^a = \frac{\mathbf{1}}{\mathbf{6}}a^3$$

(注) $T = \int_0^a \{-x^2 + 8x - (8-a)x\}dx$
$$= -\int_0^a x(x-a)dx$$
$$= \frac{1}{6}(a-0)^3 = \frac{1}{6}a^3$$

$f(a) = S - 2T$ より
$$f(a) = (a^3 - 16a^2 + 64a) - 2 \cdot \frac{1}{6}a^3$$
$$= \frac{2}{3}a^3 - 16a^2 + 64a$$
$$f'(a) = \mathbf{2}a^2 - \mathbf{32}a + \mathbf{64}$$
$$= 2(a^2 - 16a + 32)$$
$f'(a) = 0$ $(0 < a < 4)$ とすると
$$a = 8 - 4\sqrt{2}$$
であるから, $0 < a < 4$ における $f(a)$ の増減表は次のようになる。

a	(0)	…	$8-4\sqrt{2}$	…	(4)
$f'(a)$		+	0	−	
$f(a)$	(0)	↗	極大	↘	$\left(\frac{128}{3}\right)$

よって, 最も適当なグラフは ①

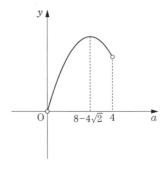

〔2〕
・(A)について
$f(x) = ax^2 + b$ $(a > 0, b > 0)$ と表されるので
$$g(x) = \int_0^x (at^2 + b)dt$$

$$= \left[\frac{a}{3}t^3+bt\right]_0^x$$
$$=\frac{a}{3}x^3+bx$$

$g(0)=0$ より，$y=g(x)$ のグラフは原点Oを通る。また，$g'(x)=ax^2+b$ であり，$a>0$，$b>0$ より，すべての実数 x に対して $g'(x)>0$ であるから，3次関数 $g(x)$ は増加関数である。

よって，$y=g(x)$ のグラフは **⑥**

・(B)について

$f(x)=ax^2-b$ $(a>0, b>0)$ と表されるので，(A)と同様にして
$$g(x)=\frac{a}{3}x^3-bx$$

$g(0)=0$ より，$y=g(x)$ のグラフは原点Oを通る。また，$g'(x)=ax^2-b$ であり，$a>0$，$b>0$ より，3次関数 $g(x)$ の増減表は次のようになる。

x	$\cdots$	$-\sqrt{\frac{b}{a}}$	$\cdots$	$\sqrt{\frac{b}{a}}$	$\cdots$
$g'(x)$	$+$	0	$-$	0	$+$
$g(x)$	↗	極大	↘	極小	↗

よって，$y=g(x)$ のグラフは **⑨**

(注) $g(x)=\int_0^x f(t)dt$ のとき
$$g'(x)=f(x),\ g(0)=0$$

第4問 （数学B 数列）

VI [1][4] 【難易度…★★】

(1)(i) 上から1行目，左から5列目の自然数を記入するとき，5×5 個のマスがすべて埋まることから
$$a_5=25$$
である。また，上から1行目，左から6列目の自然数は25の次の自然数であるから
$$a_6=26$$
である。

(ii)(ア) n が奇数のとき

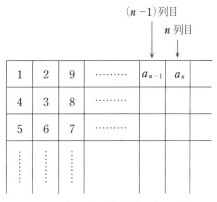

上から1行目，左から n 列目の自然数を記入するまでに自然数を記入したマスの個数は n^2 個であるから
$$a_n=n^2\quad \text{②}$$
である。

(イ) n が偶数のとき

a_n は a_{n-1} の右にある自然数であるから
$$a_n=a_{n-1}+1\quad \text{⓪}$$
である。$n-1$ が奇数であることから，(ア)より
$$a_{n-1}=(n-1)^2$$
である。よって
$$a_n=(n-1)^2+1$$
$$=n^2-2n+2\quad \text{③}$$
である。

(2) n が奇数のとき，b_n は a_n より $n-1$ だけ前に記入した自然数であるから
$$b_n=a_n-(n-1)$$
$$=a_n-n+1\quad \text{④}$$
$$=n^2-n+1$$
である。

n が偶数のとき，b_n は a_n より $n-1$ だけ後に記入する自然数であるから

$$b_n = a_n + (n-1)$$
$$= a_n + n - 1 \quad (③)$$
$$= n^2 - 2n + 2 + n - 1$$
$$= n^2 - n + 1$$

である。

よって，n の偶奇に関わらず
$$b_n = n^2 - n + 1 \quad (②)$$

である。

(3) (2)より
$$b_{14} = 14^2 - 14 + 1 = \mathbf{183}$$

であり，14 は偶数であるから，186 は上から 14 行目，左から 14 列目の自然数から

左 (②) の方向に **3** だけ

進んだ位置にある。したがって，186 は

上から **14** 行目，左から **11** 列目

の位置にある。

第5問 （数学B　統計的な推測）
Ⅶ 6 7 8 　　　　　　【難易度…★★】

n が十分大きいとき，母比率が p である母集団から大きさ n の無作為標本を抽出すると，標本比率 R は平均 p (⓪)，分散 $\dfrac{p(1-p)}{n}$ (⑧) の正規分布に従う。

(1) T の平均（期待値）は
$$900 \cdot 0.1 = \mathbf{90}$$

$n = 900$ は十分に大きいので，R は近似的に正規分布に従い，R の平均は
$$p = \mathbf{0.1}$$

分散は
$$\frac{p(1-p)}{n} = \frac{0.1(1-0.1)}{900} = \frac{1}{10000}$$

標準偏差は
$$\sqrt{\frac{1}{10000}} = \mathbf{0.01}$$

このとき $U = \dfrac{R - 0.1}{0.01}$ とおくと，U は近似的に標準正規分布 $N(0, 1)$ に従う確率変数であるから，R と $p = 0.1$ の誤差が 0.01 以下となる確率は
$$P(|R - 0.1| \leqq 0.01) = P\left(\frac{|R - 0.1|}{0.01} \leqq 1\right)$$
$$= P(|U| \leqq 1)$$

正規分布表から
$$P(|U| \leqq 1) = 2 \times 0.3413 = \mathbf{0.6826}$$

(2) n が十分に大きいとき，R が近似的に従う正規分布の分散 $\dfrac{p(1-p)}{n}$ における p を，R に置き換えることができる。

このとき $\sigma = \sqrt{\dfrac{p(1-p)}{n}}$，$W = \dfrac{R - p}{\sigma}$ とおくと W は近似的に標準正規分布 $N(0, 1)$ に従う。

いま，正規分布表から
$$P(|W| \leqq 1.96) = 0.95$$

であるから，$|W| \leqq 1.96$ のとき
$$-1.96 \leqq \frac{R - p}{\sigma} \leqq 1.96$$
$$\therefore \quad R - 1.96\sqrt{\frac{p(1-p)}{n}} \leqq p \leqq R + 1.96\sqrt{\frac{p(1-p)}{n}}$$

n が十分大きいとき，根号内の p を R に置き換えることができるから，p に対する 95% の信頼区間は
$$R - 1.96\sqrt{\frac{R(1-R)}{n}} \leqq p \leqq R + 1.96\sqrt{\frac{R(1-R)}{n}}$$

(i) $R = 0.1$，$n = 900$ のとき
$$B - A = 2 \times 1.96\sqrt{\frac{R(1-R)}{n}} = 3.92\sqrt{\frac{0.1 \times 0.9}{900}}$$
$$= \mathbf{0.0392}$$

(ii) $B - A = 2 \times 1.96\sqrt{\dfrac{R(1-R)}{n}}$ より，テレビ所有世帯の数 a の値が 2 倍になっても，$B - A$ の値は変わらない。

標本調査の対象となる世帯の数 n の値が 2 倍になると，$B - A$ の値は $\dfrac{1}{\sqrt{2}}$ 倍になる。

世帯視聴率 R が $R = 0.1$ から $R = 0.2$ に変化すると，$B - A$ の値は $\sqrt{\dfrac{0.2 \times 0.8}{0.1 \times 0.9}} = \dfrac{4}{3}$ 倍になる。

以上より，最も適当な記述は　**①**

(3) 帰無仮説 H_0 を

　　H_0：Q 県における番組 F の視聴率は全国平均と同じである（⓪）

とし，対立仮説 H_1 を

　　H_1：Q 県における番組 F の視聴率は全国平均より大きい（②）

とする。

帰無仮説 H_0 が正しいとすると，X は二項分布 $B(6400, 0.20)$ に従うので，X の平均は
$$6400 \times 0.20 = 1280 \quad (⑤)$$

であり，標準偏差は
$$\sqrt{6400 \times 0.20 \times 0.80} = \sqrt{1024} = 32 \quad (⓪)$$

である。標本の大きさ 6400 は十分大きいので，X は

近似的に正規分布 $N(1280, 32^2)$ に従う。よって
$$Z=\frac{X-1280}{32}$$
とおくと，Z は近似的に標準正規分布 $N(0, 1)$ に従う。正規分布表から
$$P(Z>1.64)\fallingdotseq 0.05 \quad (\text{⓪})$$
であるから，有意水準 5％の片側検定における棄却域は $Z>1.64$ である。
$X=1340$ のとき
$$Z=\frac{1340-1280}{32}=\frac{60}{32}=\frac{15}{8}=1.875 \quad (\text{③})$$
であり，この値は棄却域に入るから，帰無仮説は棄却される(⓪)。
よって，Q 県における番組 F の視聴率は，全国平均より大きいといえる(②)。

第 6 問 （数学 C　ベクトル）
Ⅷ ②④⑤⑥　　【難易度…★★】

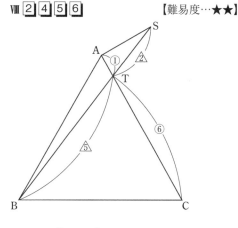

$$\overrightarrow{AS}=-\frac{2}{5}\overrightarrow{AB}+\frac{1}{5}\overrightarrow{AC} \quad \cdots\cdots\text{①}$$

T は直線 BS 上にあるので，実数 t を用いて
$$\overrightarrow{BT}=t\overrightarrow{BS} \quad \cdots\cdots\text{②}$$
とおくと
$$\overrightarrow{AT}=\overrightarrow{AB}+\overrightarrow{BT}$$
$$=\overrightarrow{AB}+t\overrightarrow{BS}$$
$$=\overrightarrow{AB}+t(\overrightarrow{AS}-\overrightarrow{AB})$$

①を代入して
$$\overrightarrow{AT}=\overrightarrow{AB}+t\left(-\frac{2}{5}\overrightarrow{AB}+\frac{1}{5}\overrightarrow{AC}-\overrightarrow{AB}\right)$$
$$=\left(1-\frac{7}{5}t\right)\overrightarrow{AB}+\frac{t}{5}\overrightarrow{AC} \quad \cdots\cdots\text{③}$$

T は直線 AC 上にあることから

$$1-\frac{7}{5}t=0 \quad \therefore \quad t=\frac{5}{7}$$

このとき②，③より
$$\overrightarrow{BT}=\frac{5}{7}\overrightarrow{BS}, \quad \overrightarrow{AT}=\frac{1}{7}\overrightarrow{AC}$$
であるから，T は
　　線分 BS を **5：2** に内分する(⓪)。
　　線分 AC を 1：6 に内分する。

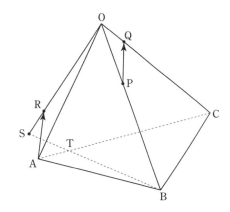

①より，始点を O として表すと
$$\overrightarrow{OS}-\overrightarrow{OA}=-\frac{2}{5}(\overrightarrow{OB}-\overrightarrow{OA})+\frac{1}{5}(\overrightarrow{OC}-\overrightarrow{OA})$$
$$\overrightarrow{OS}=\frac{6}{5}\overrightarrow{OA}-\frac{2}{5}\overrightarrow{OB}+\frac{1}{5}\overrightarrow{OC} \quad \cdots\cdots\text{②}$$

R は平面 APQ 上の点であるから，実数 x, y を用いて
$$\overrightarrow{AR}=x\overrightarrow{AP}+y\overrightarrow{AQ} \quad \cdots\cdots\text{③}$$
とおくと
$$\overrightarrow{OR}=\overrightarrow{OA}+\overrightarrow{AR}$$
$$=\overrightarrow{OA}+x\overrightarrow{AP}+y\overrightarrow{AQ}$$
$$=\overrightarrow{OA}+x(\overrightarrow{OP}-\overrightarrow{OA})+y(\overrightarrow{OQ}-\overrightarrow{OA})$$
$$=(1-x-y)\overrightarrow{OA}+x\overrightarrow{OP}+y\overrightarrow{OQ}$$

$\overrightarrow{OP}=\frac{1}{3}\overrightarrow{OB}$, $\overrightarrow{OQ}=\frac{1}{6}\overrightarrow{OC}$ より

$$\overrightarrow{OR}=(1-x-y)\overrightarrow{OA}+\frac{x}{3}\overrightarrow{OB}+\frac{y}{6}\overrightarrow{OC} \quad \cdots\cdots\text{④}$$

また，R は直線 OS 上にあることから，実数 k を用いて
$$\overrightarrow{OR}=k\overrightarrow{OS}$$
と表すと，②より
$$\overrightarrow{OR}=k\left(\frac{6}{5}\overrightarrow{OA}-\frac{2}{5}\overrightarrow{OB}+\frac{1}{5}\overrightarrow{OC}\right)$$
$$=\frac{6k}{5}\overrightarrow{OA}-\frac{2k}{5}\overrightarrow{OB}+\frac{k}{5}\overrightarrow{OC} \quad \cdots\cdots\text{⑤}$$

$\overrightarrow{OA}$, $\overrightarrow{OB}$, $\overrightarrow{OC}$ は同一平面上にないので，④，⑤より

$$\begin{cases} 1-x-y=\dfrac{6k}{5} & \cdots\cdots ⑥ \\ \dfrac{x}{3}=-\dfrac{2k}{5} & \cdots\cdots ⑦ \\ \dfrac{y}{6}=\dfrac{k}{5} & \cdots\cdots ⑧ \end{cases}$$

⑦,⑧より $x=-\dfrac{6}{5}k$, $y=\dfrac{6}{5}k$,これらを⑥に代入して

$$1+\dfrac{6}{5}k-\dfrac{6}{5}k=\dfrac{6}{5}k \quad \therefore \quad k=\dfrac{5}{6}$$

このとき

$$x=-1, \quad y=1$$

よって,③より

$$\overrightarrow{AR}=-\overrightarrow{AP}+\overrightarrow{AQ}$$
$$=\overrightarrow{PQ}$$

であるから,四角形 APQR は平行四辺形である。
四面体 OABC は 1 辺の長さが 1 の正四面体であるから

$$|\overrightarrow{OA}|=|\overrightarrow{OB}|=|\overrightarrow{OC}|=1$$
$$\overrightarrow{OA}\cdot\overrightarrow{OB}=\overrightarrow{OB}\cdot\overrightarrow{OC}=\overrightarrow{OC}\cdot\overrightarrow{OA}=1\cdot1\cdot\cos 60°=\dfrac{1}{2}$$

である。また

$$\overrightarrow{AP}=\overrightarrow{OP}-\overrightarrow{OA}=\dfrac{1}{3}\overrightarrow{OB}-\overrightarrow{OA}$$
$$\overrightarrow{AR}=\overrightarrow{PQ}=\overrightarrow{OQ}-\overrightarrow{OP}=\dfrac{1}{6}\overrightarrow{OC}-\dfrac{1}{3}\overrightarrow{OB}$$

であるから

$$|\overrightarrow{AP}|^2=\left|\dfrac{1}{3}\overrightarrow{OB}-\overrightarrow{OA}\right|^2$$
$$=\dfrac{1}{9}|\overrightarrow{OB}|^2-\dfrac{2}{3}\overrightarrow{OA}\cdot\overrightarrow{OB}+|\overrightarrow{OA}|^2$$
$$=\dfrac{1}{9}\cdot 1^2-\dfrac{2}{3}\cdot\dfrac{1}{2}+1^2=\dfrac{7}{9}$$

$$\therefore \quad |\overrightarrow{AP}|=\dfrac{\sqrt{7}}{3}$$

$$|\overrightarrow{AR}|^2=\left|\dfrac{1}{6}\overrightarrow{OC}-\dfrac{1}{3}\overrightarrow{OB}\right|^2$$
$$=\dfrac{1}{36}|\overrightarrow{OC}|^2-\dfrac{1}{9}\overrightarrow{OB}\cdot\overrightarrow{OC}+\dfrac{1}{9}|\overrightarrow{OB}|^2$$
$$=\dfrac{1}{36}\cdot 1^2-\dfrac{1}{9}\cdot\dfrac{1}{2}+\dfrac{1}{9}\cdot 1^2=\dfrac{3}{36}$$

$$\therefore \quad |\overrightarrow{AR}|=\dfrac{\sqrt{3}}{6}$$

$$\overrightarrow{AP}\cdot\overrightarrow{AR}=\left(\dfrac{1}{3}\overrightarrow{OB}-\overrightarrow{OA}\right)\cdot\left(\dfrac{1}{6}\overrightarrow{OC}-\dfrac{1}{3}\overrightarrow{OB}\right)$$
$$=\dfrac{1}{18}\overrightarrow{OB}\cdot\overrightarrow{OC}-\dfrac{1}{9}|\overrightarrow{OB}|^2$$
$$\qquad -\dfrac{1}{6}\overrightarrow{OA}\cdot\overrightarrow{OC}+\dfrac{1}{3}\overrightarrow{OA}\cdot\overrightarrow{OB}$$

$$=\dfrac{1}{18}\cdot\dfrac{1}{2}-\dfrac{1}{9}\cdot 1^2-\dfrac{1}{6}\cdot\dfrac{1}{2}+\dfrac{1}{3}\cdot\dfrac{1}{2}$$
$$=0$$
$$\therefore \quad \angle\text{PAR}=\mathbf{90°}$$

したがって,四角形 APQR は正方形ではないが,長方形である(**⓪**)。

第7問

〔1〕(数学C 平面上の曲線)

【難易度…★★】

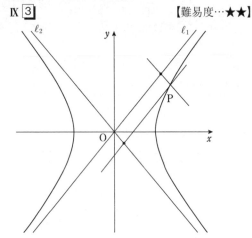

P(p, q) を通り,$\ell_1: y=\dfrac{b}{a}x$ に平行な直線の方程式は

$$y=\dfrac{b}{a}(x-p)+q$$

であり,$\ell_2: y=-\dfrac{b}{a}x$ との交点は

$$\dfrac{b}{a}(x-p)+q=-\dfrac{b}{a}x$$
$$2bx=bp-aq$$
$$x=\dfrac{bp-aq}{2b}$$
$$y=-\dfrac{b}{a}\cdot\dfrac{bp-aq}{2b}=\dfrac{aq-bp}{2a}$$

$$\therefore \quad \left(\dfrac{bp-aq}{2b}, \dfrac{aq-bp}{2a}\right) \quad \text{(⑤)}$$

P を通り,ℓ_2 に平行な直線の方程式は

$$y=-\dfrac{b}{a}(x-p)+q$$

ℓ_1 との交点は

$$\dfrac{b}{a}x=-\dfrac{b}{a}(x-p)+q$$
$$2bx=bp+aq$$
$$x=\dfrac{bp+aq}{2b}$$

$$y=\frac{b}{a}\cdot\frac{bp+aq}{2b}=\frac{bp+aq}{2a}$$
$$\therefore\quad \left(\frac{bp+aq}{2b},\ \frac{bp+aq}{2a}\right)\quad (⓪)$$

4本の直線で囲まれる平行四辺形の面積を S とすると
$$S=\left|\frac{bp+aq}{2b}\cdot\frac{aq-bp}{2a}-\frac{bp-aq}{2b}\cdot\frac{bp+aq}{2a}\right|$$
$$=\left|\frac{a^2q^2-b^2p^2}{2ab}\right|$$

$P(p,\ q)$ は双曲線 $\dfrac{x^2}{a^2}-\dfrac{y^2}{b^2}=1$ 上の点であるから
$$\frac{p^2}{a^2}-\frac{q^2}{b^2}=1$$
$$\therefore\quad b^2p^2-a^2q^2=a^2b^2\ (>0)$$

よって
$$S=\frac{b^2p^2-a^2q^2}{2ab}\quad (②)$$
$$=\frac{a^2b^2}{2ab}=\frac{ab}{2}\quad (②)$$

〔2〕（数学C　複素数平面）

X ①②③④⑤　　【難易度…★★】

(1) $z=\sqrt{3}+i$
$$=\mathbf{2}\left(\cos\frac{\pi}{\mathbf{6}}+i\sin\frac{\pi}{\mathbf{6}}\right)\quad\cdots\cdots①$$

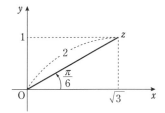

(2) $w=\dfrac{z}{2}=\cos\dfrac{\pi}{6}+i\sin\dfrac{\pi}{6}$

であるから，ド・モアブルの定理より
$$w^{11}=\left(\cos\frac{\pi}{6}+i\sin\frac{\pi}{6}\right)^{11}$$
$$=\cos\frac{11}{6}\pi+i\sin\frac{11}{6}\pi$$
$$=\frac{\sqrt{3}}{2}-\frac{1}{2}i$$

よって
　　　w^{11} の実部は $\dfrac{\sqrt{3}}{2}$　（③）
　　　虚部は $-\dfrac{1}{2}$　（⑤）

(3) ①より
$$z^n=2^n\left(\cos\frac{\pi}{6}+i\sin\frac{\pi}{6}\right)^n$$
$$=2^n\left(\cos\frac{n}{6}\pi+i\sin\frac{n}{6}\pi\right)\quad\cdots\cdots②$$

であるから，$P_n(z^n)$ が虚軸上にあるのは
$$\frac{n}{6}\pi=\frac{\pi}{2}+k\pi\quad (k\text{ は整数})$$
$$\therefore\quad n=3+6k$$

のときである。これを満たす最小の自然数 n は，$k=0$ のときで，$n=\mathbf{3}$ である。

$A(1)$，$P_1(z)$，$P_2(z^2)$，$P_3(z^3)$ であり，②より
$$z^2=4\left(\cos\frac{\pi}{3}+i\sin\frac{\pi}{3}\right)$$
$$z^3=8\left(\cos\frac{\pi}{2}+i\sin\frac{\pi}{2}\right)=8i$$

であるから，原点を $O(0)$ とすると，①と合わせて
　　　$OA=1$，$OP_1=2$，
　　　$OP_2=4$，$OP_3=8$
　　　$\angle AOP_1=\angle P_1OP_2$
　　　　　　　$=\angle P_2OP_3=\dfrac{\pi}{6}$

また
$$(\overline{z})^n=\overline{z^n}$$

であるから $Q_n(\overline{z^n})$ であり，$Q_n(\overline{z^n})$ と $P_n(z^n)$ は実軸に関して対称であるから，$n=3$ のとき
　　　$P_nQ_n=P_3Q_3=8+8=\mathbf{16}$

いま，五角形 $OAP_1P_2P_3$ の面積を S とすると
$$S=\triangle OAP_1+\triangle OP_1P_2+\triangle OP_2P_3$$
$$=\frac{1}{2}\cdot 1\cdot 2\cdot\sin\frac{\pi}{6}+\frac{1}{2}\cdot 2\cdot 4\cdot\sin\frac{\pi}{6}+\frac{1}{2}\cdot 4\cdot 8\cdot\sin\frac{\pi}{6}$$
$$=\frac{1}{2}+2+8=\frac{21}{2}$$

五角形 $OAP_1P_2P_3$ と五角形 $OAQ_1Q_2Q_3$ は実軸に関して対称であるから，題意の7本の線分で囲まれる図形の面積は
　　　$2S=\mathbf{21}$

第 5 回
実 戦 問 題

解答・解説

第5回 解答・解説

数学II・B・C　第5回　(100点満点)

(解答・配点)

問題番号(配点)	解答記号(配点)		正解	自己採点欄
第1問 (15)	ア√イ	(2)	$4\sqrt{5}$	
	ウ	(1)	2	
	エ, オ	(2)	2, 5	
	カ, キ	(2)	2, 1	
	ク	(2)	⑤	
	ケコ	(2)	54	
	$\dfrac{サシ}{ス}$, $\dfrac{セ}{ソ}$	(2)	$\dfrac{-4}{3}$, $\dfrac{8}{3}$	
	タ	(2)	⑤	
小　計				
第2問 (15)	−ア	(1)	−3	
	イ	(1)	2	
	ウ	(1)	5	
	エ, オ	(1)	3, 4	
	カ, キク	(2)	2, 11	
	ケ, コサシ	(2)	2, −19	
	スセ	(2)	−6	
	ソタ, チツ	(1)	−2, 19	
	テ, トナ	(2)	2, 15	
	ニ	(2)	②	
小　計				

問題番号(配点)	解答記号(配点)		正解	自己採点欄
第3問 (22)	ア	(1)	8	
	イ, ウ	(2)	4, 2	
	エ, $\dfrac{オ}{カ}$	(2)	4, $\dfrac{3}{2}$	
	キ, クケ	(2)	4, 18	
	コ, サ	(2)	⓪, ⑥	
	シ, ス	(2)	④, ⑨	
	セ	(1)	1	
	ソ	(2)	3	
	タ	(2)	1	
	チ	(2)	⓪	
	ツ	(1)	1	
	$\dfrac{テ}{ト}$	(1)	$\dfrac{4}{3}$	
	ナ	(2)	③	
小　計				
第4問 (16)	ア, イ	(1)	4, 8	
	ウ, エ	(1)	6, 3	
	オ, カキ	(1)	6, 18	
	クケ, コ	(1)	15, 5	
	サ, シ	(1)	③, ⑧	
	ス	(1)	②	
	$\dfrac{セ}{ソ}$, $\dfrac{タ}{チ}$, ツ	(2)	$\dfrac{1}{2}$, $\dfrac{1}{2}$, 2	
	$\dfrac{テ}{ト}$	(1)	$\dfrac{1}{2}$	
	$\dfrac{ナ}{ニ}$, $\dfrac{ヌ}{ネ}$	(1)	$\dfrac{1}{2}$, $\dfrac{1}{4}$	
	$\dfrac{ノ}{ハ}$	(2)	$\dfrac{5}{2}$	
	ヒ	(2)	7	
	フヘ	(2)	19	
小　計				

問題番号（配点）	解答記号（配点）		正解	自己採点欄
第5問 (16)	0.アイ	(1)	0.10	
	ウエ	(1)	10	
	オ	(1)	3	
	カ	(2)	③	
	キ	(1)	④	
	ク	(2)	①	
	ケ	(2)	②	
	コ	(2)	②	
	サ	(1)	1	
	シス, $\dfrac{セ}{ソタ}$	(2)	85, $\dfrac{1}{50}$	
	チ	(1)	②	
小　　計				
第6問 (16)	ア	(1)	0	
	イ	(1)	0	
	$\dfrac{ウ}{エ}$	(1)	$\dfrac{1}{2}$	
	オ	(1)	1	
	$\dfrac{カ}{キ}$	(2)	$\dfrac{3}{2}$	
	$\sqrt{ク}$	(1)	$\sqrt{2}$	
	ケ	(1)	③	
	コ	(2)	⓪	
	サ	(1)	③	
	シ	(1)	0	
	$\dfrac{ス}{セ}$, $\dfrac{ソ}{タ}$	(2)	$\dfrac{2}{3}$, $\dfrac{2}{3}$	
	チ	(2)	③	
小　　計				

問題番号（配点）	解答記号（配点）		正解	自己採点欄
第7問 (16)	ア	(1)	⓪	
	イ	(1)	①	
	ウ	(1)	②	
	エ	(1)	⑧	
	オ	(1)	2	
	カ	(1)	2	
	キ, ク	(2)	4, 8	
	ケ	(2)	①	
	コ$\sqrt{サ}$	(2)	$2\sqrt{3}$	
	シ, ス$\sqrt{セ}$	(2)	6, $6\sqrt{3}$	
	ソ	(2)	6	
小　　計				
合　　計				

（注）　第1問，第2問，第3問は必答。第4問〜第7問のうちから3問選択。計6問を解答。

解　説

第1問（数学Ⅱ　図形と方程式）
Ⅱ ② ④　　【難易度…★】

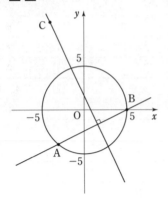

(1) $AB = \sqrt{\{5-(-3)\}^2 + \{0-(-4)\}^2}$
$= \sqrt{8^2 + 4^2}$
$= \mathbf{4\sqrt{5}}$

である。

(2) （直線ABの傾き）$= \dfrac{0-(-4)}{5-(-3)}$
$= \dfrac{\mathbf{1}}{\mathbf{2}}$

である。
直線ABの方程式は
$y - (-4) = \dfrac{1}{2}\{x - (-3)\}$

より
$y = \dfrac{1}{2}(x+3) - 4$
$\mathbf{x - 2y - 5 = 0}$ 　　……②

である。
②に垂直な直線の傾きを m とすると
$\dfrac{1}{2} \cdot m = -1$

より $m = -2$ となるから，求める方程式は
$y - 9 = -2\{x - (-4)\}$
$\mathbf{2x + y - 1 = 0}$ 　　……③

である。

(3) 点Cの座標 $(-4, 9)$ と方程式②より
$CD = \dfrac{|(-4) - 2 \cdot 9 - 5|}{\sqrt{1^2 + (-2)^2}}$
$= \dfrac{27}{\sqrt{5}} = \dfrac{\mathbf{27\sqrt{5}}}{\mathbf{5}}$ 　　（⑤）

であり
$\triangle ABC = \dfrac{1}{2} \cdot AB \cdot CD$
$= \dfrac{1}{2} \cdot 4\sqrt{5} \cdot \dfrac{27}{\sqrt{5}} = \mathbf{54}$

である。
（注）　実際にDの座標とCDの長さを求めてみよう。
②，③を連立させて解くと
$D\left(\dfrac{7}{5}, -\dfrac{9}{5}\right)$

であり
$CD^2 = \left(\dfrac{7}{5} + 4\right)^2 + \left(-\dfrac{9}{5} - 9\right)^2$
$= \left(\dfrac{27}{5}\right)^2 + \left(\dfrac{54}{5}\right)^2$
$= \left(\dfrac{27}{5}\right)^2(1 + 2^2) = \left(\dfrac{27}{5}\right)^2 \cdot 5$

より
$CD = \dfrac{27\sqrt{5}}{5}$

となる。

(4) （太郎さんの方針）
円④は3点 $A(-3, -4)$, $B(5, 0)$, $C(-4, 9)$ を通るから
$\begin{cases} (-3)^2 + (-4)^2 - 3a - 4b + c = 0 \\ 5^2 + 5a + c = 0 \\ (-4)^2 + 9^2 - 4a + 9b + c = 0 \end{cases}$

すなわち
$\begin{cases} 3a + 4b - c = 25 \\ 5a + c = -25 \\ 4a - 9b - c = 97 \end{cases}$

が成り立つ。この連立方程式を解くと
$a = \dfrac{8}{3},\ b = -\dfrac{16}{3},\ c = -\dfrac{115}{3}$

となるので，求める円の方程式は
$x^2 + y^2 + \dfrac{8}{3}x - \dfrac{16}{3}y - \dfrac{115}{3} = 0$

である。これを変形すると
$\left(x + \dfrac{4}{3}\right)^2 + \left(y - \dfrac{8}{3}\right)^2 = \dfrac{425}{9}$

となり，求める円の
中心の座標は $\left(-\dfrac{\mathbf{4}}{\mathbf{3}}, \dfrac{\mathbf{8}}{\mathbf{3}}\right)$
半径は $\dfrac{\mathbf{5\sqrt{17}}}{\mathbf{3}}$ 　　（⑤）

である。

（花子さんの方針）

2点 A, B を通る円は，円①と直線②の交点を通る円であるから，実数 k を用いて

$$x^2+y^2-25+k(x-2y-5)=0 \quad \cdots\cdots ⑤$$

と表される。これが点 C$(-4, 9)$ を通るから

$$(-4)^2+9^2-25+k(-4-2\cdot 9-5)=0$$

$$72-27k=0$$

である。よって

$$k=\frac{8}{3}$$

を得る。このとき，⑤は

$$x^2+y^2-25+\frac{8}{3}(x-2y-5)=0$$

$$x^2+\frac{8}{3}x+y^2-\frac{16}{3}y-25-\frac{40}{3}=0$$

である。これを変形すると

$$\left(x+\frac{4}{3}\right)^2+\left(y-\frac{8}{3}\right)^2=\frac{425}{9}$$

となり，求める円の

中心の座標は $\left(-\dfrac{4}{3}, \ \dfrac{8}{3}\right)$

半径は $\dfrac{5\sqrt{17}}{3}$

である。

第2問 （数学Ⅱ　いろいろな式）
Ⅰ $\boxed{5}\boxed{6}\boxed{7}\boxed{8}$ 【難易度…★】

$$P(x)=x^3+ax^2+bx+30$$

(1) $a=-4, \ b=-11$ のとき

$$P(x)=x^3-4x^2-11x+30$$

$P(2)=0$ より

$$P(x)=(x-2)(x^2-2x-15)$$
$$=(x-2)(x+3)(x-5)$$

よって，$P(x)=0$ の解は

$$x=\textbf{-3, 2, 5}$$

(2)　　　$(2+i)^2=\textbf{3+4}i$

$$(2+i)^3=(2+i)(3+4i)=\textbf{2+11}i$$

であるから

$$P(2+i)=(2+i)^3+a(2+i)^2+b(2+i)+30$$
$$=2+11i+a(3+4i)+b(2+i)+30$$
$$=3a+2b+32+(4a+b+11)i$$

$a, \ b$ は実数であり，$P(2+i)=0$ より

$$\begin{cases}3a+2b+32=0\\4a+b+11=0\end{cases}$$

$$\therefore \quad a=\textbf{2}, \ b=\textbf{-19}$$

このとき

$$P(x)=x^3+2x^2-19x+30$$

$a, \ b$ は実数であるから，$2+i$ が $P(x)=0$ の解のとき $2-i$ も解になり，$P(x)$ は

$$\{x-(2+i)\}\{x-(2-i)\}=x^2-4x+5$$

で割り切れるので

$$P(x)=(x^2-4x+5)(x+6)$$

よって，$P(x)=0$ の実数解は

$$\textbf{-6}$$

(3)　$P(x)$ が $x-2$ で割り切れるとき，因数定理により $P(2)=0$ であるから

$$P(2)=4a+2b+38=0$$

$$\therefore \quad b=\textbf{-2}a\textbf{-19}$$

このとき

$$P(x)=x^3+ax^2-(2a+19)x+30$$
$$=(x-2)\{x^2+(a+\textbf{2})x-\textbf{15}\}$$

$P(x)=0$ のとき

$$x=2, \ x^2+(a+2)x-15=0 \quad \cdots\cdots①$$

①の判別式は

$$(判別式)=(a+2)^2+60>0$$

であるから，①は a の値にかかわらず，異なる2つの実数解をもつ。

①が $x=2$ を解にもつとき

$$2^2+(a+2)\cdot 2-15=0 \quad \therefore \quad a=\frac{7}{2}$$

このとき，①の解は

$$x^2+\frac{11}{2}x-15=0$$

$$(x-2)\left(x+\frac{15}{2}\right)=0$$

$$\therefore \quad x=2, \ -\frac{15}{2}$$

よって，$a=\dfrac{7}{2}$ のとき，$P(x)=0$ は二重解 $(x=2)$ をもち，三重解をもたない。

したがって，正しい記述は　❷

第3問 （数学Ⅱ　微分・積分の考え）
Ⅴ $\boxed{1}\boxed{2}\boxed{3}\boxed{5}\boxed{6}$ 【難易度…〔1〕★, 〔2〕★★】

〔1〕　　$C: y=2x^2$

$$D: y=\frac{1}{2}x^2-\frac{3}{2}x+9$$

(1)　　　$\ell: y=mx+n$

— 数 ⅡBC 71 —

C と ℓ が接するとき，2次方程式
$$2x^2=mx+n$$
$$2x^2-mx-n=0$$
が重解をもつので，(判別式)=0 から
$$m^2+8n=0 \quad \cdots\cdots ①$$
D と ℓ が接するとき，2次方程式
$$\frac{1}{2}x^2-\frac{3}{2}x+9=mx+n$$
$$x^2-(2m+3)x-2(n-9)=0$$
が重解をもつので，(判別式)=0 から
$$(2m+3)^2+8(n-9)=0$$
$$m^2+3m+2n-\frac{63}{4}=0 \quad \cdots\cdots ②$$

①より $n=-\dfrac{m^2}{8}$，これを②に代入して
$$m^2+3m-\frac{m^2}{4}-\frac{63}{4}=0$$
$$3m^2+12m-63=0$$
$$3(m-3)(m+7)=0$$
$$\therefore\ m=3,\ -7$$
このとき①より
$$m=3 \quad のとき \quad n=-\frac{9}{8}$$
$$m=-7 \quad のとき \quad n=-\frac{49}{8}$$

(2)　$C: y=2x^2$ より $y'=4x$
　　$D: y=\dfrac{1}{2}x^2-\dfrac{3}{2}x+9$ より $y'=x-\dfrac{3}{2}$

C 上の点 $(s, 2s^2)$ における接線の方程式は
$$y=4s(x-s)+2s^2$$
$$y=4sx-2s^2 \quad \cdots\cdots ③$$
D 上の点 $\left(t,\ \dfrac{1}{2}t^2-\dfrac{3}{2}t+9\right)$ における接線の方程式は
$$y=\left(t-\frac{3}{2}\right)(x-t)+\frac{1}{2}t^2-\frac{3}{2}t+9$$
$$y=\left(t-\frac{3}{2}\right)x-\frac{t^2}{2}+9 \quad \cdots\cdots ④$$
③，④が一致するとき
$$\begin{cases} 4s=t-\dfrac{3}{2} \\ -2s^2=-\dfrac{t^2}{2}+9 \end{cases}$$
$$\begin{cases} t-4s=\dfrac{3}{2} \quad \cdots\cdots ⑤ \\ t^2-4s^2=18 \quad \cdots\cdots ⑥ \end{cases}$$
⑤より $t=4s+\dfrac{3}{2}$，これを⑥に代入して

$$\left(4s+\frac{3}{2}\right)^2-4s^2=18$$
$$12s^2+12s-\frac{63}{4}=0$$
$$16s^2+16s-21=0$$
$$(4s-3)(4s+7)=0$$
$$\therefore\ s=\frac{3}{4},\ -\frac{7}{4}$$
このとき，⑤より
$$s=\frac{3}{4} \quad のとき \quad t=\frac{9}{2}$$
$$s=-\frac{7}{4} \quad のとき \quad t=-\frac{11}{2}$$

(3)　(1)または(2)より，ℓ の方程式は
$$y=3x-\frac{9}{8} \quad (❶,\ ❻)$$
$$y=-7x-\frac{49}{8} \quad (❹,\ ❾)$$

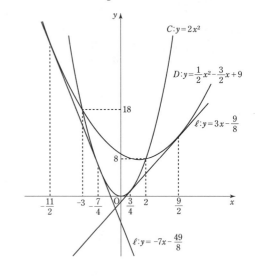

〔2〕　$f(x)=x^2-2ax-3a^2$
$$\qquad\quad =(x-a)^2-4a^2$$
$$g(x)=\int_0^x f(t)dt+b$$
$$\qquad =\int_0^x (t^2-2at-3a^2)dt+b$$
$$\qquad =\left[\frac{t^3}{3}-at^2-3a^2 t\right]_0^x+b$$
$$\qquad =\frac{x^3}{3}-ax^2-3a^2 x+b$$

関数 $f(x)$ の最小値は $-4a^2$ であるから，最小値が -4 のとき
$$-4a^2=-4$$

$a = \pm 1$

・$a=1$ のとき
$$g(x) = \frac{x^3}{3} - x^2 - 3x + b$$
$$g'(x) = x^2 - 2x - 3$$
$$= (x+1)(x-3)$$

$y = g(x)$ の増減表は次のようになる。

x	$\cdots$	-1	$\cdots$	3	$\cdots$
$g'(x)$	$+$	0	$-$	0	$+$
$g(x)$	↗	$b+\frac{5}{3}$	↘	$b-9$	↗

よって，$0 \leq x \leq 1$ における最小値は
$$g(1) = b - \frac{11}{3}$$

であるから，最小値が $-\frac{2}{3}$ のとき
$$b - \frac{11}{3} = -\frac{2}{3}$$
$$\therefore \quad b = 3$$

・$a = -1$ のとき
$$g(x) = \frac{x^3}{3} + x^2 - 3x + b$$
$$g'(x) = x^2 + 2x - 3$$
$$= (x-1)(x+3)$$

$y = g(x)$ の増減表は次のようになる。

x	$\cdots$	-3	$\cdots$	1	$\cdots$
$g'(x)$	$+$	0	$-$	0	$+$
$g(x)$	↗	$b+9$	↘	$b-\frac{5}{3}$	↗

よって，$0 \leq x \leq 1$ における最小値は
$$g(1) = b - \frac{5}{3}$$

であるから，最小値が $-\frac{2}{3}$ のとき
$$b - \frac{5}{3} = -\frac{2}{3}$$
$$\therefore \quad b = 1$$

$a=1$, $b=3$ のときの $g(x)$ を $g_1(x)$ とおくと
$$C_1 : y = g_1(x) = \frac{x^3}{3} - x^2 - 3x + 3$$

$a=-1$, $b=1$ のときの $g(x)$ を $g_2(x)$ とおくと
$$C_2 : y = g_2(x) = \frac{x^3}{3} + x^2 - 3x + 1$$

C_1, C_2 のグラフは次のようになる(**⓪**)。

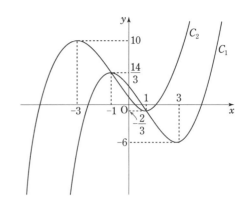

C_1, C_2 の交点の x 座標は，$g_1(x) = g_2(x)$ より
$$\frac{x^3}{3} - x^2 - 3x + 3 = \frac{x^3}{3} + x^2 - 3x + 1$$
$$2(x^2 - 1) = 0$$
$$\therefore \quad x = \pm 1$$

よって
$$\alpha = 1, \quad \beta = -1$$

であり
$$S = \int_0^1 \{g_1(x) - g_2(x)\} dx$$
$$= \int_0^1 (-2x^2 + 2) dx$$
$$= \left[-\frac{2}{3}x^3 + 2x \right]_0^1$$
$$= \frac{4}{3}$$

$$T = \int_1^u \{g_2(x) - g_1(x)\} dx$$
$$= \int_1^u (2x^2 - 2) dx$$
$$= \left[\frac{2}{3}x^3 - 2x \right]_1^u$$
$$= \frac{2}{3}u^3 - 2u + \frac{4}{3}$$

$T = 2S$ のとき
$$\frac{2}{3}u^3 - 2u + \frac{4}{3} = 2 \cdot \frac{4}{3}$$
$$u^3 - 3u - 2 = 0$$
$$(u-2)(u+1)^2 = 0$$

$u > 1$ より
$$u = 2 \quad (\text{③})$$

第4問 (数学B　数列)
Ⅵ $\boxed{3}\boxed{4}\boxed{5}$ 　　　　　　【難易度…★★】

(1) 規則Aにより，$n=1, 2, 3, \cdots$ に対して
$$
\begin{cases}
p_n = a_n + n + 1 \\
q_n = (n+1)p_n \\
r_n = q_n - (n+1) \\
a_{n+1} = \dfrac{r_n}{n+1}
\end{cases}
$$
である。これと $a_1 = 2$ より
$$p_1 = a_1 + 2 = 2 + 2 = \mathbf{4}$$
$$q_1 = 2p_1 = 2 \cdot 4 = \mathbf{8}$$
$$r_1 = q_1 - 2 = 8 - 2 = \mathbf{6}$$
$$a_2 = \frac{r_1}{2} = \frac{6}{2} = \mathbf{3}$$
さらに
$$p_2 = a_2 + 3 = 3 + 3 = \mathbf{6}$$
$$q_2 = 3p_2 = 3 \cdot 6 = \mathbf{18}$$
$$r_2 = q_2 - 3 = 18 - 3 = \mathbf{15}$$
$$a_3 = \frac{r_2}{3} = \frac{15}{3} = \mathbf{5}$$
である。
同様に考えると
$$
\begin{aligned}
r_n &= q_n - (n+1) \\
&= (n+1)p_n - (n+1) \\
&= (n+1)(a_n + n + 1) - (n+1) \\
&= (n+1)a_n + n(n+1) \quad (\mathbf{③, ⑧})
\end{aligned}
$$
これより
$$
\begin{aligned}
a_{n+1} &= \frac{(n+1)a_n + n(n+1)}{n+1} \\
&= a_n + n \quad (\mathbf{②}) \qquad\qquad \cdots\cdots①
\end{aligned}
$$
が成り立つ。
①より，$n \geq 2$ のとき
$$
\begin{aligned}
a_n &= a_1 + \sum_{k=1}^{n-1} k \\
&= 2 + \frac{1}{2}(n-1)n \\
&= \frac{1}{2}n^2 - \frac{1}{2}n + 2
\end{aligned}
$$
である。これは $n=1$ のときも成り立つ。

(2) 規則Bにより，$n=1, 2, 3, \cdots$ に対して
$$
\begin{cases}
p_n = a_n + n + 1 \\
q_n = 2(n+1)p_n \\
r_n = q_n - 3(n+1) \\
a_{n+1} = \dfrac{r_n}{4(n+1)}
\end{cases}
$$
である。

(1)と同様に考えると
$$
\begin{aligned}
r_n &= q_n - 3(n+1) \\
&= 2(n+1)p_n - 3(n+1) \\
&= 2(n+1)(a_n + n + 1) - 3(n+1) \\
&= 2(n+1)a_n + (n+1)(2n-1)
\end{aligned}
$$
これより
$$
\begin{aligned}
a_{n+1} &= \frac{2(n+1)a_n + (n+1)(2n-1)}{4(n+1)} \\
&= \frac{1}{2}a_n + \frac{1}{2}n - \frac{1}{4} \qquad\qquad \cdots\cdots②
\end{aligned}
$$
が成り立つ。
$b_n = a_n - n$ とおくと
$$a_n = b_n + n$$
であるから，②より
$$
b_{n+1} + (n+1) = \frac{1}{2}(b_n + n) + \frac{1}{2}n - \frac{1}{4}
$$
$$
b_{n+1} = \frac{1}{2}b_n - \frac{5}{4}
$$
$$
\therefore \quad b_{n+1} + \frac{5}{2} = \frac{1}{2}\left(b_n + \frac{5}{2}\right)
$$
が成り立つ。よって，数列 $\left\{b_n + \dfrac{5}{2}\right\}$ は公比が $\dfrac{1}{2}$ の等比数列であり，その一般項は
$$
b_n + \frac{5}{2} = \left(b_1 + \frac{5}{2}\right)\left(\frac{1}{2}\right)^{n-1}
$$
である。
$$
b_1 = a_1 - 1 = 2 - 1 = 1 \qquad \therefore \quad b_1 + \frac{5}{2} = \frac{7}{2}
$$
であることに注意すると
$$
\begin{aligned}
b_n + \frac{5}{2} &= \frac{7}{2}\left(\frac{1}{2}\right)^{n-1} \\
&= 7\left(\frac{1}{2}\right)^n
\end{aligned}
$$
$$
\therefore \quad b_n = 7\left(\frac{1}{2}\right)^n - \frac{5}{2}
$$
である。したがって
$$
\begin{aligned}
a_n &= b_n + n \\
&= \mathbf{7}\left(\frac{1}{2}\right)^n + n - \frac{5}{2} \qquad\qquad \cdots\cdots③
\end{aligned}
$$
である。

(3) ③より
$$
\begin{aligned}
a_{n+1} - a_n &= \left\{7\left(\frac{1}{2}\right)^{n+1} + (n+1) - \frac{5}{2}\right\} \\
&\quad - \left\{7\left(\frac{1}{2}\right)^n + n - \frac{5}{2}\right\} \\
&= 7\left(\frac{1}{2}\right)^{n+1}(1-2) + 1
\end{aligned}
$$

— 数 ⅡBC 74 —

$$=1-7\left(\frac{1}{2}\right)^{n+1}$$

であるから，$n=2$, 3, 4, $\cdots$ に対し

$$a_{n+1}>a_n>0$$

である。これと $a_1=2$, $a_2=\frac{5}{4}$ より，$n=1$, 2, 3, $\cdots$ に対し

$$a_n>0$$

である。よって，規則Bより，$n=1$, 2, 3, $\cdots$ に対して

$$a_n<p_n<q_n \text{ かつ } q_n>r_n \qquad \cdots\cdots ④$$

であり，各 n に対して，a_n, p_n, q_n, r_n のうち最も大きいものは，q_n である。

③と規則Bより

$$\begin{aligned}q_n&=2(n+1)p_n\\&=2(n+1)(a_n+n+1)\\&=2(n+1)\left\{7\left(\frac{1}{2}\right)^n+2n-\frac{3}{2}\right\}\\&=4n^2+n-3+\frac{7(n+1)}{2^{n-1}}\end{aligned}$$

である。したがって

$$q_1=4+1-3+\frac{7\cdot2}{1}=16<100$$

$$q_2=16+2-3+\frac{7\cdot3}{2}=25+\frac{1}{2}<100$$

$$q_3=36+3-3+\frac{7\cdot4}{4}=43<100$$

$$q_4=64+4-3+\frac{7\cdot5}{8}=69+\frac{3}{8}<100$$

$$q_5=100+5-3+\frac{7\cdot6}{16}=104+\frac{5}{8}>100$$

である。

よって，$n=1$, 2, 3, 4 に対し

$$q_n<100$$

であるから，④より，$n=1$, 2, 3, 4 に対し

$$a_n<100,\quad p_n<100,\quad r_n<100$$

である。さらに

$$a_5<p_5<q_5$$

であり，規則Bより

$$p_5=\frac{q_5}{12}=\frac{1}{12}\left(104+\frac{5}{8}\right)<100$$

であるから，数列 $\{c_n\}$ の項で初めて 100 を超えるものは q_5 である。

ここで，$n=1$, 2, 3, $\cdots$ に対し

$$q_n=c_{4n-1}$$

であるから

$$q_5=c_{4\cdot5-1}=c_{19}$$

したがって，$c_n>100$ を満たす最も小さい n の値は

$$n=\mathbf{19}$$

である。

第5問 （数学B 統計的な推測）

Ⅶ ②③⑤⑥⑧　　　　　　【難易度…★】

(1) 確率変数 X は，二項分布 $B(100,\ 0.10)$ に従うから

X の平均（期待値）は　　$100\cdot0.10=\mathbf{10}$

X の分散 σ^2 は　　　$\sigma^2=100\cdot0.10\cdot(1-0.10)=9$

X の標準偏差 σ は　　$\sigma=\sqrt{9}=\mathbf{3}$

標本比率 $R=\dfrac{X}{100}$ とおくと

R の平均（期待値）は　　$\dfrac{10}{100}=0.10$

R の分散は　　　　　　　$\dfrac{\sigma^2}{100^2}=\left(\dfrac{\sigma}{100}\right)^2$

標本の大きさ 100 は十分に大きいので，R は近似的に正規分布 $N\left(0.10,\ \left(\dfrac{\sigma}{100}\right)^2\right)$ に従う。よって，確率変数 Z を

$$Z=\frac{R-0.10}{\dfrac{\sigma}{100}}=\frac{R-0.10}{0.03}$$

とおくと，Z は近似的に標準正規分布 $N(0,\ 1)$ に従う。$R\geqq0.124$ のとき

$$Z\geqq\frac{0.124-0.10}{0.03}=0.8$$

であるから

$$\begin{aligned}P(R\geqq0.124)&=P(Z\geqq0.8)\\&=0.5-P(0\leqq Z\leqq0.8)\end{aligned}$$

であり，正規分布表より

$$P(0\leqq Z\leqq0.8)=0.2881$$

であるから

$$\begin{aligned}P(R\geqq0.124)&=0.5-0.2881\\&=0.2119\quad(\mathbf{③})\end{aligned}$$

(2) 母平均 m に対する信頼度 95% の信頼区間は

$$\overline{L}-1.96\cdot\frac{s}{\sqrt{100}}\leqq m\leqq\overline{L}+1.96\cdot\frac{s}{\sqrt{100}}$$

であるから

$$A=\overline{L}-1.96\cdot\frac{s}{\sqrt{100}}=\overline{L}-1.96\cdot\frac{s}{10}\quad(\mathbf{④})$$

$$B=\overline{L}+1.96\cdot\frac{s}{10}$$

であり

$$B-A = 3.92 \cdot \frac{s}{10} \qquad \cdots\cdots Ⓐ$$

後日の再調査において，標本の大きさ n が十分に大きいとき，母平均 m に対する信頼度95％の信頼区間は

$$\overline{L_1} - 1.96 \cdot \frac{s_1}{\sqrt{n}} \le m \le \overline{L_1} + 1.96 \cdot \frac{s_1}{\sqrt{n}}$$

であるから

$$C = \overline{L_1} - 1.96 \cdot \frac{s_1}{\sqrt{n}}, \quad D = \overline{L_1} + 1.96 \cdot \frac{s_1}{\sqrt{n}}$$

であり

$$D - C = 3.92 \cdot \frac{s_1}{\sqrt{n}} \qquad \cdots\cdots Ⓑ$$

Ⓐ，Ⓑ より

・$n = 100$, $\overline{L_1} > \overline{L}$, $s_1 = s$ ならば
$D - C = B - A$ （⓪）

・$n > 100$, $\overline{L_1} = \overline{L}$, $s_1 = s$ ならば
$D - C < B - A$ （②）

・$n = 100$, $\overline{L_1} = \overline{L}$, $s_1 < s$ ならば
$D - C < B - A$ （②）

(3) 確率変数 Y のとり得る値 y の範囲は $60 \le y \le 110$ であるから

$$P(60 \le Y \le 110) = \mathbf{1}$$

Y の確率密度関数 $f(y)$ を

$$f(y) = ay + b \quad (60 \le y \le 110)$$

とすると

$$P(60 \le Y \le 110) = \int_{60}^{110} (ay + b) dy$$
$$= \left[\frac{a}{2}y^2 + by\right]_{60}^{110}$$
$$= \frac{a}{2}(110^2 - 60^2) + b(110 - 60)$$
$$= 4250a + 50b$$

であるから

$$4250a + 50b = 1$$
$$\therefore \ \mathbf{85}a + b = \frac{\mathbf{1}}{\mathbf{50}} \qquad \cdots\cdots ①$$

また，Y の平均(期待値)は

$$\int_{60}^{110} yf(y)dy = \int_{60}^{110} (ay^2 + by)dy$$
$$= \left[\frac{a}{3}y^3 + \frac{b}{2}y^2\right]_{60}^{110}$$
$$= \frac{a}{3}(110^3 - 60^3) + \frac{b}{2}(110^2 - 60^2)$$
$$= \frac{1115000}{3}a + 4250b$$

標本平均が80であるから

$$\frac{1115000}{3}a + 4250b = 80$$
$$\therefore \ 4460a + 51b = \frac{24}{25} \qquad \cdots\cdots ②$$

①，② より

$$a = -\frac{3}{6250}, \quad b = \frac{38}{625}$$

よって，体長 100 cm 以上の割合は，下図の斜線部の面積を求めて

$$\frac{10}{2}\{(100a + b) + (110a + b)\}$$
$$= 10(105a + b)$$
$$= 10\left\{105 \cdot \left(-\frac{3}{6250}\right) + \frac{38}{625}\right\}$$
$$= \frac{13}{125}$$
$$= 0.104$$

すなわち 10.4％ （②）

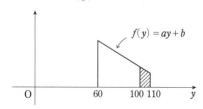

第6問（数学C　ベクトル）

Ⅷ ②③⑤ 　【難易度…★】

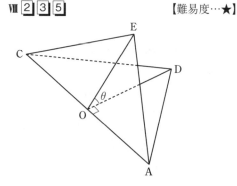

$\angle AOB = \angle AOD = 90°$ より

$$\overrightarrow{OA} \cdot \overrightarrow{OB} = \mathbf{0}, \quad \overrightarrow{OA} \cdot \overrightarrow{OD} = \mathbf{0}$$

また，$\angle AOE = 90°$ より，$\overrightarrow{OA} \cdot \overrightarrow{OE} = 0$ であり

$$|\overrightarrow{OA}| = |\overrightarrow{OE}| = |\overrightarrow{OC}| = |\overrightarrow{OD}| = 1$$

$\angle EOD = \theta$ より

$$\overrightarrow{OE} \cdot \overrightarrow{OD} = |\overrightarrow{OE}||\overrightarrow{OD}|\cos \angle EOD$$
$$= 1 \times 1 \times \cos\theta = \cos\theta$$

(1) $\theta=60°$ のとき
$$\vec{OE}\cdot\vec{OD}=\cos 60°=\frac{1}{2}$$
OE=OD=1, ∠EOD=60° より，△OED は正三角形であるから
$$ED=\mathbf{1}$$
また
$$\vec{AE}\cdot\vec{AD}=(\vec{OE}-\vec{OA})\cdot(\vec{OD}-\vec{OA})$$
$$=\vec{OE}\cdot\vec{OD}-\vec{OE}\cdot\vec{OA}-\vec{OA}\cdot\vec{OD}+|\vec{OA}|^2$$
$$=\frac{1}{2}-0-0+1^2$$
$$=\frac{\mathbf{3}}{\mathbf{2}}$$

(2) $AE=AD=\sqrt{2}$ であり，$\angle EAD=60°$ のとき，△AED は正三角形になるから
$$ED=\sqrt{2}$$
OE=OD=1 より，$ED=\sqrt{2}$ のとき
$$\theta=90° \quad (\mathbf{③})$$
(注) $|\vec{ED}|^2=|\vec{OD}-\vec{OE}|^2$
$$=|\vec{OD}|^2-2\vec{OD}\cdot\vec{OE}+|\vec{OE}|^2$$
$$=1^2-2\cos\theta+1^2$$
$$=2-2\cos\theta$$
$ED=\sqrt{2}$ より
$$(\sqrt{2})^2=2-2\cos\theta$$
$$\cos\theta=0$$
よって $\theta=90°$

次に，$\vec{OC}=-\vec{OA}$ であるから
$$\vec{CE}=\vec{OE}-\vec{OC}=\vec{OE}+\vec{OA}=\vec{OA}+\vec{OE} \quad (\mathbf{⓪})$$
$$\vec{CD}=\vec{OD}-\vec{OC}=\vec{OD}+\vec{OA}=\vec{OA}+\vec{OD} \quad (\mathbf{③})$$

(i) 点 H は平面 α 上にあるから
$$\vec{CH}=s\vec{CE}+t\vec{CD} \quad (s, t は実数)$$
と表すと
$$\vec{AH}=\vec{AC}+\vec{CH}$$
$$=\vec{AC}+s\vec{CE}+t\vec{CD}$$
$$=-2\vec{OA}+s(\vec{OA}+\vec{OE})+t(\vec{OA}+\vec{OD})$$
$$=(s+t-2)\vec{OA}+s\vec{OE}+t\vec{OD}$$
であるから
$$\vec{AH}\cdot\vec{CE}=\{(s+t-2)\vec{OA}+s\vec{OE}+t\vec{OD}\}$$
$$\cdot(\vec{OA}+\vec{OE})$$

$$\vec{AH}\cdot\vec{CD}=\{(s+t-2)\vec{OA}+s\vec{OE}+t\vec{OD}\}$$
$$\cdot(\vec{OA}+\vec{OD})$$
ここで，$|\vec{OA}|=|\vec{OE}|=|\vec{OD}|=1$ であり
$$\vec{OA}\cdot\vec{OE}=\vec{OA}\cdot\vec{OD}=\vec{OE}\cdot\vec{OD}=0$$
であることから
$$\vec{AH}\cdot\vec{CE}=(s+t-2)+s=2s+t-2$$
$$\vec{AH}\cdot\vec{CD}=(s+t-2)+t=s+2t-2$$
である。
$\vec{AH}$ は平面 α に垂直であるから，$\vec{AH}\perp\vec{CE}$, $\vec{AH}\perp\vec{CD}$ より
$$\vec{AH}\cdot\vec{CE}=\vec{AH}\cdot\vec{CD}=\mathbf{0}$$
よって
$$\begin{cases}2s+t-2=0\\s+2t-2=0\end{cases}$$
であるから，これを解いて
$$s=\frac{\mathbf{2}}{\mathbf{3}}, \quad t=\frac{\mathbf{2}}{\mathbf{3}}$$

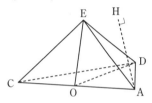

(ii) 次に，⓪~③の正誤について考える。

⓪ △AEC は，$AE=EC=\sqrt{2}$, $AC=2$ の直角二等辺三角形，△ECD は，$EC=ED=CD=\sqrt{2}$ の正三角形であるから，⓪は正しい。

① $AC=2$, $ED=\sqrt{2}$ であるから，①は正しい。

② $OA=OE=OC=OD=1$ より，O を中心とする半径 1 の球面は，4 点 A, E, C, D をすべて通るから，②は正しい。

③ $s+t=\frac{4}{3}>1$ であるから，点 H は △ECD の外部にある。よって，③は正しくない。

したがって，正しくないものは **③**

第7問
〔1〕（数学C　平面上の曲線）
　Ⅸ 7 8　【難易度…★】

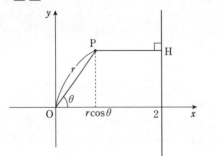

$$r(1+\cos\theta)=2$$
$$r=2-r\cos\theta \quad \cdots\cdots ①$$

曲線①上の点Pについて
$$r=\text{OP} \quad (⓪)$$
$$r\cos\theta=(\text{Pの}x\text{座標}) \quad (⓪)$$

Pから直線$x=2$に下ろした垂線をPHとすると
$$\text{PH}=2-r\cos\theta$$

であるから，①より
$$\text{OP}=\text{PH}$$

よって，極方程式①で表される図形は，Oを焦点，直線$x=2$（②）を準線とする放物線であり，その概形は ⑧

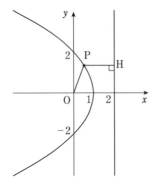

〔2〕（数学C　複素数平面）
　X 1 2 3 4 5 6　【難易度…★★】
　　$C:|z-2|=2$
Cは点2を中心とする半径2の円である。

(1)
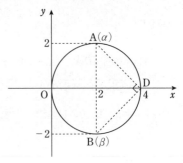

$\alpha=2+ai$ $(a>0)$，$\beta=2-bi$ $(b>0)$ であり，2点α，βは円C上の点であるから
$$a=\mathbf{2},\ b=\mathbf{2}$$
このとき
$$\alpha=2+2i,\ \beta=2-2i$$
であり
$$\alpha+\beta=4,\ \alpha\beta=8$$
であるから，α，βを2解とする2次方程式は
$$x^2-\mathbf{4}x+\mathbf{8}=0$$
また，A(α)，B(β)，D(4) とすると，線分ABは円Cの直径であるから
$$\angle\text{ADB}=\frac{\pi}{2}$$
であり，点AをDのまわりに$\frac{\pi}{2}$だけ回転すると，点Bに重なるので
$$\arg\frac{\beta-4}{\alpha-4}=\frac{\pi}{2} \quad (⓪)$$

(2)
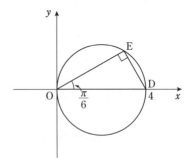

O(0)，E(γ) とおくと
　線分ODは円Cの直径
であり，点Eは円C上にあるから
$$\angle\text{DEO}=\frac{\pi}{2}$$

であり，$\arg\gamma=\dfrac{\pi}{6}$ より
$$\angle\text{DOE}=\dfrac{\pi}{6}$$
よって，直角三角形 DOE において
$$\text{OE}=\text{OD}\cos\dfrac{\pi}{6}=4\cdot\dfrac{\sqrt{3}}{2}=2\sqrt{3}$$
であるから
$$|\gamma|=\text{OE}=\boldsymbol{2\sqrt{3}}$$
また，このとき $\arg\gamma=\dfrac{\pi}{6}$ であるから，γ を極形式で表すと
$$\gamma=2\sqrt{3}\left(\cos\dfrac{\pi}{6}+i\sin\dfrac{\pi}{6}\right)$$
であり，ド・モアブルの定理より
$$\begin{aligned}\gamma^2&=\left\{2\sqrt{3}\left(\cos\dfrac{\pi}{6}+i\sin\dfrac{\pi}{6}\right)\right\}^2\\&=(2\sqrt{3})^2\left(\cos\dfrac{\pi}{6}+i\sin\dfrac{\pi}{6}\right)^2\\&=12\left(\cos\dfrac{\pi}{3}+i\sin\dfrac{\pi}{3}\right)\\&=12\left(\dfrac{1}{2}+\dfrac{\sqrt{3}}{2}i\right)\\&=\boldsymbol{6+6\sqrt{3}\,i}\end{aligned}$$

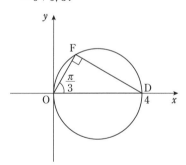

k を正の実数として，点 $\text{F}\left(\dfrac{\gamma^2}{k}\right)$ が円 C 上にあるとする。
$$\dfrac{\gamma^2}{k}=\dfrac{12}{k}\left(\cos\dfrac{\pi}{3}+i\sin\dfrac{\pi}{3}\right)$$
であるから
$$\left|\dfrac{\gamma^2}{k}\right|=\dfrac{12}{k}$$
$$\arg\dfrac{\gamma^2}{k}=\dfrac{\pi}{3}$$
よって
$$\angle\text{DOF}=\dfrac{\pi}{3}$$

であるから
$$\text{OF}=\text{OD}\cos\dfrac{\pi}{3}=4\cdot\dfrac{1}{2}=2$$
したがって，$\left|\dfrac{\gamma^2}{k}\right|=\text{OF}$ から
$$\dfrac{12}{k}=2$$
$$\therefore\quad k=\boldsymbol{6}$$
であり，点 $\text{F}\left(\dfrac{\gamma^2}{6}\right)$ は円 C 上にある。

（注）(2)において，点 $\text{F}\left(\dfrac{\gamma^2}{k}\right)$ が円 C 上にあるとき，正の実数 k を求めるには次のようにしてもよい。

点 $\text{F}\left(\dfrac{\gamma^2}{k}\right)$ は円 $C:|z-2|=2$ 上にあるから
$$\left|\dfrac{\gamma^2}{k}-2\right|=2$$
$$\left|\dfrac{6+6\sqrt{3}\,i}{k}-2\right|=2\quad(\gamma^2=6+6\sqrt{3}\,i\text{ より})$$
$$\left|\dfrac{(6-2k)+6\sqrt{3}\,i}{k}\right|=2$$
$$\dfrac{|(6-2k)+6\sqrt{3}\,i|}{|k|}=2$$
$$\dfrac{\sqrt{(6-2k)^2+(6\sqrt{3})^2}}{k}=2\quad(k>0\text{ より})$$
$$\sqrt{4k^2-24k+144}=2k$$
両辺を 2 乗して
$$4k^2-24k+144=4k^2$$
$$\therefore\quad k=6$$

（注）円周角と中心角の性質を利用すると，円 C の中心を G として
$$\angle\text{EGD}=\dfrac{\pi}{3},\quad \angle\text{FGD}=\dfrac{2}{3}\pi$$
であるから
$$\gamma-2=\left(\cos\dfrac{\pi}{3}+i\sin\dfrac{\pi}{3}\right)(4-2)$$
$$\dfrac{\gamma^2}{k}-2=\left(\cos\dfrac{2}{3}\pi+i\sin\dfrac{2}{3}\pi\right)(4-2)$$
すなわち
$$\begin{aligned}\gamma&=3+\sqrt{3}\,i\\&=2\sqrt{3}\left(\cos\dfrac{\pi}{6}+i\sin\dfrac{\pi}{6}\right)\end{aligned}$$
$$\begin{aligned}\dfrac{\gamma^2}{k}&=1+\sqrt{3}\,i\\&=2\left(\cos\dfrac{\pi}{3}+i\sin\dfrac{\pi}{3}\right)\end{aligned}$$

試作問題

2022 年度大学入試センター公表
令和７年度（2025 年度）大学入学共通テスト

試作問題

解答・解説

数　　学　　試作問題　数学Ⅱ，数学B，数学C　（100点満点）

（解答・配点）

問題番号（配点）	解答記号		正解	自己採点欄
第1問 (15)	$\sin\dfrac{\pi}{\text{ア}}$	（2）	$\sin\dfrac{\pi}{3}$	
	イ	（2）	2	
	$\dfrac{\pi}{\text{ウ}}$, エ	（2）	$\dfrac{\pi}{6}$, 2	
	$\dfrac{\pi}{\text{オ}}$, カ	（1）	$\dfrac{\pi}{2}$, 1	
	キ	（2）	⑨	
	ク	（1）	①	
	ケ	（1）	③	
	コ, サ	（2）	①, ⑨	
	シ, ス	（2）	②, ①	
	小　　計			
第2問 (15)	ア	（1）	1	
	イ	（1）	0	
	ウ	（1）	0	
	エ	（1）	1	
	$\log_2\!\left(\sqrt{\text{オ}}-\text{カ}\right)$	（2）	$\log_2\!\left(\sqrt{5}-2\right)$	
	キ	（1）	⓪	
	ク	（1）	③	
	ケ	（2）	1	
	コ	（2）	2	
	サ	（3）	①	
	小　　計			

問題番号（配点）	解答記号		正解	自己採点欄
第3問 (22)	ア $x+$ イ	（2）	$2x+3$	
	ウ	（2）	④	
	エ	（1）	c	
	オ $x+$ カ	（2）	$bx+c$	
	$\dfrac{\text{キク}}{\text{ケ}}$	（1）	$\dfrac{-c}{b}$	
	$\dfrac{ac^{\text{コ}}}{\text{サ}\,b^{\text{シ}}}$	（4）	$\dfrac{ac^3}{3b^3}$	
	ス	（3）	⓪	
	セ $x+$ ソ	（2）	$cx+d$	
	$\dfrac{\text{タチ}}{\text{ツ}}$, テ	（2）	$\dfrac{-b}{a}$, 0	
	$\dfrac{\text{トナニ}}{\text{ヌネ}}$	（3）	$\dfrac{-2b}{3a}$	
	小　　計			

— 数ⅡBC 82 —

問題番号（配点）	解答記号		正　解	自己採点欄
第4問 (16)	ア	（1）	3	
	イ	（1）	3	
	ウ，エ	（2）	2，3	
	オ，カ，キ	（2）	2，6，6	
	ク	（2）	3	
	ケ，コ	（2）	4，3	
	サ	（2）	②	
	シ	（2）	2	
	$q>$ス	（1）	$q>2$	
	$u=$セ	（1）	$u=0$	
小　　　計				
第5問 (16)	ア	（1）	⓪	
	イ	（1）	⑦	
	ウ	（1）	④	
	エ	（1）	⑤	
	オカキ，クケコ	（3）	193，207	
	サ，シ	（3）	②，⑥	
	ス	（1）	⑦	
	セ	（2）	①	
	ソ，タ	（3）	①，⓪	
小　　　計				

問題番号（配点）	解答記号		正　解	自己採点欄
第6問 (16)	ア	（2）	a	
	イーウ	（3）	$a-1$	
	$\dfrac{エ-\sqrt{オ}}{カ}$	（3）	$\dfrac{1-\sqrt{5}}{4}$	
	キ	（3）	⑨	
	ク	（3）	⓪	
	ケ	（2）	⓪	
小　　　計				
第7問 (16)	ア	（4）	②	
	イ	（1）	1	
	ウ	（2）	①	
	エ	（3）	③	
	オ	（3）	6	
	カ	（3）	⑥	
小　　　計				
合　　　計				

（注） 第1問～第3問は必答。第4問～第7問のうちから3問選択。計6問を解答。

— 数ⅡBC 83 —

解 説

第1問（数学Ⅱ　三角関数）
Ⅲ 1 2 4 5 　　【難易度…★】

(1)
$$y = \sin\theta + \sqrt{3}\cos\theta$$
$$= 2\left(\frac{1}{2}\sin\theta + \frac{\sqrt{3}}{2}\cos\theta\right)$$

ここで
$$\sin\frac{\pi}{3} = \frac{\sqrt{3}}{2},\ \cos\frac{\pi}{3} = \frac{1}{2}$$

であるから
$$y = 2\left(\cos\frac{\pi}{3}\sin\theta + \sin\frac{\pi}{3}\cos\theta\right)$$

となり，正弦の加法定理を用いて合成すると
$$y = 2\sin\left(\theta + \frac{\pi}{3}\right)$$

$0 \leqq \theta \leqq \dfrac{\pi}{2}$ のとき $\dfrac{\pi}{3} \leqq \theta + \dfrac{\pi}{3} \leqq \dfrac{5}{6}\pi$ であるから，y は

$\theta + \dfrac{\pi}{3} = \dfrac{\pi}{2}$ つまり $\theta = \dfrac{\pi}{6}$ で最大値 **2** をとる．

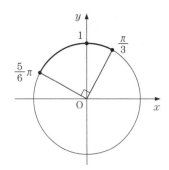

(2) 　　$y = f(\theta) = \sin\theta + p\cos\theta$
とおく．

（ⅰ）$p = 0$ のとき
$$f(\theta) = \sin\theta$$

$0 \leqq \theta \leqq \dfrac{\pi}{2}$ のとき，$y = f(\theta)$ は $\theta = \dfrac{\pi}{2}$ で最大値 **1** をとる．

（ⅱ）$p > 0$ のとき
$$f(\theta) = \sin\theta + p\cos\theta$$
$$= \sqrt{1+p^2}\left(\frac{1}{\sqrt{1+p^2}}\sin\theta + \frac{p}{\sqrt{1+p^2}}\cos\theta\right)$$
(⑨)

ここで，α を
$$\sin\alpha = \frac{1}{\sqrt{1+p^2}},\ \cos\alpha = \frac{p}{\sqrt{1+p^2}},\ 0 < \alpha < \frac{\pi}{2}$$
(⓪, ③)

を満たす角とすると
$$f(\theta) = \sqrt{1+p^2}(\sin\alpha\sin\theta + \cos\alpha\cos\theta)$$

となるので，余弦の加法定理を用いて合成すると
$$f(\theta) = \sqrt{1+p^2}\cos(\theta - \alpha)$$

$0 \leqq \theta \leqq \dfrac{\pi}{2}$ のとき，$-\alpha \leqq \theta - \alpha \leqq \dfrac{\pi}{2} - \alpha$ であるから，

$y = f(\theta)$ は $\theta - \alpha = 0$ つまり $\theta = \alpha$ (⓪) で最大値 $\sqrt{1+p^2}$ (⑨) をとる．

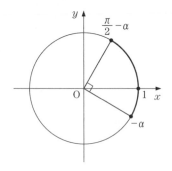

（ⅲ）$p < 0$ のとき
（ⅱ）と同様にして，α を
$$\sin\alpha = \frac{1}{\sqrt{1+p^2}},\ \cos\alpha = \frac{p}{\sqrt{1+p^2}},\ \frac{\pi}{2} < \alpha < \pi$$

を満たす角とすると
$$f(\theta) = \sqrt{1+p^2}\cos(\theta - \alpha)$$
と表すことができる．

$0 \leqq \theta \leqq \dfrac{\pi}{2}$ のとき $-\alpha \leqq \theta - \alpha \leqq \dfrac{\pi}{2} - \alpha$ であるから，

$y = f(\theta)$ は $\theta - \alpha = \dfrac{\pi}{2} - \alpha$ つまり $\theta = \dfrac{\pi}{2}$ (②) で最大値 1 (⓪) をとる．

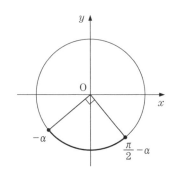

(注) $0 \leqq \theta \leqq \dfrac{\pi}{2}$ のとき，$\sin\theta \geqq 0$, $\cos\theta \geqq 0$ であるから，$\sin\theta$ が最大かつ $\cos\theta$ が最小のとき，つまり $\theta = \dfrac{\pi}{2}$ で $y = f(\theta)$ は最大になる．

第2問 （数学Ⅱ　指数関数・対数関数）
Ⅳ $\boxed{1}\boxed{3}$ 【難易度…★】

$$f(x) = \frac{2^x + 2^{-x}}{2}, \quad g(x) = \frac{2^x - 2^{-x}}{2}$$

(1) 　　　$f(0) = \dfrac{1+1}{2} = \mathbf{1}$

$$g(0) = \frac{1-1}{2} = \mathbf{0}$$

$2^x > 0$, $2^{-x} > 0$ から，相加平均と相乗平均の関係を用いると

$$\frac{2^x + 2^{-x}}{2} \geqq \sqrt{2^x \cdot 2^{-x}} = 1$$

ゆえに

$$f(x) \geqq 1$$

等号は，$2^x = 2^{-x}$ つまり $x = 0$ のとき成り立つ．
よって，$f(x)$ は $x = \mathbf{0}$ で最小値 $\mathbf{1}$ をとる．
$g(x) = -2$ のとき

$$\frac{2^x - 2^{-x}}{2} = -2$$

$$2^x - \frac{1}{2^x} = -4$$

$$(2^x)^2 + 4 \cdot 2^x - 1 = 0$$

$2^x > 0$ から

$$2^x = -2 + \sqrt{5}$$

$$x = \log_2(\sqrt{5} - 2)$$

(2)・① について

$$f(-x) = \frac{2^{-x} + 2^x}{2} = f(x) \quad (\boxed{0})$$

・② について

$$g(-x) = \frac{2^{-x} - 2^x}{2} = -\frac{2^x - 2^{-x}}{2}$$

$$= -g(x) \quad (\boxed{3})$$

・③ について

$$\{f(x)\}^2 - \{g(x)\}^2$$

$$= \{f(x) + g(x)\}\{f(x) - g(x)\}$$

$$= \left(\frac{2^x + 2^{-x}}{2} + \frac{2^x - 2^{-x}}{2}\right)\left(\frac{2^x + 2^{-x}}{2} - \frac{2^x - 2^{-x}}{2}\right)$$

$$= 2^x \cdot 2^{-x}$$

$$= \mathbf{1}$$

・④ について

$$f(x)g(x) = \frac{2^x + 2^{-x}}{2} \cdot \frac{2^x - 2^{-x}}{2}$$

$$= \frac{2^{2x} - 2^{-2x}}{4}$$

$$= \frac{1}{2}g(2x)$$

$$\therefore \quad g(2x) = \mathbf{2}f(x)g(x)$$

(3) (1) より $f(0) = 1$, $g(0) = 0$ であることに注意する．
(A)～(D) において $\beta = 0$ とおくと
(A) $f(\alpha) = g(\alpha)$ ：成り立たない
(B) $f(\alpha) = f(\alpha)$ ：成り立つ
(C) $g(\alpha) = f(\alpha)$ ：成り立たない
(D) $g(\alpha) = -g(\alpha)$：$\alpha = 0$ のときに限り成り立つ
よって，つねに成り立つ式は(B)であると推定できる．
(B) について

$$(右辺) = f(\alpha)f(\beta) + g(\alpha)g(\beta)$$

$$= \frac{2^\alpha + 2^{-\alpha}}{2} \cdot \frac{2^\beta + 2^{-\beta}}{2} + \frac{2^\alpha - 2^{-\alpha}}{2} \cdot \frac{2^\beta - 2^{-\beta}}{2}$$

$$= \frac{2^{\alpha+\beta} + 2^{\alpha-\beta} + 2^{-\alpha+\beta} + 2^{-\alpha-\beta}}{4}$$

$$\quad + \frac{2^{\alpha+\beta} - 2^{\alpha-\beta} - 2^{-\alpha+\beta} + 2^{-\alpha-\beta}}{4}$$

$$= \frac{2^{\alpha+\beta} + 2^{-(\alpha+\beta)}}{2}$$

$$= f(\alpha + \beta)$$

$$= (左辺)$$

したがって，任意の実数 α, β について(B)が成り立つ．（$\boxed{0}$）

第3問 （数学Ⅱ　微分・積分の考え）
Ⅴ $\boxed{2}\boxed{3}\boxed{5}\boxed{6}$ 【難易度…★】

(1) 　　$y = 3x^2 + 2x + 3$ 　　　……①

$$y' = 6x + 2$$

$$y = 2x^2 + 2x + 3 \qquad ……②$$

$$y' = 4x + 2$$

関数①，②それぞれにおいて

$$x = 0 \text{ のとき } y = 3, \ y' = 2$$

であるから，①，②のグラフには次の共通点がある．
・y 軸との交点 $(0, 3)$ における接線の方程式は

$$y = \mathbf{2}x + \mathbf{3}$$

次に，⓪～⑤の2次関数のグラフについて，y 軸との交点における接線の方程式を求めると

⓪ $y = 3x^2 - 2x - 3$, $y' = 6x - 2$ から

— 数ⅡBC 85 —

① $y=-3x^2+2x-3$, $y'=-6x+2$ から
$y=2x-3$

② $y=2x^2+2x-3$, $y'=4x+2$ から
$y=2x-3$

③ $y=2x^2-2x+3$, $y'=4x-2$ から
$y=-2x+3$

④ $y=-x^2+2x+3$, $y'=-2x+2$ から
$y=2x+3$

⑤ $y=-x^2-2x+3$, $y'=-2x-2$ から
$y=-2x+3$

よって，y 軸との交点における接線の方程式が，$y=2x+3$ となるものは ④

次に，曲線 $y=ax^2+bx+c$ を P とする．

$$P: y=ax^2+bx+c$$
$$y'=2ax+b$$

$x=0$ のとき $y=c$, $y'=b$ であるから，P 上の点 $(0, c)$ における接線 ℓ の方程式は

$$\ell: y=\boldsymbol{b}x+\boldsymbol{c}$$

ℓ と x 軸との交点の x 座標は，$y=0$ とおいて

$$x=-\frac{\boldsymbol{c}}{\boldsymbol{b}}$$

a, b, c が正の実数のとき，P は下に凸の放物線であり，$-\dfrac{c}{b}<0$ であるから

$$S=\int_{-\frac{c}{b}}^{0}\{ax^2+bx+c-(bx+c)\}dx$$
$$=\int_{-\frac{c}{b}}^{0}ax^2dx=\left[\frac{a}{3}x^3\right]_{-\frac{c}{b}}^{0}=\frac{ac^3}{3b^3} \quad\cdots\cdots ③$$

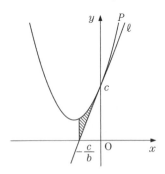

$a=1$ のとき，③ から

$$S=\frac{c^3}{3b^3} \quad \therefore \quad c=\sqrt[3]{3S}\cdot b$$

S が一定のとき，b と c の関係を表すグラフの概形は ⓪

(2) 曲線 $y=ax^3+bx^2+cx+d$ を Q とする．

$$Q: y=ax^3+bx^2+cx+d$$
$$y'=3ax^2+2bx+c$$

$x=0$ のとき $y=d$, $y'=c$ であるから，Q 上の点 $(0, d)$ における接線の方程式は

$$y=\boldsymbol{c}x+\boldsymbol{d}$$

次に

$$f(x)=ax^3+bx^2+cx+d$$
$$g(x)=cx+d$$

より

$$h(x)=f(x)-g(x)=ax^3+bx^2$$

とおく．

$y=f(x)$ のグラフと $y=g(x)$ のグラフの共有点の x 座標は方程式 $f(x)=g(x)$ つまり $h(x)=0$ の実数解であるから

$$x^2(ax+b)=0 \quad \therefore \quad x=-\frac{\boldsymbol{b}}{\boldsymbol{a}}, \ 0$$

また

$$h'(x)=3ax^2+2bx$$
$$=x(3ax+2b)$$

であり，$h'(x)=0$ のとき $x=0, \ -\dfrac{2b}{3a}$

(i) $a>0$, $b>0$ のとき，$-\dfrac{2b}{3a}<0$ であるから，$y=h(x)$ の増減表とグラフは次のようになる．

x	$\cdots$	$-\dfrac{2b}{3a}$	$\cdots$	0	$\cdots$
$h'(x)$	$+$	0	$-$	0	$+$
$h(x)$	↗	$\dfrac{4b^3}{27a^2}$	↘	0	↗

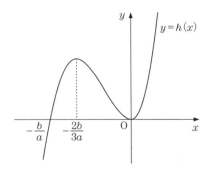

(ii) $a>0$, $b<0$ のとき，$-\dfrac{2b}{3a}>0$ であるから，

$y=h(x)$ の増減表とグラフは次のようになる．

x	$\cdots$	0	$\cdots$	$-\dfrac{2b}{3a}$	$\cdots$
$h'(x)$	$+$	0	$-$	0	$+$
$h(x)$	↗	0	↘	$\dfrac{4b^3}{27a^2}$	↗

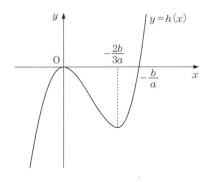

同様にして，$a<0$，$b>0$ のとき，$y=h(x)$ のグラフは(ii)のグラフと x 軸に関して対称なグラフになり，$a<0$，$b<0$ のとき，$y=h(x)$ のグラフは(i)のグラフと x 軸に関して対称なグラフになる．

また，$|f(x)-g(x)|=|h(x)|$ であり，$y=h(x)$ のグラフを利用すると $y=|h(x)|$ のグラフは次のようになる．

・$ab>0$ のとき   ・$ab<0$ のとき

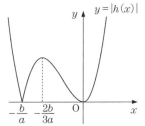   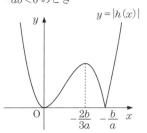

よって，x が $-\dfrac{b}{a}$ と 0 の間を動くとき，$|f(x)-g(x)|$ の値が最大となるのは，$x=-\dfrac{2b}{3a}$ のときである．

(**注**) $y=|h(x)|$ のグラフは，$y=h(x)$ のグラフの x 軸の下側の部分のみ折り返したものになる．

第4問 （数学B　数列）
Ⅵ ①②③⑤ 【難易度…★★】

$$a_nb_{n+1}-2a_{n+1}b_n+3b_{n+1}=0 \quad \cdots\cdots①$$

(1) 数列 $\{a_n\}$ は，初項 3，公差 p の等差数列であるから
$$a_n=3+(n-1)p \quad \cdots\cdots②$$
$$a_{n+1}=3+np \quad \cdots\cdots③$$

数列 $\{b_n\}$ は，初項 3，公比 r の等比数列であるから
$$b_n=3r^{n-1}$$

$b_n\neq 0$ より，①の両辺を b_n で割ると
$$a_n\cdot\dfrac{b_{n+1}}{b_n}-2a_{n+1}+3\cdot\dfrac{b_{n+1}}{b_n}=0$$

$\dfrac{b_{n+1}}{b_n}=r$ であるから
$$a_nr-2a_{n+1}+3r=0$$
$$2a_{n+1}=r(a_n+3) \quad \cdots\cdots④$$

②，③を④に代入して
$$2(3+np)=r\{3+(n-1)p+3\}$$
$$(r-2)pn=r(p-6)+6 \quad \cdots\cdots⑤$$

すべての自然数 n に対して⑤が成り立つので
$$(r-2)p=r(p-6)+6=0$$

$p\neq 0$ より
$$r=2,\quad p=3$$

(2) $$a_nc_{n+1}-4a_{n+1}c_n+3c_{n+1}=0 \quad \cdots\cdots⑥$$

⑥より
$$(a_n+3)c_{n+1}=4a_{n+1}c_n$$

$a_n>0$ より $a_n+3\neq 0$ であるから
$$c_{n+1}=\dfrac{4a_{n+1}}{a_n+3}c_n \quad \cdots\cdots⑥'$$

$a_n=3n$，$a_{n+1}=3(n+1)$ より
$$\dfrac{4a_{n+1}}{a_n+3}=\dfrac{12(n+1)}{3n+3}=4$$

であるから，⑥′は
$$c_{n+1}=4c_n$$

となる．よって，数列 $\{c_n\}$ は，初項 3，公比 4 の等比数列である(❷)．

(3) $$d_nb_{n+1}-qd_{n+1}b_n+ub_{n+1}=0 \quad \cdots\cdots⑦$$

⑦より
$$qb_nd_{n+1}=b_{n+1}(d_n+u)$$

$q\neq 0$，$\dfrac{b_{n+1}}{b_n}=2$ より
$$d_{n+1}=\dfrac{2}{q}(d_n+u) \quad \cdots\cdots⑧$$

初項 3 の数列 $\{d_n\}$ が，公比が 0 より大きく 1 より小さい等比数列であるとき

$d_n = 3s^{n-1} \quad (0 < s < 1)$

と表されるので，⑧ に代入して

$$3s^n = \frac{2}{q}(3s^{n-1} + u)$$

$$3\left(s - \frac{2}{q}\right)s^{n-1} = \frac{2u}{q}$$

この式がすべての自然数 n に対して成り立つので

$$s - \frac{2}{q} = \frac{2u}{q} = 0$$

$$s = \frac{2}{q}, \quad u = 0$$

$0 < s < 1$ より

$$0 < \frac{2}{q} < 1 \qquad \therefore \quad q > 2$$

このとき，⑧ は

$$d_{n+1} = \frac{2}{q}d_n$$

となるので，数列 $\{d_n\}$ は，公比 $\frac{2}{q}\left(0 < \frac{2}{q} < 1\right)$ の等比数列である．

よって，求める必要十分条件は

$$q > 2 \quad \text{かつ} \quad u = 0$$

第5問 （数学B 統計的な推測）
Ⅶ ③⑥⑦⑧⑨ 【難易度…★】

(1) 確率変数 X は，母平均 m，母標準偏差 σ の分布に従うので，標本の大きさ $n = 49$ が十分に大きいと考えると，確率変数 $\overline{X}$ は

平均 m （⓪）

標準偏差 $\dfrac{\sigma}{\sqrt{n}} = \dfrac{\sigma}{\sqrt{49}} = \dfrac{\sigma}{7}$ （⑦）

の正規分布に近似的に従う．

方針に基づいて，$W = 125000 \times \overline{X}$ とおくと，確率変数 W は

平均 $125000m$ （④）

標準偏差 $125000 \times \dfrac{\sigma}{7} = \dfrac{125000}{7}\sigma$ （⑤）

の正規分布に近似的に従う．

よって，確率変数 U を

$$U = \frac{W - 125000m}{\dfrac{125000}{7}\sigma}$$

とおくと，U は標準正規分布 $N(0, 1)$ に近似的に従う．正規分布表より

$$P(|U| \leqq 1.96) = 2 \cdot 0.4750 = 0.95$$

であるから，$M = 125000m$ に対する信頼度 95% の信頼区間は

$$\left| \frac{W - 125000m}{\dfrac{125000}{7}\sigma} \right| \leqq 1.96$$

すなわち

$$W - 1.96 \cdot \frac{125000}{7}\sigma \leqq 125000m$$
$$\leqq W + 1.96 \cdot \frac{125000}{7}\sigma$$

である．

ここで，$\overline{X} = 16$ より $W = 125000 \times 16$ であり，$\sigma = 2$ と仮定すると，M に対する信頼度 95% の信頼区間は

$$125000 \times 16 - 1.96 \cdot \frac{125000}{7} \cdot 2 \leqq M$$
$$\leqq 125000 \times 16 + 1.96 \cdot \frac{125000}{7} \cdot 2$$

すなわち

$$193 \times 10^4 \leqq M \leqq 207 \times 10^4$$

(2) 帰無仮説 H_0 を

H_0：今年の母平均は 15 である （②）

とし，対立仮説 H_1 を

H_1：今年の母平均は 15 ではない （⑥）

とする．

H_0 が正しいとすると，確率変数 $\overline{X}$ は

平均 15 （⑦）

標準偏差 $\dfrac{2}{7}$ （⓪）

の正規分布に近似的に従うので，確率変数

$Z = \dfrac{\overline{X} - 15}{\dfrac{2}{7}}$ は標準正規分布 $N(0, 1)$ に近似的に従う．

花子さんたちの調査結果より，$\overline{X} = 16$ であるから

$$z = \frac{16 - 15}{\dfrac{2}{7}} = 3.5$$

となる．正規分布表より

$$P(|Z| \leqq 3.5) = 2 \cdot 0.4998 = 0.9996$$

であるから

$$P(|Z| \geqq 3.5) = 1 - 0.9996 = 0.0004$$

0.0004 は 0.05 より小さい（⓪）ので，H_0 は棄却できる．よって，有意水準 5% で今年の母平均 m は昨年と異なるといえる（⓪）．

— 数ⅡBC 88 —

第6問 （数学C　ベクトル）
Ⅷ ② ③ ⑤　　　　　　　【難易度…★】

(1)

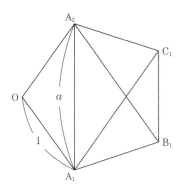

正五角形の1つの内角の大きさは
$$\frac{180°×3}{5}=108°$$
であり，正五角形は円に内接するので，円周角を考えることにより
$$\angle A_1A_2B_1=\angle A_2B_1C_1=\frac{108°}{3}=36°$$
このとき，錯角が等しいので，平行線の性質から
$$A_1A_2 /\!/ B_1C_1$$
であり，$A_1A_2=a$，$B_1C_1=1$ より
$$\overrightarrow{A_1A_2}=a\overrightarrow{B_1C_1}$$
よって
$$\overrightarrow{B_1C_1}=\frac{1}{a}\overrightarrow{A_1A_2}=\frac{1}{a}(\overrightarrow{OA_2}-\overrightarrow{OA_1})\quad \cdots\cdots ①$$
同様にして
$$\overrightarrow{A_2B_1}=a\overrightarrow{OA_1},\quad \overrightarrow{A_1C_1}=a\overrightarrow{OA_2}$$
が成り立つので
$$\begin{aligned}\overrightarrow{B_1C_1}&=\overrightarrow{B_1A_2}+\overrightarrow{A_2O}+\overrightarrow{OA_1}+\overrightarrow{A_1C_1}\\&=-a\overrightarrow{OA_1}-\overrightarrow{OA_2}+\overrightarrow{OA_1}+a\overrightarrow{OA_2}\\&=(a-1)\overrightarrow{OA_2}-(a-1)\overrightarrow{OA_1}\\&=(\boldsymbol{a-1})(\overrightarrow{OA_2}-\overrightarrow{OA_1})\quad \cdots\cdots ②\end{aligned}$$
$\overrightarrow{OA_1}$ と $\overrightarrow{OA_2}$ は $\vec{0}$ でなく平行でもないので，①，②より
$$\frac{1}{a}=a-1$$
$$a^2-a-1=0\quad \cdots\cdots (*)$$
$a>0$ より
$$a=\frac{1+\sqrt{5}}{2}$$

(2) (1)より

$$|\overrightarrow{A_1A_2}|^2=a^2=\left(\frac{1+\sqrt{5}}{2}\right)^2=\frac{3+\sqrt{5}}{2}$$
一方
$$\begin{aligned}|\overrightarrow{A_1A_2}|^2&=|\overrightarrow{OA_2}-\overrightarrow{OA_1}|^2\\&=|\overrightarrow{OA_2}|^2-2\overrightarrow{OA_1}\cdot\overrightarrow{OA_2}+|\overrightarrow{OA_1}|^2\\&=1^2-2\overrightarrow{OA_1}\cdot\overrightarrow{OA_2}+1^2\\&=2-2\overrightarrow{OA_1}\cdot\overrightarrow{OA_2}\end{aligned}$$
よって
$$\frac{3+\sqrt{5}}{2}=2-2\overrightarrow{OA_1}\cdot\overrightarrow{OA_2}$$
$$\therefore\quad \overrightarrow{OA_1}\cdot\overrightarrow{OA_2}=\boldsymbol{\frac{1-\sqrt{5}}{4}}\quad \cdots\cdots ③$$
同様にして
$$\overrightarrow{OA_2}\cdot\overrightarrow{OA_3}=\overrightarrow{OA_3}\cdot\overrightarrow{OA_1}=\frac{1-\sqrt{5}}{4}\quad \cdots\cdots ③'$$

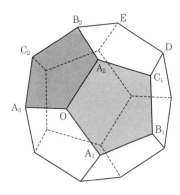

面 $OA_1B_1C_1A_2$ に着目すると
$$\overrightarrow{OB_1}=\overrightarrow{OA_2}+\overrightarrow{A_2B_1}=\overrightarrow{OA_2}+a\overrightarrow{OA_1}\quad \cdots\cdots ④$$
面 $OA_2B_2C_2A_3$ に着目すると
$$\overrightarrow{OB_2}=\overrightarrow{OA_3}+\overrightarrow{A_3B_2}=\overrightarrow{OA_3}+a\overrightarrow{OA_2}\quad \cdots\cdots ⑤$$
⑤から
$$\begin{aligned}\overrightarrow{OA_1}\cdot\overrightarrow{OB_2}&=\overrightarrow{OA_1}\cdot(\overrightarrow{OA_3}+a\overrightarrow{OA_2})\\&=\overrightarrow{OA_1}\cdot\overrightarrow{OA_3}+a\overrightarrow{OA_1}\cdot\overrightarrow{OA_2}\\&=\frac{1-\sqrt{5}}{4}+\frac{1+\sqrt{5}}{2}\cdot\frac{1-\sqrt{5}}{4}\\&\qquad\qquad (③,\ ③' より)\\&=\boldsymbol{\frac{-1-\sqrt{5}}{4}}\quad (\boldsymbol{❾})\end{aligned}$$
$$\begin{aligned}\overrightarrow{OA_2}\cdot\overrightarrow{OB_2}&=\overrightarrow{OA_2}\cdot(\overrightarrow{OA_3}+a\overrightarrow{OA_2})\\&=\overrightarrow{OA_2}\cdot\overrightarrow{OA_3}+a|\overrightarrow{OA_2}|^2\\&=\frac{1-\sqrt{5}}{4}+\frac{1+\sqrt{5}}{2}\cdot 1^2\quad (③' より)\\&=\frac{3+\sqrt{5}}{4}\end{aligned}$$

よって
$$\vec{OB_1}\cdot\vec{OB_2}=(\vec{OA_2}+a\vec{OA_1})\cdot\vec{OB_2} \quad (④ より)$$
$$=\vec{OA_2}\cdot\vec{OB_2}+a\vec{OA_1}\cdot\vec{OB_2}$$
$$=\frac{3+\sqrt{5}}{4}+\frac{1+\sqrt{5}}{2}\cdot\frac{-1-\sqrt{5}}{4}$$
$$=0 \quad (⓪)$$

このとき，$\vec{OB_1}\perp\vec{OB_2}$ であるから
$$\angle B_1OB_2=90°$$

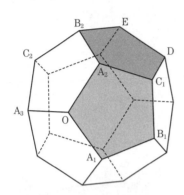

面 $A_2C_1DEB_2$ に着目すると
$$\vec{B_2D}=a\vec{A_2C_1}=\vec{OB_1}$$
であるから，四角形 OB_1DB_2 は平行四辺形であり，さらに，隣り合う2辺について
$$OB_1=OB_2(=a),\ \angle B_1OB_2=90°$$
であるから
　　四角形 OB_1DB_2 は正方形である　（⓪）

（注）
$$\vec{OB_1}\cdot\vec{OB_2}$$
$$=(\vec{OA_2}+a\vec{OA_1})\cdot(\vec{OA_3}+a\vec{OA_2}) \quad (④, ⑤ より)$$
$$=\vec{OA_2}\cdot\vec{OA_3}+a|\vec{OA_2}|^2$$
$$\quad +a\vec{OA_1}\cdot\vec{OA_3}+a^2\vec{OA_1}\cdot\vec{OA_2}$$
$$=\frac{1-\sqrt{5}}{4}+a\cdot 1^2+a\cdot\frac{1-\sqrt{5}}{4}+a^2\cdot\frac{1-\sqrt{5}}{4}$$
$$(③, ③' より)$$

（*）より $a^2=a+1$ であるから
$$\vec{OB_1}\cdot\vec{OB_2}=\frac{1-\sqrt{5}}{4}+a+a\cdot\frac{1-\sqrt{5}}{4}$$
$$\quad +(a+1)\cdot\frac{1-\sqrt{5}}{4}$$
$$=2\cdot\frac{1-\sqrt{5}}{4}+a\left(1+2\cdot\frac{1-\sqrt{5}}{4}\right)$$
$$=\frac{1-\sqrt{5}}{2}+\frac{1+\sqrt{5}}{2}\cdot\frac{3-\sqrt{5}}{2}=0$$

第7問

〔1〕（数学C　平面上の曲線）
　　Ⅸ ①②　　　　　　　　　【難易度…★】
$$ax^2+by^2+cx+dy+f=0 \quad \cdots\cdots①$$

・$a=2,\ b=1,\ c=-8,\ d=-4,\ f=0$ とする．
①より
$$2x^2+y^2-8x-4y=0 \quad \cdots\cdots②$$
$$2(x-2)^2+(y-2)^2=12$$
$$\frac{(x-2)^2}{6}+\frac{(y-2)^2}{12}=1$$
よって，②は楕円を表す．

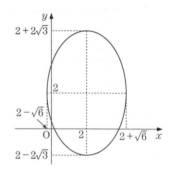

・$a=2,\ c=-8,\ d=-4,\ f=0$ とする．
①より
$$2x^2+by^2-8x-4y=0 \quad \cdots\cdots③$$
b の値を $b\geqq 0$ の範囲で変化させるとき
・$b=0$ とすると，③より
$$2x^2-8x-4y=0$$
$$y=\frac{1}{2}x^2-2x \quad \cdots\cdots④$$
となるので，④は放物線を表す．

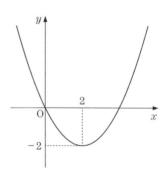

・$b>0$ とすると，③は
$$2(x-2)^2+b\left(y-\frac{2}{b}\right)^2=\frac{4(2b+1)}{b} \quad \cdots\cdots⑤$$
と変形できる．

$b>0$ より $\dfrac{4(2b+1)}{b}>0$ であるから

$b=2$ のとき，⑤ は円を表す．

$b\neq 2$ のとき，⑤ は楕円を表す．

よって，b の値を $b\geqq 0$ の範囲で変化させたとき，x，y の方程式 ③ から

楕円，円，放物線が現れ，他の図形は現れない．

(②)

〔2〕（数学C　複素数平面）

X ①②③④⑤　　　【難易度…★★】

条件より

$$w\neq 0 \text{ かつ } 0<\arg w<\pi$$

$n\geqq 3$ として，複素数 w^n の表す点を A_n とする．

A_1 と A_n が重なるとき

$$w^n = w$$

であり，$w\neq 0$ より

$$w^{n-1}=1$$

両辺の絶対値を考えて

$$|w^{n-1}|=1$$
$$|w|^{n-1}=1$$

よって　$|w|=1$ 　　……①

・$1\leqq k\leqq n-1$ である自然数 k について

$$\begin{aligned}A_kA_{k+1}&=|w^{k+1}-w^k|\\&=|w^k(w-1)|\\&=|w|^k|w-1|\\&=|w-1|\quad(\text{⓪})\quad(\text{① より})\end{aligned}$$

・$2\leqq k\leqq n-1$ である自然数 k について

$$\begin{aligned}\angle A_{k+1}A_kA_{k-1}&=\arg\dfrac{w^{k-1}-w^k}{w^{k+1}-w^k}\\&=\arg\dfrac{w^{k-1}(1-w)}{w^k(w-1)}\\&=\arg\left(-\dfrac{1}{w}\right)\quad(\text{③})\end{aligned}$$

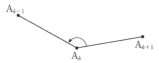

$n=25$ のとき

$$w^{24}=1 \quad\quad ……②$$

$|w|=1$ より

$$w=\cos\theta+i\sin\theta\quad(0<\theta<\pi)$$

とおくと，ド・モアブルの定理より

$$w^{24}=\cos 24\theta+i\sin 24\theta$$

であるから，② より

$$24\theta=2l\pi$$

$$\therefore\ \theta=\dfrac{l\pi}{12}\quad(l \text{ は整数}) \quad……③$$

ただし，$0<\theta<\pi$ より

$$1\leqq l\leqq 11$$

点 A_1，A_2，$\cdots$，A_{24}，$A_{25}(=A_1)$ は，単位円周上に

$$\angle A_kOA_{k+1}=\theta\quad(1\leqq k\leqq 24)$$

となるように並ぶので，点 A_1 から A_m，$A_{m+1}(=A_1)$ までを順に線分で結んでできる図形が，正 m 角形になるとき

$$m\theta=2\pi\quad(3\leqq m\leqq 24)$$

である．

③ より

$$\dfrac{lm\pi}{12}=2\pi\quad\therefore\ lm=24$$

l，m は $1\leqq l\leqq 11$，$3\leqq m\leqq 24$ を満たす整数であるから

$$(l, m)=(1, 24),\ (2, 12),\ (3, 8),$$
$$(4, 6),\ (6, 4),\ (8, 3)$$

よって，求める w の値は全部で **6** 個ある．

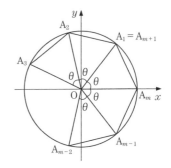

(注)　複素数 w と正多角形は次のようになる．

・$(l, m)=(1, 24)$ のとき

$w=\cos\dfrac{\pi}{12}+i\sin\dfrac{\pi}{12}$ であり，正二十四角形ができる．

・$(l, m)=(2, 12)$ のとき

$w=\cos\dfrac{\pi}{6}+i\sin\dfrac{\pi}{6}=\dfrac{\sqrt{3}}{2}+\dfrac{1}{2}i$ であり，正十二角形ができる．

・$(l, m)=(3, 8)$ のとき

$w=\cos\dfrac{\pi}{4}+i\sin\dfrac{\pi}{4}=\dfrac{\sqrt{2}}{2}+\dfrac{\sqrt{2}}{2}i$ であり，正八角形ができる．

- $(l, m) = (4, 6)$ のとき

  $w = \cos\dfrac{\pi}{3} + i\sin\dfrac{\pi}{3} = \dfrac{1}{2} + \dfrac{\sqrt{3}}{2}i$ であり，正六角形ができる．

- $(l, m) = (6, 4)$ のとき

  $w = \cos\dfrac{\pi}{2} + i\sin\dfrac{\pi}{2} = i$ であり，正方形ができる．

- $(l, m) = (8, 3)$ のとき

  $w = \cos\dfrac{2}{3}\pi + i\sin\dfrac{2}{3}\pi = -\dfrac{1}{2} + \dfrac{\sqrt{3}}{2}i$ であり，正三角形ができる．

正 m 角形の内接円は，線分 A_1A_2，A_2A_3，…，A_mA_1 と，それぞれの中点で接するので，内接円の半径は $1 \leqq k \leqq m$ として

$$\left|\dfrac{w^k + w^{k+1}}{2}\right| = \dfrac{|w^k(1+w)|}{2} = \dfrac{|w|^k|1+w|}{2}$$
$$= \dfrac{|w+1|}{2} \quad (\text{①より})$$

よって，内接円上の点 z は

$$|z| = \dfrac{|w+1|}{2} \quad \text{⑥}$$

を満たす．

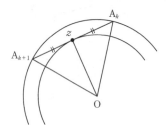

2024 年度

大学入学共通テスト
本試験

解答・解説

'24 解答・解説

■数学Ⅱ・B　得点別偏差値表　平均点：57.74／標準偏差：20.67／受験者数：312,255

得　点	偏差値	得　点	偏差値	得　点	偏差値	得　点	偏差値	得　点	偏差値
100	70.4	80	60.8	60	51.1	40	41.4	20	31.7
99	70.0	79	60.3	59	50.6	39	40.9	19	31.3
98	69.5	78	59.8	58	50.1	38	40.4	18	30.8
97	69.0	77	59.3	57	49.6	37	40.0	17	30.3
96	68.5	76	58.8	56	49.2	36	39.5	16	29.8
95	68.0	75	58.4	55	48.7	35	39.0	15	29.3
94	67.5	74	57.9	54	48.2	34	38.5	14	28.8
93	67.1	73	57.4	53	47.7	33	38.0	13	28.4
92	66.6	72	56.9	52	47.2	32	37.5	12	27.9
91	66.1	71	56.4	51	46.7	31	37.1	11	27.4
90	65.6	70	55.9	50	46.3	30	36.6	10	26.9
89	65.1	69	55.4	49	45.8	29	36.1	9	26.4
88	64.6	68	55.0	48	45.3	28	35.6	8	25.9
87	64.2	67	54.5	47	44.8	27	35.1	7	25.5
86	63.7	66	54.0	46	44.3	26	34.6	6	25.0
85	63.2	65	53.5	45	43.8	25	34.2	5	24.5
84	62.7	64	53.0	44	43.4	24	33.7	4	24.0
83	62.2	63	52.5	43	42.9	23	33.2	3	23.5
82	61.7	62	52.1	42	42.4	22	32.7	2	23.0
81	61.3	61	51.6	41	41.9	21	32.2	1	22.5
								0	22.1

数　　学　　2024年度本試験　数学Ⅱ・数学B　（100点満点）

（解答・配点）

問題番号（配点）	解答記号（配点）		正解	自己採点欄
第1問 (30)	ア	(1)	3	
	イウ	(1)	10	
	(エ, オ)	(2)	(1, 0)	
	カ	(3)	⓪	
	キ	(3)	⑤	
	ク	(2)	②	
	ケ	(3)	②	
	コサ, シ	(2)	−2, 3	
	ス, セ	(2)	2, 1	
	ソタ	(1)	12	
	チ	(3)	③	
	ツ	(1)	⓪	
	テ, ト	(2)	⓪, ⓪	
	ナ	(1*)	③	
	ニヌ	(2)	−6	
	ネノ	(1)	14	
小　　計				
第2問 (30)	$\dfrac{ア}{イ}$	(2)	$\dfrac{3}{2}$	
	ウ, エ	(1)	9, 6	
	$\dfrac{オ}{カ}$, キ	(2)	$\dfrac{9}{2}$, 6	
	ク	(1)	1	
	$\dfrac{ケ}{コ}$	(1)	$\dfrac{5}{2}$	
	サ	(1)	2	
	シ	(1)	2	
	ス	(3)	③	
	セ, ソ	(2)	⓪, ⑤	
	タ	(2)	⓪	
	チ	(4)	⓪	
	ツ	(2)	②	
	テ	(1)	③	
	ト, ナ	(3)	④, ②	
	ニ, ヌ	(2)	⓪, ④	
	ネ	(2)	②	
小　　計				

問題番号（配点）	解答記号（配点）		正解	自己採点欄
第3問 (20)	ア	(2)	⓪	
	イ	(2)	③	
	ウ, エ	(3)	⓪, ②	
	オ	(3)	⓪	
	カ	(3)	3	
	キク	(3)	33	
	$\dfrac{ケコ}{サ}$	(4)	$\dfrac{21}{8}$	
小　　計				
第4問 (20)	アイ, ウエ	(2)	24, 38	
	オカ	(2)	14	
	キ, $\dfrac{ク}{ケ}$, コ	(3)	3, $\dfrac{1}{2}$, 3	
	サ	(1)	1	
	シス, セソ	(2)	−3, −3	
	タ, チツ	(3)	1, 40	
	テ	(3)	③	
	ト	(4)	④	
小　　計				
第5問 (20)	(ア, イウ, エ)	(2)	(1, −1, 1)	
	オ	(2)	0	
	カ	(3)	②	
	キ, クケ, コサ	(3)	3, 12, 54	
	シ	(3)	⓪	
	ス	(3)	2	
	(セソ, タチ, ツテ)(トナ, ニヌ, ネノ)	(4)	(−3,12,−6)(−7,12,−2)	
小　　計				
合　　計				

（注）

1　＊は，解答記号テ，トが両方正解の場合のみ③を正解とし，点を与える。

2　第1問，第2問は必答。第3問〜第5問のうちから2問選択。計4問を解答。

解　説

第1問

〔1〕（数学II　指数関数・対数関数）

IV ③ ④　【難易度…★★】

(1)(i)　$y=\log_3 x$ において，$x=27$ のとき
$$y=\log_3 27=3$$
であるから，$y=\log_3 x$ のグラフは点 $(\mathbf{27},\ \mathbf{3})$ を通る．また，$y=\log_2 \dfrac{x}{5}$ において，$y=1$ のとき
$$\log_2 \dfrac{x}{5}=1$$
$$\dfrac{x}{5}=2$$
$$x=10$$
であるから，$y=\log_2 \dfrac{x}{5}$ のグラフは点 $(\mathbf{10},\ \mathbf{1})$ を通る．

(ii)　$y=\log_k x$ において，$x=1$ のとき
$$y=\log_k 1=0$$
であるから，$y=\log_k x$ のグラフは，k の値によらず定点 $(\mathbf{1},\ \mathbf{0})$ を通る．

(iii)　底 $a>1$ のとき，$y=\log_a x$ は増加関数であることに注意する．

・底を 2 にそろえると
$$y=\log_k x=\dfrac{\log_2 x}{\log_2 k}\quad (x>0)$$
となり
$$0<\log_2 2<\log_2 3<\log_2 4$$
であるから
$$\dfrac{1}{\log_2 2}>\dfrac{1}{\log_2 3}>\dfrac{1}{\log_2 4}>0$$
$x>1$ のとき $\log_2 x>0$ より
$$\dfrac{\log_2 x}{\log_2 2}>\dfrac{\log_2 x}{\log_2 3}>\dfrac{\log_2 x}{\log_2 4}>0$$
すなわち
$$\log_2 x>\log_3 x>\log_4 x>0 \quad\cdots\cdots①$$
また，$0<x<1$ のとき $\log_2 x<0$ より
$$\dfrac{\log_2 x}{\log_2 2}<\dfrac{\log_2 x}{\log_2 3}<\dfrac{\log_2 x}{\log_2 4}<0$$
すなわち
$$\log_2 x<\log_3 x<\log_4 x<0 \quad\cdots\cdots②$$
①，②と(ii)より，$k=2,\ 3,\ 4$ のとき，$y=\log_k x$ のグラフの概形は　**⓪**

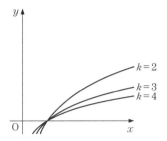

$$y=\log_2 kx=\log_2 x+\log_2 k\quad (x>0)$$
であり
$$\log_2 2<\log_2 3<\log_2 4$$
であるから，$x>0$ の範囲で
$$\log_2 x+\log_2 2<\log_2 x+\log_2 3<\log_2 x+\log_2 4$$
すなわち
$$\log_2 2x<\log_2 3x<\log_2 4x$$
よって，$k=2,\ 3,\ 4$ のとき，$y=\log_2 kx$ のグラフの概形は　**⑤**

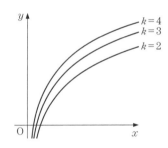

(2)(i)　$\log_x y=2$ のとき，$y=x^2$ であるから，$\log_x y=2$ の表す図形は，**②**の $x>0$，$x\neq 1$，$y>0$ の部分である．

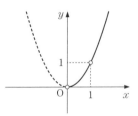

(ii)　$0<\log_x y<1$ より
$$\log_x 1<\log_x y<\log_x x \quad\cdots\cdots③$$
・$x>1$ のとき
$\log_x y$ は y の増加関数であるから，③より
$$1<y<x$$

・$0<x<1$ のとき
$\log_x y$ は y の減少関数であるから，③ より
$$1>y>x$$
よって，$0<\log_x y<1$ の表す領域は❷の斜線部分で，境界は含まない．

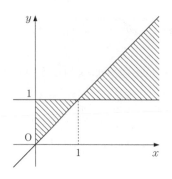

〔2〕（数学Ⅱ　いろいろな式）
Ⅰ ③⑥⑦　【難易度…★】

(1) $\quad P(x)=2x^3+7x^2+10x+5$
$\quad\quad S(x)=x^2+4x+7$
$S(x)=0$ の解は
$$x=-2\pm\sqrt{3}\,i$$
割り算を実行すると，$P(x)$ を $S(x)$ で割ったときの商 $T(x)$ と余り $U(x)$ は
$$T(x)=\mathbf{2x-1}$$
$$U(x)=\mathbf{12}$$

$$\begin{array}{r}2x-1\\x^2+4x+7\overline{)2x^3+7x^2+10x+5}\\\underline{2x^3+8x^2+14x}\\-x^2-4x+5\\\underline{-x^2-4x-7}\\12\end{array}$$

(2) $P(x)$ を $S(x)$ で割ったときの商を $T(x)$，余りを $U(x)$ とすると
$$P(x)=S(x)T(x)+U(x) \quad\cdots\cdots①$$
ただし，$(U(x)$ の次数$)<(S(x)$ の次数$)$ である．
方程式 $S(x)=0$ が異なる2つの解 α，β をもつとき
$$S(\alpha)=S(\beta)=0 \quad\cdots\cdots②$$

(i) 余りが定数になるとき，$U(x)=k$ とおくと，① より
$$P(x)=S(x)T(x)+k \quad\cdots\cdots③$$
②，③ より
$$P(\alpha)=P(\beta)=k \quad\cdots\cdots④$$

よって，$P(x)=S(x)T(x)+k$ かつ $S(\alpha)=S(\beta)=0$ から $P(\alpha)=P(\beta)=k$ が導かれる（❸）．
よって，余りが定数であるとき，④ より $P(\alpha)=P(\beta)$ が成り立つ（❶）．

(ii) $S(x)$ が2次式であるとき，余りは1次式または定数であるから
$$U(x)=mx+n$$
とおけるので，① より
$$P(x)=S(x)T(x)+mx+n \quad（❶）\cdots\cdots⑤$$
②，⑤ より
$$P(\alpha)=m\alpha+n \quad（❶）$$
$$P(\beta)=m\beta+n$$
であるから，$P(\alpha)=P(\beta)$ が成り立つとき
$$m\alpha+n=m\beta+n$$
$$m(\alpha-\beta)=0$$
$\alpha\ne\beta$ より $m=0$（❸）であり，$U(x)=n$ であるから余りは定数である．

(i)，(ii) から，方程式 $S(x)=0$ が異なる2つの解をもつとき
「$P(x)$ を $S(x)$ で割った余りが定数になる」
ことと
「$P(\alpha)=P(\beta)$」
であることは同値である．

(3) $\quad P(x)=x^{10}-2x^9-px^2-5x$
$\quad\quad S(x)=x^2-x-2=(x+1)(x-2)$
方程式 $S(x)=0$ の解は $x=-1$，2 であり
$$P(-1)=1-2(-1)-p-5(-1)=-p+8$$
$$P(2)=2^{10}-2\cdot2^9-4p-10=-4p-10$$
$P(x)$ を $S(x)$ で割った余りが定数になるとき，(2) より $P(-1)=P(2)$ であるから
$$-p+8=-4p-10$$
$$p=\mathbf{-6}$$
であり，このとき余りは
$$P(-1)=-(-6)+8=\mathbf{14}$$

第2問（数学Ⅱ　微分，積分の考え）
Ⅴ ①②③⑤⑥　【難易度…★★】

(1)(i) $\quad f(x)=3(x-1)(x-2)$
$\quad\quad\quad =3(x^2-3x+2)$
$\quad\quad f'(x)=3(2x-3)$
$f'(x)=0$ となる x の値は $\quad x=\dfrac{3}{2}$

(ii) $S(x)=\int_0^x f(t)\,dt$
$=\int_0^x (3t^2-9t+6)\,dt$
$=\left[t^3-\dfrac{9}{2}t^2+6t\right]_0^x$
$=x^3-\dfrac{9}{2}x^2+6x$

$S'(x)=3x^2-9x+6$
$=3(x-1)(x-2)$

$S'(x)=0$ のとき $x=1,\ 2$ であり,$S(x)$ の増減表は次のようになる.

x	$\cdots$	1	$\cdots$	2	$\cdots$
$S'(x)$	+	0	−	0	+
$S(x)$	↗	極大	↘	極小	↗

よって

$x=1$ のとき,$S(x)$ は極大値 $\dfrac{5}{2}$ をとり

$x=2$ のとき,$S(x)$ は極小値 2 をとる.

(iii) $S'(x)=f(x)$ であるから,$f(3)=S'(3)$ は関数 $y=S(x)$ のグラフ上の点 $(3,S(3))$ における接線の傾きである(**❸**).

(2)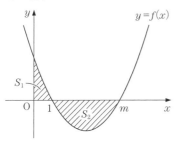

$f(x)=3(x-1)(x-m)\quad (m>1)$

$y=f(x)$ のグラフは上図のようになり,x 軸との交点の x 座標は $x=1,\ m$ である.よって

$S_1=\int_0^1 f(x)\,dx\quad (\mathbf{⓪})$

$S_2=\int_1^m \{-f(x)\}\,dx\quad (\mathbf{⑤})$

であり

$S_1-S_2=\int_0^1 f(x)\,dx-\int_1^m\{-f(x)\}\,dx$
$=\int_0^1 f(x)\,dx+\int_1^m f(x)\,dx$
$=\int_0^m f(x)\,dx$

$S_1=S_2$ のとき $S_1-S_2=0$ であるから

$\int_0^m f(x)\,dx=0\quad (\mathbf{⓪})$ ……①′

また,$S_1>S_2$ のとき $S_1-S_2>0$ であるから

$\int_0^m f(x)\,dx>0$ ……②′

$y=S(x)$ のグラフについて考える.

$S(x)=\int_0^x f(t)\,dt$ より

$S'(x)=f(x)=3(x-1)(x-m)$

$S'(x)=0$ のとき,$x=1,\ m$ であり,$S(x)$ の増減表は次のようになる.

x	$\cdots$	1	$\cdots$	m	$\cdots$
$S'(x)$	+	0	−	0	+
$S(x)$	↗	極大	↘	極小	↗

$S(0)=\int_0^0 f(t)\,dt=0$ であるから,$y=S(x)$ のグラフは原点 O を通る.また,極小値は $S(m)=\int_0^m f(t)\,dt$ であることに注意すると

・$S_1=S_2$ のとき,①′ より $S(m)=0$ であるから,$y=S(x)$ のグラフの概形は **❶**

・$S_1>S_2$ のとき,②′ より $S(m)>0$ であるから,$y=S(x)$ のグラフの概形は **❷**

$S_1=S_2$ のとき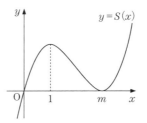

$S_1>S_2$ のとき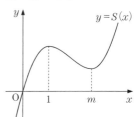

(3)

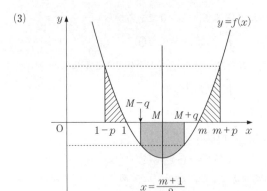

$$f(x)=3(x-1)(x-m)$$
$$=3\{x^2-(m+1)x+m\}$$
$$=3\left\{\left(x-\frac{m+1}{2}\right)^2-\frac{(m-1)^2}{4}\right\}$$

$y=f(x)$ のグラフは軸：$x=\dfrac{m+1}{2}$（③）に関して対称であるから，図の斜線部の面積を考えることにより，$p>0$ のとき

$$\int_{1-p}^{1} f(x)\,dx = \int_{m}^{m+p} f(x)\,dx \quad (\text{④}) \quad \cdots\cdots ①$$

また，図の灰色部分の面積を考えることにより，$M=\dfrac{m+1}{2}$ として $0<q\leqq M-1$ のとき

$$\int_{M-q}^{M} \{-f(x)\}\,dx = \int_{M}^{M+q} \{-f(x)\}\,dx \quad (\text{②}) \\ \cdots\cdots ②$$

が成り立つ。
さらに，

$$\int_{\alpha}^{\beta} f(x)\,dx = \int_{0}^{\beta} f(x)\,dx - \int_{0}^{\alpha} f(x)\,dx$$
$$= S(\beta)-S(\alpha)$$

が成り立つので，① より

$$S(1)-S(1-p)=S(m+p)-S(m)$$
$$S(1-p)+S(m+p)=S(1)+S(m) \quad (\text{⓪})$$
$$\cdots\cdots ③$$

② より
$$-\{S(M)-S(M-q)\}=-\{S(M+q)-S(M)\}$$
$$2S(M)=S(M+q)+S(M-q) \quad (\text{④})$$
$$\cdots\cdots ④$$

関数 $y=S(x)$ のグラフ上の 2 点 $(1-p,\ S(1-p))$，$(m+p,\ S(m+p))$ を結ぶ線分の中点を $K(X,\ Y)$ とすると

$$X=\frac{(1-p)+(m+p)}{2}=\frac{1+m}{2}$$

$$Y=\frac{S(1-p)+S(m+p)}{2}=\frac{S(1)+S(m)}{2}$$
$$(\text{③ より})$$

$M=\dfrac{m+1}{2}$ であり，④ で $q=M-1$ とおくと
$$2S(M)=S(m)+S(1)$$
であるから
$$X=M,\quad Y=S(M)$$
よって，中点 K の座標は $(M,\ S(M))$ であり，K は p の値によらず一つに定まり，関数 $y=S(x)$ のグラフ上にある（②）。

第 3 問　（数学 B　統計的な推測）
Ⅶ 1 2 7 8　【難易度…★】

(1) 表 1 から，確率変数 X の平均 m は
$$m=0\cdot(1-p)+1\cdot p=p \quad (\text{⓪})$$
次に，標本平均 $\overline{X}$ について，標本の大きさ $n=300$ は十分に大きいので，$\overline{X}$ は近似的に平均 m，標準偏差 $\dfrac{\sigma}{\sqrt{n}}$ の正規分布 $N\left(m,\ \dfrac{\sigma^2}{n}\right)$（③）に従う。

また，標本の標準偏差 S は
$$S=\sqrt{\frac{1}{n}\{(X_1-\overline{X})^2+(X_2-\overline{X})^2+\cdots+(X_n-\overline{X})^2\}}$$
$$=\sqrt{\frac{1}{n}(X_1^2+X_2^2+\cdots+X_n^2)-2\cdot\frac{X_1+X_2+\cdots+X_n}{n}\overline{X}+(\overline{X})^2}$$

ここで，$\overline{X}=\dfrac{X_1+X_2+\cdots+X_n}{n}$ を用いると
$$S=\sqrt{\frac{1}{n}(X_1^2+X_2^2+\cdots+X_n^2)-(\overline{X})^2} \quad (\text{⓪})$$

さらに，$X_1^2=X_1,\ X_2^2=X_2,\ \cdots,\ X_n^2=X_n$ であるから
$$S=\sqrt{\frac{1}{n}(X_1+X_2+\cdots+X_n)-(\overline{X})^2}$$
$$=\sqrt{\overline{X}-(\overline{X})^2}$$
$$=\sqrt{\overline{X}(1-\overline{X})} \quad (\text{②})$$

表 2 より
$$\overline{X}=\frac{75}{300}=\frac{1}{4}$$
$$S=\sqrt{\frac{1}{4}\left(1-\frac{1}{4}\right)}=\frac{\sqrt{3}}{4}$$

であり，σ の代わりに S を用いることにより，母平均 m に対する信頼度 95% の信頼区間は

$$\frac{1}{4}-1.96\cdot\frac{\frac{\sqrt{3}}{4}}{\sqrt{300}} \leqq m \leqq \frac{1}{4}+1.96\cdot\frac{\frac{\sqrt{3}}{4}}{\sqrt{300}}$$

$$\frac{1}{4}-1.96\cdot\frac{1}{40}\leqq m \leqq \frac{1}{4}+1.96\cdot\frac{1}{40}$$

よって

$$0.201 \leqq m \leqq 0.299 \quad (\textcircled{0})$$

(2)・$k=4$ のとき

表3より，$U_4=1$ となるのは

$$(X_1,\ X_2,\ X_3,\ X_4)=(1,\ 1,\ 1,\ 0),$$
$$(0,\ 1,\ 1,\ 1)$$

の場合であるから，$U_4=1$ となる確率を α とすると

$$\alpha=2\left(\frac{1}{4}\right)^3\cdot\frac{3}{4}=\frac{3}{128}$$

U_4 が2以上になることはないので，$U_4=0$ となる確率は $1-\alpha$ である．よって，U_4 の期待値は

$$E(U_4)=0\cdot(1-\alpha)+1\cdot\alpha$$
$$=\alpha=\frac{\boldsymbol{3}}{\boldsymbol{128}}$$

・$k=5$ のとき

$U_5=1$ となるのは

$$(X_1,\ X_2,\ X_3,\ X_4,\ X_5)=(1,\ 1,\ 1,\ 0,\ 0),$$
$$(1,\ 1,\ 1,\ 0,\ 1),$$
$$(0,\ 1,\ 1,\ 1,\ 0),$$
$$(0,\ 0,\ 1,\ 1,\ 1),$$
$$(1,\ 0,\ 1,\ 1,\ 1)$$

の場合であるから，$U_5=1$ となる確率を β とすると

$$\beta=3\left(\frac{1}{4}\right)^3\left(\frac{3}{4}\right)^2+2\left(\frac{1}{4}\right)^4\frac{3}{4}=\frac{33}{1024}$$

U_5 が2以上になることはないので，$U_5=0$ となる確率は $1-\beta$ である．よって，U_5 の期待値は

$$E(U_5)=0\cdot(1-\beta)+1\cdot\beta$$
$$=\beta=\frac{\boldsymbol{33}}{\boldsymbol{1024}}$$

次に座標平面上の点 $(4,\ E(U_4))$，$(5,\ E(U_5))$，……，$(300,\ E(U_{300}))$ が一つの直線上にあることを利用してこの直線の方程式を $y=ax+b$ ……① とおく．

点 $(4,\ E(U_4))=\left(4,\ \dfrac{3}{128}\right)$ と点 $(5,\ E(U_5))=\left(5,\ \dfrac{33}{1024}\right)$ が①上にあることから

$$\begin{cases} \dfrac{3}{128}=4a+b \\ \dfrac{33}{1024}=5a+b \end{cases} \quad \therefore\ a=\frac{9}{1024},\ b=-\frac{3}{256}$$

このとき，点 $(300,\ E(U_{300}))$ も①上にあるので

$$E(U_{300})=300a+b=300\cdot\frac{9}{1024}-\frac{3}{256}=\frac{\boldsymbol{21}}{\boldsymbol{8}}$$

(注) $k \geqq 4$ として，$E(U_k)$ と $E(U_{k+1})$ の関係について考える．

A の個数について，$U_{k+1}=U_k+1$ となるのは，次の場合である．

……	X_{k-2}	X_{k-1}	X_k	X_{k+1}
	0	1	1	1

また，$U_{k+1}=U_k-1$ となるのは，次の場合である．

……	X_{k-3}	X_{k-2}	X_{k-1}	X_k	X_{k+1}
	0	1	1	1	1

よって

$$E(U_{k+1})=E(U_k)+(+1)\times\frac{3}{4}\left(\frac{1}{4}\right)^3$$
$$+(-1)\times\frac{3}{4}\left(\frac{1}{4}\right)^4$$
$$E(U_{k+1})=E(U_k)+\frac{9}{1024}$$

これより，数列 $\{E(U_k)\}$ は，初項 $E(U_4)=\dfrac{3}{128}$，公差 $\dfrac{9}{1024}$ の等差数列であるから

$$E(U_k)=\frac{3}{128}+(k-4)\cdot\frac{9}{1024}$$
$$=\frac{9}{1024}k-\frac{3}{256}$$

したがって，点 $(k,\ E(U_k))$ は直線 $y=\dfrac{9}{1024}x-\dfrac{3}{256}$ 上にある．

第4問 （数学B　数列）

Ⅵ ①②⑤⑥ 【難易度…★★】

(1)

$$a_{n+1}-a_n=14$$

数列 $\{a_n\}$ は公差14の等差数列であるから

$$a_n=a_1+\boldsymbol{14}(n-1)$$

$a_1=10$ のとき

$$a_n=10+14(n-1)$$
$$=14n-4$$

であるから

$$a_2=\boldsymbol{24},\ a_3=\boldsymbol{38}$$

(2)

$$2b_{n+1}-b_n+3=0$$
$$b_{n+1}=\frac{1}{2}b_n-\frac{3}{2}$$

— 数ⅡBC 99 —

この式を変形すると
$$b_{n+1}+3=\frac{1}{2}(b_n+3)$$

となるので，数列 $\{b_n+3\}$ は，初項 b_1+3，公比 $\frac{1}{2}$ の等比数列である．よって
$$b_n+3=(b_1+3)\left(\frac{1}{2}\right)^{n-1}$$
$$b_n=(b_1+3)\left(\frac{1}{2}\right)^{n-1}-3$$

(3)　$\qquad (c_n+3)(2c_{n+1}-c_n+3)=0 \qquad\cdots\cdots①$

(i)　① で $n=1$，2 とおくと
$$(c_1+3)(2c_2-c_1+3)=0 \qquad\cdots\cdots②$$
$$(c_2+3)(2c_3-c_2+3)=0 \qquad\cdots\cdots③$$

・$c_1=5$ のとき

② より
$$8(2c_2-2)=0$$
$$c_2=1$$

・$c_3=-3$ のとき

③ より
$$(c_2+3)(-c_2-3)=0$$
$$c_2=-3$$

② より
$$(c_1+3)(-c_1-3)=0$$
$$c_1=-3$$

(ii)　(i) より $c_3=-3$ のとき
$$c_1=-3,\quad c_2=-3$$

① で $n=4$ とおくと
$$(c_4+3)(2c_5-c_4+3)=0$$

・$c_4=5$ のとき
$$8(2c_5-2)=0$$
$$c_5=1$$

・$c_4=83$ のとき
$$86(2c_5-80)=0$$
$$c_5=40$$

(iii)　命題 A　数列 $\{c_n\}$ が ① を満たし，$c_1 \neq -3$ であるとする．このとき，すべての自然数 n について $c_n \neq -3$ $\cdots\cdots(*)$ である．

命題 A が真であることは，数学的帰納法を用いて証明できる．

(I)　$n=1$ のとき

$c_1 \neq -3$ より，$(*)$ が成り立つ．

(II)　$n=k$ のとき $(*)$ が成り立つことを仮定すると
$$c_k \neq -3$$

である．① で $n=k$ とおくと
$$(c_k+3)(2c_{k+1}-c_k+3)=0$$

であり，$c_k \neq -3$ より
$$2c_{k+1}-c_k+3=0$$
$$c_{k+1}=\frac{1}{2}c_k-\frac{3}{2}$$

このとき，$c_k \neq -3$ より $c_{k+1} \neq -3$ であるから，$n=k+1$ のときも $(*)$ が成り立つ（③）．

(I)，(II) より，すべての自然数 n について $c_n \neq -3$ である．

(iv)(I)　命題 A の対偶を考えると

「ある自然数 n について $c_n=-3$ であるならば $c_1=-3$ である．」が成り立つ．

よって，$c_{100}=-3$ のとき $c_1=-3$ であるから，(I) は偽である．

(II)　すべての自然数 n について $c_n=-3$ のとき，① を満たすので，(II) は真である．

(III)　数列 $\{c_n\}$ が
$$2c_{n+1}-c_n+3=0 \quad (n=2,\ 3,\ 4,\ \cdots)$$
を満たすとき，(2) と同様にして
$$c_n=(c_2+3)\left(\frac{1}{2}\right)^{n-2}-3$$
と表すことができるので
$$c_{100}=(c_2+3)\left(\frac{1}{2}\right)^{98}-3$$
$c_{100}=3$ のとき
$$(c_2+3)\left(\frac{1}{2}\right)^{98}-3=3$$
$$c_2=6\cdot2^{98}-3=3\cdot2^{99}-3$$

よって，$c_1=-3$，$c_2=3\cdot2^{99}-3$ のとき，$c_{100}=3$ であり，① を満たす数列 $\{c_n\}$ が存在するので，(III) は真である．

したがって，(I)，(II)，(III) の真偽の組合せとして正しいものは　④

第5問　（数学C　ベクトル）※出題当時は数学B
$$\text{Ⅷ}\boxed{1}\boxed{2}\boxed{3}\boxed{6} \qquad\qquad 【難易度…★】$$

(1)
$$\overrightarrow{AB}=(3-2,\ 6-7,\ 0-(-1))$$
$$=(1,\ -1,\ 1)$$
$$\overrightarrow{CD}=(-9-(-8),\ 8-10,\ -4-(-3))$$
$$=(-1,\ -2,\ -1)$$
であり
$$\overrightarrow{AB}\cdot\overrightarrow{CD}=1\cdot(-1)+(-1)(-2)+1\cdot(-1)=0$$

— 数ⅡBC 100 —

(2)

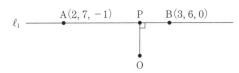

点Pはℓ_1上にあるので，$\overrightarrow{AP}=s\overrightarrow{AB}$ を満たす実数 s があり
$$\begin{aligned}\overrightarrow{OP}&=\overrightarrow{OA}+\overrightarrow{AP}\\&=\overrightarrow{OA}+s\overrightarrow{AB}\quad(\text{❷})\\&=(2,\ 7,\ -1)+s(1,\ -1,\ 1)\\&=(2+s,\ 7-s,\ -1+s)\quad\cdots\cdots①\end{aligned}$$
$$\begin{aligned}|\overrightarrow{OP}|^2&=(2+s)^2+(7-s)^2+(-1+s)^2\\&=\boldsymbol{3s^2-12s+54}\\&=3(s-2)^2+40\end{aligned}$$
よって，$s=\boldsymbol{2}$ のとき $|\overrightarrow{OP}|$ は最小になり，最小値は $\sqrt{40}=2\sqrt{10}$ である．
また
$$\begin{aligned}\overrightarrow{OP}\cdot\overrightarrow{AB}&=(2+s)-(7-s)+(-1+s)\\&=3s-6\end{aligned}$$
であり，$|\overrightarrow{OP}|$ が最小となるとき，$\overrightarrow{OP}\perp\ell_1$ であるから
$$\overrightarrow{OP}\cdot\overrightarrow{AB}=0\quad(\text{❶})$$
が成り立ち
$$3s-6=0$$
$$s=2$$

(3)

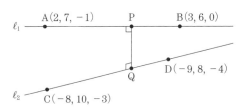

点Qはℓ_2上にあるので，実数 t を用いて
$$\begin{aligned}\overrightarrow{OQ}&=\overrightarrow{OC}+t\overrightarrow{CD}\\&=(-8,\ 10,\ -3)+t(-1,\ -2,\ -1)\\&=(-8-t,\ 10-2t,\ -3-t)\quad\cdots\cdots②\end{aligned}$$
と表される．
①，②より
$$\begin{aligned}\overrightarrow{PQ}&=\overrightarrow{OQ}-\overrightarrow{OP}\\&=(-8-t,\ 10-2t,\ -3-t)\\&\quad -(2+s,\ 7-s,\ -1+s)\\&=(-10-t-s,\ 3-2t+s,\ -2-t-s)\end{aligned}$$

であり
$$\begin{aligned}\overrightarrow{AB}\cdot\overrightarrow{PQ}&=(-10-t-s)-(3-2t+s)\\&\quad +(-2-t-s)\\&=-15-3s\end{aligned}$$
$$\begin{aligned}\overrightarrow{CD}\cdot\overrightarrow{PQ}&=-(-10-t-s)-2(3-2t+s)\\&\quad -(-2-t-s)\\&=6+6t\end{aligned}$$
線分PQの長さが最小になるのは，$\overrightarrow{PQ}\perp\ell_1$，$\overrightarrow{PQ}\perp\ell_2$ のときであるから
$$\overrightarrow{AB}\cdot\overrightarrow{PQ}=\overrightarrow{CD}\cdot\overrightarrow{PQ}=0$$
より
$$-15-3s=6+6t=0$$
$$s=-5,\ t=-1$$
このとき，①，②より
$$\overrightarrow{OP}=(-3,\ 12,\ -6)$$
$$\overrightarrow{OQ}=(-7,\ 12,\ -2)$$
よって，P，Qの座標は
$$\text{P}(\boldsymbol{-3,\ 12,\ -6}),\ \text{Q}(\boldsymbol{-7,\ 12,\ -2})$$
であり，最小値は
$$\begin{aligned}\text{PQ}&=\sqrt{(-7+3)^2+(12-12)^2+(-2+6)^2}\\&=4\sqrt{2}\end{aligned}$$

2023 年度

大学入学共通テスト
本試験

解答・解説

'23 解答・解説

■数学Ⅱ・B　得点別偏差値表　平均点：61.48／標準偏差：20.18／受験者数：316,728

得　点	偏差値	得　点	偏差値	得　点	偏差値	得　点	偏差値	得　点	偏差値
100	67.6	80	57.7	60	47.8	40	37.9	20	28.0
99	67.1	79	57.2	59	47.3	39	37.4	19	27.5
98	66.6	78	56.7	58	46.8	38	36.9	18	27.0
97	66.1	77	56.2	57	46.3	37	36.4	17	26.5
96	65.6	76	55.7	56	45.8	36	35.9	16	26.0
95	65.1	75	55.2	55	45.3	35	35.4	15	25.5
94	64.6	74	54.7	54	44.8	34	34.9	14	25.0
93	64.1	73	54.2	53	44.3	33	34.4	13	24.5
92	63.6	72	53.7	52	43.8	32	33.9	12	24.0
91	63.1	71	53.2	51	43.3	31	33.4	11	23.5
90	62.6	70	52.7	50	42.8	30	32.9	10	23.0
89	62.2	69	52.2	49	42.3	29	32.4	9	22.5
88	61.7	68	51.7	48	41.8	28	31.9	8	22.0
87	61.2	67	51.2	47	41.3	27	31.4	7	21.5
86	60.7	66	50.8	46	40.8	26	30.9	6	21.0
85	60.2	65	50.3	45	40.3	25	30.4	5	20.5
84	59.7	64	49.8	44	39.9	24	29.9	4	20.0
83	59.2	63	49.3	43	39.4	23	29.4	3	19.5
82	58.7	62	48.8	42	38.9	22	28.9	2	19.0
81	58.2	61	48.3	41	38.4	21	28.5	1	18.5
								0	18.0

数　　学　　2023年度本試験　数学Ⅱ・数学B　（100点満点）

（解答・配点）

問題番号（配点）	解答記号（配点）		正解	自己採点欄
第1問 (30)	ア	(1)	⓪	
	イ	(1)	②	
	ウ, エ	(2)	2, 1	
	オ	(2)	3	
	$\dfrac{カ}{キ}$	(2)	$\dfrac{5}{3}$	
	ク, ケ	(2)	ⓐ, ⑦	
	コ	(2)	7	
	$\dfrac{サ}{シ}, \dfrac{ス}{セ}$	(2)	$\dfrac{3}{7}, \dfrac{5}{7}$	
	ソ	(2)	6	
	$\dfrac{タ}{チ}$	(2)	$\dfrac{5}{6}$	
	ツ	(3)	②	
	テ	(2)	2	
	$\dfrac{ト}{ナ}$	(2)	$\dfrac{3}{2}$	
	ニ	(2)	⑤	
	ヌ	(3)	⑤	
小　　計				
第2問 (30)	ア	(1)	④	
	イウx^2＋エkx	(3)	$-3x^2+2kx$	
	オ	(1)	⓪	
	カ	(1)	⓪	
	キ	(1)	③	
	ク	(1)	⑨	
	$\dfrac{ケ}{コ}$, サ	(3)	$\dfrac{5}{3}$, 9	
	シ	(2)	6	
	スセソ	(2)	180	
	タチツ	(3)	180	
	テトナ, ニヌ, ネ	(3)	300, 12, 5	
	ノ	(3)	④	
	ハ	(3)	⓪	
	ヒ	(3)	④	
小　　計				

（注）　第1問, 第2問は必答。第3問〜第5問のうちから2問選択。計4問を解答。

問題番号（配点）	解答記号（配点）		正解	自己採点欄
第3問 (20)	ア	(1)	0	
	$\dfrac{イ}{ウ}$	(1)	$\dfrac{1}{2}$	
	エ	(2)	④	
	オ	(2)	②	
	カ.キク	(2)	1.65	
	ケ	(2)	④	
	$\dfrac{コ}{サ}$	(1)	$\dfrac{1}{2}$	
	シス	(2)	25	
	セ	(1)	③	
	ソ	(1)	⑦	
	タ	(3)	⓪	
	チツ	(2)	17	
小　　計				
第4問 (20)	ア	(2)	②	
	イ, ウ	(3)	⓪, ③	
	エ, オ	(3)	④, ⓪	
	カ, キ	(2)	②, ③	
	ク	(2)	②	
	ケ	(2)	①	
	コ	(2)	③	
	サシ, スセ	(2)	30, 10	
	ソ	(2)	⑧	
小　　計				
第5問 (20)	$\dfrac{ア}{イ}, \dfrac{ウ}{エ}$	(2)	$\dfrac{1}{2}, \dfrac{1}{2}$	
	オ	(2)	①	
	カ	(2)	9	
	キ	(3)	2	
	ク	(3)	⓪	
	ケ	(2)	③	
	コ	(2)	⓪	
	サ	(3)	④	
	シ	(1)	②	
小　　計				
合　　計				

— 数 ⅡBC 104 —

解　説

第1問

〔1〕（数学Ⅱ　三角関数）

Ⅲ ①②④　　　　　　　　　【難易度…★★】

(1)　$\sin\dfrac{\pi}{6}=\dfrac{1}{2}$，$\sin 2\cdot\dfrac{\pi}{6}=\sin\dfrac{\pi}{3}=\dfrac{\sqrt{3}}{2}$ であるから

$$x=\frac{\pi}{6}\ \text{のとき}\quad \sin x<\sin 2x\quad (\textbf{⓪})$$

$\sin\dfrac{2}{3}\pi=\dfrac{\sqrt{3}}{2}$，$\sin 2\cdot\dfrac{2}{3}\pi=\sin\dfrac{4}{3}\pi=-\dfrac{\sqrt{3}}{2}$ であるから

$$x=\frac{2}{3}\pi\ \text{のとき}\quad \sin x>\sin 2x\quad (\textbf{②})$$

(2)　2倍角の公式より

$$\sin 2x=2\sin x\cos x$$

であるから

$$\sin 2x-\sin x=\sin x(\textbf{2}\cos x-\textbf{1})$$

$\sin 2x-\sin x>0$ が成り立つとき

$$\text{「}\sin x>0\ \text{かつ}\ 2\cos x-1>0\text{」}\quad\cdots\cdots①$$

または

$$\text{「}\sin x<0\ \text{かつ}\ 2\cos x-1<0\text{」}\quad\cdots\cdots②$$

$0\leqq x\leqq 2\pi$ の範囲で，① が成り立つ x の値の範囲は

$$\text{「}\sin x>0\ \text{かつ}\ \cos x>\frac{1}{2}\text{」}$$

$$0<x<\pi\ \text{かつ}\ \left(0\leqq x<\frac{\pi}{3},\ \frac{5}{3}\pi<x\leqq 2\pi\right)$$

$$\therefore\quad 0<x<\frac{\pi}{3}$$

② が成り立つ x の値の範囲は

$$\text{「}\sin x<0\ \text{かつ}\ \cos x<\frac{1}{2}\text{」}$$

$$\pi<x<2\pi\ \text{かつ}\ \frac{\pi}{3}<x<\frac{5}{3}\pi$$

$$\therefore\quad \pi<x<\frac{\textbf{5}}{\textbf{3}}\pi$$

よって，$0\leqq x\leqq 2\pi$ において $\sin 2x>\sin x$ が成り立つような x の値の範囲は

$$0<x<\frac{\pi}{3},\ \pi<x<\frac{5}{3}\pi$$

(3)　加法定理より

$$\sin(\alpha+\beta)-\sin(\alpha-\beta)$$
$$=\sin\alpha\cos\beta+\cos\alpha\sin\beta$$
$$-(\sin\alpha\cos\beta-\cos\alpha\sin\beta)$$

$$=2\cos\alpha\sin\beta\quad\cdots\cdots③$$

③ で

$$\begin{cases}\alpha+\beta=4x\\ \alpha-\beta=3x\end{cases}\text{つまり}\quad \alpha=\frac{7}{2}x,\ \beta=\frac{x}{2}$$

とおくと

$$\sin 4x-\sin 3x=2\cos\frac{7}{2}x\sin\frac{x}{2}$$

$\sin 4x-\sin 3x>0$ が成り立つとき

$$\text{「}\cos\frac{7}{2}x>0\ \text{かつ}\ \sin\frac{x}{2}>0\text{」}\quad(\textbf{⓪},\ \textbf{⑦})$$
$$\cdots\cdots④$$

または

$$\text{「}\cos\frac{7}{2}x<0\ \text{かつ}\ \sin\frac{x}{2}<0\text{」}\quad\cdots\cdots⑤$$

$0\leqq x\leqq\pi$ のとき

$$0\leqq\frac{7}{2}x\leqq\frac{7}{2}\pi,\ 0\leqq\frac{x}{2}\leqq\frac{\pi}{2}$$

であるから，$\sin\dfrac{x}{2}\geqq 0$ となり ⑤ を満たす x は存在しない.

④ より

$$\left(0\leqq\frac{7}{2}x<\frac{\pi}{2},\ \frac{3}{2}\pi<\frac{7}{2}x<\frac{5}{2}\pi\right)\text{かつ}\ 0<\frac{x}{2}\leqq\frac{\pi}{2}$$

$$\left(0\leqq x<\frac{\pi}{7},\ \frac{3}{7}\pi<x<\frac{5}{7}\pi\right)\text{かつ}\ 0<x\leqq\pi$$

$$\therefore\quad 0<x<\frac{\pi}{7},\ \frac{3}{7}\pi<x<\frac{5}{7}\pi$$

よって，$0\leqq x\leqq\pi$ において，$\sin 4x>\sin 3x$ が成り立つような x の値の範囲は

$$0<x<\frac{\pi}{\textbf{7}},\ \frac{\textbf{3}}{\textbf{7}}\pi<x<\frac{\textbf{5}}{\textbf{7}}\pi$$

(4)　$0\leqq x\leqq\pi$ のとき，$\sin 3x>\sin 4x$ が成り立つような x の値の範囲は，(3)を利用すると

$$\frac{\pi}{7}<x<\frac{3}{7}\pi,\ \frac{5}{7}\pi<x<\pi\quad\cdots\cdots⑥$$

また，$0\leqq x\leqq\pi$ のとき，$0\leqq 2x\leqq 2\pi$ であるから

$$\sin 4x>\sin 2x\ \text{つまり}\ \sin 2(2x)>\sin(2x)$$

が成り立つような x の値の範囲は，(2)より

$$0<2x<\frac{\pi}{3},\ \pi<2x<\frac{5}{3}\pi$$

$$0<x<\frac{\pi}{6},\ \frac{\pi}{2}<x<\frac{5}{6}\pi\quad\cdots\cdots⑦$$

よって，$0\leqq x\leqq\pi$ において，$\sin 3x>\sin 4x>\sin 2x$ が成り立つような x の値の範囲は，⑥ かつ ⑦ より

$$\frac{\pi}{7}<x<\frac{\pi}{\textbf{6}},\ \frac{5}{7}\pi<x<\frac{\textbf{5}}{\textbf{6}}\pi$$

— 数 ⅡBC 105 —

〔2〕（数学Ⅱ　指数関数・対数関数）
Ⅳ 1 3 　　　　　　　　　　　【難易度…★】

(1) $a>0$, $a\neq 1$, $b>0$ のとき
$$\log_a b = x \text{ とおくと } a^x = b \quad \textbf{(②)}$$

(2)(i) $25 = 5^2$ より
$$\log_5 25 = \textbf{2}$$
$27 = 3^3 = 9^{\frac{3}{2}}$ より
$$\log_9 27 = \frac{\textbf{3}}{\textbf{2}}$$

(ii) 「$\log_2 3$ が有理数である」と仮定する．このとき，$\log_2 3 > 0$ より
$$\log_2 3 = \frac{p}{q} \quad (p,\ q \text{ は互いに素な自然数})$$
と表すことができるので
$$2^{\frac{p}{q}} = 3$$
であり，両辺を q 乗すると
$$2^p = 3^q \quad \textbf{(⑤)}$$
この式の左辺は偶数，右辺は奇数であるから矛盾する．
よって，$\log_2 3$ は無理数である．

(iii) 「$\log_a b$ が有理数である」とする．
a, b は 2 以上の自然数であるから，$\log_a b > 0$ であり
$$\log_a b = \frac{m}{n} \quad (m,\ n \text{ は互いに素な自然数})$$
と表すことができるので
$$a^{\frac{m}{n}} = b$$
両辺を n 乗すると
$$a^m = b^n$$
この式が成り立つとき，a, b の偶奇が一致するので，a, b ともに偶数，または a, b ともに奇数である．
よって，対偶を考えて，「a, b のいずれか一方が偶数で，もう一方が奇数（⑤）ならば $\log_a b$ はつねに無理数である」．

第2問

〔1〕（数学Ⅱ　微分・積分の考え）
Ⅴ 1 3 　　　　　　　　　　　【難易度…★】

(1) $f(x) = x^2(k-x)$
$ = -x^3 + kx^2$
$f(x) = 0$ のとき $x = 0,\ k$ であるから，$y = f(x)$ のグラフと x 軸との共有点の座標は

$(0, 0)$, $(k, 0)$ （④）
$f'(x) = -3x^2 + 2kx$
$ = -x(3x - 2k)$
$k > 0$ より，$y = f(x)$ の増減表は次のようになる．

x	$\cdots$	0	$\cdots$	$\dfrac{2}{3}k$	$\cdots$
$f'(x)$	$-$	0	$+$	0	$-$
$f(x)$	↘	0	↗	$\dfrac{4}{27}k^3$	↘

よって，$f(x)$ は
$x = 0$ のとき，極小値 0 　（⓪, ⓪）
$x = \dfrac{2}{3}k$ のとき，極大値 $\dfrac{4}{27}k^3$ 　（③, ⑨）
をとる．

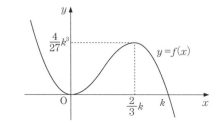

(2)

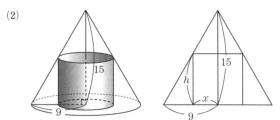

円柱の底面の半径を x，高さを h とすると，三角形の相似を用いて
$$(9-x) : h = 9 : 15$$
$$h = \frac{5}{3}(9-x)$$
よって
$$V = \pi x^2 h = \frac{5}{3}\pi x^2 (9-x) \quad (0 < x < 9)$$

(1)で $k = 9$ の場合を考えると，$x = \dfrac{2}{3} \cdot 9 = \textbf{6}$ のとき V は最大で，最大値は

$$\frac{5}{3}\pi \cdot \frac{4}{27} \cdot 9^3 = \mathbf{180\pi}$$

〔2〕 （数学Ⅱ　微分・積分の考え）

V ④⑤　　　　　　　　　　　【難易度…★】

(1)　$\displaystyle\int_0^{30}\left(\frac{1}{5}x+3\right)dx = \left[\frac{x^2}{10}+3x\right]_0^{30}$

$$= \frac{30^2}{10}+3\cdot30$$

$$= \mathbf{180}$$

$$\int\left(\frac{1}{100}x^2-\frac{1}{6}x+5\right)dx = \frac{1}{\mathbf{300}}x^3-\frac{1}{\mathbf{12}}x^2+\mathbf{5}x+C$$

（C は積分定数）

(2)(i)　太郎さんの考えによると

$$f(x) = \frac{1}{5}x+3 \quad (x\geqq0)$$

であるから，(1) より

$$S(t) = \int_0^t f(x)\,dx = \frac{t^2}{10}+3t \quad (t>0)$$

$S(t)\geqq400$ のとき

$$\frac{t^2}{10}+3t\geqq400$$

$$t^2+30t-4000\geqq0$$

$$(t-50)(t+80)\geqq0$$

$t>0$ より　$t\geqq50$

よって，ソメイヨシノの開花日時は，2 月に入って
から 50 日後となる．（④）

(ii)　花子さんの考えによると

$$f(x) = \begin{cases} \dfrac{1}{5}x+3 & (0\leqq x\leqq30) \\[2mm] \dfrac{1}{100}x^2-\dfrac{1}{6}x+5 & (x\geqq30) \end{cases}$$

であるから，$t\geqq30$ として

$$S(t) = \int_0^{30}\left(\frac{1}{5}x+3\right)dx + \int_{30}^t\left(\frac{1}{100}x^2-\frac{1}{6}x+5\right)dx$$

ここで，(1) より

$$\int_0^{30}\left(\frac{1}{5}x+3\right)dx = 180$$

であり

$$\int_{30}^{40}\left(\frac{1}{100}x^2-\frac{1}{6}x+5\right)dx = \left[\frac{x^3}{300}-\frac{x^2}{12}+5x\right]_{30}^{40}$$

$$= 115$$

であるから

$$S(40) = 180+115 = 295 < 400$$

また，$x>30$ のとき

$$f'(x) = \frac{1}{50}x-\frac{1}{6} > \frac{1}{50}\cdot30-\frac{1}{6} > 0$$

であり，$f(x)$ は増加するので

$$\int_{30}^{40}f(x)\,dx < \int_{40}^{50}f(x)\,dx \quad (⓪)$$

であるから

$$\int_{40}^{50}f(x)\,dx > 115$$

これより

$$S(50) = S(40)+\int_{40}^{50}f(x)\,dx > 295+115$$

$$= 410 > 400$$

が成り立つので，ソメイヨシノの開花日時は，2 月
に入ってから 40 日後より後，かつ 50 日後より前と
なる．（④）

第3問　（数学B　統計的な推測）

VII ③④⑤⑥⑦⑧　　　　　　【難易度…★★】

(1)(i)　確率変数 X は，正規分布 $N(m,\ \sigma^2)$ に従うの
で，確率変数 W を

$$W = \frac{X-m}{\sigma}$$

とおくと，W は標準正規分布 $N(0,\ 1)$ に従う．
$X\geqq m$ のとき

$$W = \frac{X-m}{\sigma}\geqq0$$

であるから

$$P(X\geqq m) = P(W\geqq\mathbf{0}) = 0.5 = \frac{\mathbf{1}}{\mathbf{2}}$$

(ii)　標本 $X_1,\ X_2,\ \cdots,\ X_n$ は，それぞれ独立であり，
正規分布 $N(m,\ \sigma^2)$ に従うので，平均と分散につ
いて

平均　$E(X_1) = E(X_2) = \cdots = E(X_n) = m$

分散　$V(X_1) = V(X_2) = \cdots = V(X_n) = \sigma^2$

標本平均 $\overline{X}$ は

$$\overline{X} = \frac{1}{n}(X_1+X_2+\cdots+X_n)$$

であるから，$\overline{X}$ の平均と分散は

$$E(\overline{X}) = \frac{1}{n}\{E(X_1)+E(X_2)+\cdots+E(X_n)\}$$

$$= \frac{1}{n}\cdot nm = m \quad (④)$$

$$V(\overline{X}) = \frac{1}{n^2}\{V(X_1)+V(X_2)+\cdots+V(X_n)\}$$

$$=\frac{1}{n^2}\cdot n\sigma^2=\frac{\sigma^2}{n}$$

標準偏差は

$$\sigma(\overline{X})=\sqrt{V(\overline{X})}=\frac{\sigma}{\sqrt{n}}\quad\textbf{②}$$

$\overline{X}$ は正規分布 $N\left(m,\ \frac{\sigma^2}{n}\right)$ に従うので，確率変数 Z を

$$Z=\frac{\overline{X}-m}{\frac{\sigma}{\sqrt{n}}}$$

とおくと，Z は標準正規分布 $N(0,\ 1)$ に従う．
正規分布表より

$$P(0\le Z\le1.65)=0.4505$$

であるから

$$P(-1.65\le Z\le1.65)=2\cdot0.4505=0.901$$

であり，方針において $z_0=\textbf{1.65}$
よって，母平均 m に対する信頼度 90% の信頼区間は

$$-1.65\le Z\le1.65$$

$$-1.65\le\frac{\overline{X}-m}{\frac{\sigma}{\sqrt{n}}}\le1.65$$

$n=400$ は十分に大きいので，$\sigma=3.6$ として

$$-1.65\le\frac{\overline{X}-m}{\frac{3.6}{\sqrt{400}}}\le1.65$$

つまり

$$\overline{X}-1.65\cdot\frac{3.6}{\sqrt{400}}\le m\le\overline{X}+1.65\cdot\frac{3.6}{\sqrt{400}}$$

$\overline{X}=30.0$ を用いると

$$29.703\le m\le30.297\quad\textbf{④}$$

(2)(i) ピーマン全体の母集団から，無作為に 1 個抽出したとき，そのピーマンが S サイズである確率は (1) より $\frac{1}{2}$ であるから，確率変数 U_0 は二項分布 $B\left(50,\ \frac{1}{2}\right)$ に従う．よって，ピーマン分類法で 25 袋作ることができる確率 p_0 は

$$p_0={}_{50}\mathrm{C}_{25}\left(\frac{1}{2}\right)^{25}\left(\frac{1}{2}\right)^{25}=\frac{{}_{50}\mathrm{C}_{25}}{2^{50}}$$

$$=0.1122\cdots$$

(ii) 確率変数 U_k は二項分布 $B\left(50+k,\ \frac{1}{2}\right)$ に従うの

で

$$E(U_k)=(50+k)\cdot\frac{1}{2}=\frac{50+k}{2}$$

$$V(U_k)=(50+k)\cdot\frac{1}{2}\cdot\left(1-\frac{1}{2}\right)=\frac{50+k}{4}$$

標本の大きさ $(50+k)$ は十分に大きいので，U_k は近似的に正規分布 $N\left(\dfrac{50+k}{2},\ \dfrac{50+k}{4}\right)$ **（③，⑦）** に従い，$Y=\dfrac{U_k-\dfrac{50+k}{2}}{\sqrt{\dfrac{50+k}{4}}}$ は近似的に標準正規分布

$N(0,\ 1)$ に従う．
$25\le U_k\le25+k$ のとき

$$\frac{25-\dfrac{50+k}{2}}{\sqrt{\dfrac{50+k}{4}}}\le Y\le\frac{25+k-\dfrac{50+k}{2}}{\sqrt{\dfrac{50+k}{4}}}$$

つまり

$$-\frac{k}{\sqrt{50+k}}\le Y\le\frac{k}{\sqrt{50+k}}$$

であるから，ピーマン分類法で 25 袋作ることができる確率 p_k は

$$p_k=P(25\le U_k\le25+k)$$

$$=P\left(-\frac{k}{\sqrt{50+k}}\le Y\le\frac{k}{\sqrt{50+k}}\right)\quad\textbf{⓪}$$

正規分布表より

$$P(0\le Z\le1.96)=0.4750$$

であるから

$$P(-1.96\le Z\le1.96)=2\cdot0.4750=0.95$$

よって，$p_k\ge0.95$ となるような，k の条件は

$$\frac{k}{\sqrt{50+k}}\ge1.96$$

$k=\alpha,\ \sqrt{50+k}=\beta$ とおいて $\dfrac{\alpha}{\beta}\ge2$ となる自然数 k を考えると，$\alpha\ge2\beta$ より $\alpha^2\ge4\beta^2$ から

$$k^2\ge4(50+k)$$

$$k^2-4k-200\ge0$$

$k>0$ より $k\ge2+2\sqrt{51}$
$\sqrt{51}=7.14$ を用いると

$$k\ge2+2\cdot7.14=16.28$$

よって $k_0=\textbf{17}$

第4問 （数学B　数列）

Ⅵ ②⑤　　　　　　　　　　　　　　【難易度…★】

(1)・方針1

$$a_1 = 10 + p$$
$$a_2 = 1.01(10 + p) + p$$
$$a_3 = 1.01\{1.01(10 + p) + p\} + p \quad (②)$$

n 年目の初めの預金が a_n のとき，n 年目の終わりの預金は $1.01a_n$ であり，$(n+1)$ 年目の初めに p 万円を入金するので，$(n+1)$ 年目の初めの預金 a_{n+1} は

$$a_{n+1} = 1.01a_n + p \quad (⓪, ③)$$

この式を変形して

$$a_{n+1} + 100p = 1.01(a_n + 100p) \quad (④, ⓪)$$

これより，数列 $\{a_n + 100p\}$ は，
初項 $a_1 + 100p = 101p + 10$，公比 1.01 の等比数列であるから

$$a_n + 100p = (101p + 10) \cdot 1.01^{n-1}$$

よって

$$a_n = (101p + 10) \cdot 1.01^{n-1} - 100p$$

・方針2

1 年目の初めに入金した p 万円は，n 年目の初めには $p \cdot 1.01^{n-1}$ 万円になる。（②）

2 年目の初めに入金した p 万円は，n 年目の初めには $p \cdot 1.01^{n-2}$ 万円になる。（③）

一般に，$k = 1, 2, \cdots, n$ として，k 年目の初めに入金した p 万円は，n 年目の初めには $p \cdot 1.01^{n-k}$ 万円になる。

よって

$$a_n = 10 \cdot 1.01^{n-1} + p \cdot 1.01^{n-1} + p \cdot 1.01^{n-2} + \cdots + p$$
$$= 10 \cdot 1.01^{n-1} + p \sum_{k=1}^{n} 1.01^{k-1} \quad (②)$$

ここで

$$\sum_{k=1}^{n} 1.01^{k-1} = 1 \cdot \frac{1.01^n - 1}{1.01 - 1}$$
$$= 100(1.01^n - 1) \quad (⓪)$$

であるから

$$a_n = 10 \cdot 1.01^{n-1} + 100p(1.01^n - 1)$$
$$= (101p + 10) \cdot 1.01^{n-1} - 100p$$

(2) 10 年目の終わりの預金は $1.01a_{10}$ 万円であるから，これが 30 万円以上であるとき

$$1.01a_{10} \geq 30 \quad (③)$$

(1) より

$$1.01\{10 \cdot 1.01^9 + 100p(1.01^{10} - 1)\} \geq 30$$
$$10 \cdot 1.01^{10} + 101p(1.01^{10} - 1) \geq 30$$

$$p \geq \frac{30 - 10 \cdot 1.01^{10}}{101(1.01^{10} - 1)}$$

(3) 最初の預金が 13 万円のとき，n 年目の初めの預金を b_n とすると

$$b_n = (101p + 13) \cdot 1.01^{n-1} - 100p$$

であるから

$$b_n - a_n = 3 \cdot 1.01^{n-1} \quad (⑧)$$

第5問 （数学C　ベクトル）　※出題当時は数学B

Ⅷ ②③　　　　　　　　　　　　　　【難易度…★】

(1)
$$\overrightarrow{\mathrm{AM}} = \frac{1}{2}(\overrightarrow{\mathrm{AB}} + \overrightarrow{\mathrm{AC}}) = \frac{1}{2}\overrightarrow{\mathrm{AB}} + \frac{1}{2}\overrightarrow{\mathrm{AC}}$$

内積の定義から

$$\frac{\overrightarrow{\mathrm{AP}} \cdot \overrightarrow{\mathrm{AB}}}{|\overrightarrow{\mathrm{AP}}||\overrightarrow{\mathrm{AB}}|} = \frac{\overrightarrow{\mathrm{AP}} \cdot \overrightarrow{\mathrm{AC}}}{|\overrightarrow{\mathrm{AP}}||\overrightarrow{\mathrm{AC}}|} = \cos\theta \quad (⓪)$$

$$\cdots\cdots①$$

(2)

$$\overrightarrow{\mathrm{AP}} \cdot \overrightarrow{\mathrm{AB}} = \overrightarrow{\mathrm{AP}} \cdot \overrightarrow{\mathrm{AC}} = 3\sqrt{2} \cdot 3 \cdot \cos 45°$$
$$= 9\sqrt{2} \cdot \frac{1}{\sqrt{2}}$$
$$= 9$$

点 D は直線 AM 上にあるので

$$\overrightarrow{\mathrm{AD}} = t\overrightarrow{\mathrm{AM}} = \frac{t}{2}(\overrightarrow{\mathrm{AB}} + \overrightarrow{\mathrm{AC}}) \quad (t は実数)$$

と表すと

$$\overrightarrow{\mathrm{PD}} = \overrightarrow{\mathrm{AD}} - \overrightarrow{\mathrm{AP}} = \frac{t}{2}(\overrightarrow{\mathrm{AB}} + \overrightarrow{\mathrm{AC}}) - \overrightarrow{\mathrm{AP}}$$

であり，$\angle \mathrm{APD} = 90°$ のとき
$$\overrightarrow{\mathrm{AP}} \cdot \overrightarrow{\mathrm{PD}} = 0$$
$$\overrightarrow{\mathrm{AP}} \cdot \left\{\frac{t}{2}(\overrightarrow{\mathrm{AB}} + \overrightarrow{\mathrm{AC}}) - \overrightarrow{\mathrm{AP}}\right\} = 0$$
$$\frac{t}{2}(\overrightarrow{\mathrm{AP}} \cdot \overrightarrow{\mathrm{AB}} + \overrightarrow{\mathrm{AP}} \cdot \overrightarrow{\mathrm{AC}}) - |\overrightarrow{\mathrm{AP}}|^2 = 0$$
$$\frac{t}{2}(9 + 9) - (3\sqrt{2})^2 = 0$$

— 数ⅡBC 109 —

　　　　　　$t=2$
　よって
　　　　　　$\overrightarrow{AD}=2\overrightarrow{AM}$
(3)　　　　$\overrightarrow{AQ}=2\overrightarrow{AM}=\overrightarrow{AB}+\overrightarrow{AC}$
　とする．
(i)　　　　$\overrightarrow{PQ}=\overrightarrow{AQ}-\overrightarrow{AP}=\overrightarrow{AB}+\overrightarrow{AC}-\overrightarrow{AP}$
　であるから，$\overrightarrow{PA}\perp\overrightarrow{PQ}$ のとき
　　　　　　$\overrightarrow{AP}\cdot\overrightarrow{PQ}=0$
　　　　　　$\overrightarrow{AP}\cdot(\overrightarrow{AB}+\overrightarrow{AC}-\overrightarrow{AP})=0$
　　　　　　$\overrightarrow{AP}\cdot\overrightarrow{AB}+\overrightarrow{AP}\cdot\overrightarrow{AC}-\overrightarrow{AP}\cdot\overrightarrow{AP}=0$
　　　　∴　$\overrightarrow{AP}\cdot\overrightarrow{AB}+\overrightarrow{AP}\cdot\overrightarrow{AC}=\overrightarrow{AP}\cdot\overrightarrow{AP}$　（**⓪**）
　① から
　　　　$|\overrightarrow{AP}||\overrightarrow{AB}|\cos\theta+|\overrightarrow{AP}||\overrightarrow{AC}|\cos\theta=|\overrightarrow{AP}|^2$
　$|\overrightarrow{AP}|\ne 0$ より
　　　　　$|\overrightarrow{AB}|\cos\theta+|\overrightarrow{AC}|\cos\theta=|\overrightarrow{AP}|$　（**③**）
　　　　　　　　　　　　　　　　　……②
(ii)

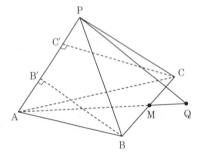

　　　　$k\overrightarrow{AP}\cdot\overrightarrow{AB}=\overrightarrow{AP}\cdot\overrightarrow{AC}$　$(k>0)$
　このとき
　　　　$k|\overrightarrow{AP}||\overrightarrow{AB}|\cos\theta=|\overrightarrow{AP}||\overrightarrow{AC}|\cos\theta$
　$0°<\theta<90°$ より $|\overrightarrow{AP}|\cos\theta\ne 0$ であるから
　　　　$k|\overrightarrow{AB}|=|\overrightarrow{AC}|$　（**⓪**）　　　……③
　△ABB′，△ACC′ において
　　　　$AB'=AB\cos\theta$，$AC'=AC\cos\theta$
　であるから，③ より
　　　　$kAB'=AC'$　　　　　　　……③′
　$\overrightarrow{PA}\perp\overrightarrow{PQ}$ のとき，(i) より ② が成り立つので，② から
　　　　$AB'+AC'=AP$　　　　　……②′
　②′，③′ より
　　　　$AB'=\dfrac{1}{k+1}AP$，$AC'=\dfrac{k}{k+1}AP$
　よって，点 B′ は線分 AP を $1:k$ に内分し，点 C′ は線分 AP を $k:1$ に内分する．（**④**）
　特に，$k=1$ のとき，B′ と C′ は一致して，線分 AP

の中点になるので，△PAB と △PAC は，それぞれ BP＝BA，CP＝CA である二等辺三角形になる．（**②**）

駿台文庫の共通テスト対策

※掲載書籍の価格は、2024年6月時点の価格です。価格は予告なく変更になる場合があります。

2025-大学入学共通テスト 実戦問題集

2024年6月刊行

本番で問われるすべてをここに凝縮

◆ 駿台オリジナル予想問題5回+過去問※を収録
※英語/数学/国語/地理歴史/公民は「試作問題+過去問2回」
理科基礎/理科は「過去問3回」

◆ 詳細な解答解説は使いやすい別冊挟み込み
駿台文庫 編 B5判 税込価格 1,540円 ※理科基礎は税込1,210円

【科目別 17点】
- 英語リーディング ●英語リスニング ●数学Ⅰ・A ●数学Ⅱ・B・C ●国語
- 物理基礎 ●化学基礎 ●生物基礎 ●地学基礎 ●物理 ●化学 ●生物
- 地理総合,地理探究 ●歴史総合,日本史探究 ●歴史総合,世界史探究
- 公共,倫理 ●公共,政治・経済

※『英語リスニング』の音声はダウンロード式
※『公共, 倫理』『公共, 政治・経済』の公共は共通問題です

※画像は2024年度版を利用して作成したイメージになります。

2025-大学入学共通テスト 実戦パッケージ問題 青パック【市販版】

2024年9月刊行

共通テストの仕上げの1冊!
本番さながらのオリジナル予想問題で実力チェック

全科目新作問題ですので、青パック【高校限定版】や
他の共通テスト対策書籍との問題重複はありません

税込価格 1,760円

【収録科目: 7教科14科目】
- 英語リーディング ●英語リスニング ●数学Ⅰ・A ●数学Ⅱ・B・C ●国語
- 物理基礎／化学基礎／生物基礎／地学基礎 ●物理 ●化学 ●生物
- 地理総合,地理探究 ●歴史総合,日本史探究 ●歴史総合,世界史探究
- 公共,倫理 ●公共,政治・経済 ●情報Ⅰ

「情報Ⅰ」の新作問題を収録

※解答解説冊子・マークシート冊子付き
※『英語リスニング』の音声はダウンロード式
※『公共, 倫理』『公共, 政治・経済』の公共は共通問題です

※画像は2024年度版を利用し作成したイメージになります。

短期攻略大学入学共通テストシリーズ

1ヶ月で基礎から共通テストレベルまで完全攻略

●英語リーディング〈改訂版〉	税込1,320円		●生物基礎〈改訂版〉	2024年刊行予定
●英語リスニング〈改訂版〉※	税込1,320円		●地学基礎	税込1,045円
NEW ●数学Ⅰ・A 基礎編〈改訂版〉	税込1,430円		●物理	税込1,320円
NEW ●数学Ⅰ・A 実戦編〈改訂版〉	税込1,210円		●化学〈改訂版〉	2024年刊行予定
NEW ●数学Ⅱ・B・C 基礎編〈改訂版〉	税込1,650円		●生物〈改訂版〉	2024年刊行予定
NEW ●数学Ⅱ・B・C 実戦編〈改訂版〉	税込1,210円		●地学	税込1,320円
●現代文〈改訂版〉	2024年刊行予定			
NEW ●古文〈改訂版〉	税込1,100円		※『英語リスニング』の音声はダウンロード式	
NEW ●漢文〈改訂版〉	税込1,210円			
●物理基礎	税込 935円			
●化学基礎〈改訂版〉	2024年刊行予定			

駿台文庫株式会社
〒101-0062 東京都千代田区神田駿河台1-7-4 小畑ビル6階
TEL 03-5259-3301　FAX 03-5259-3006
https://www.sundaibunko.jp

● 刊行予定は、2024年4月時点の予定です。
最新情報につきましては、駿台文庫の公式サイトをご覧ください。

駿台文庫のお薦め書籍

※掲載書籍の価格は、2024年6月時点の価格です。価格は予告なく変更になる場合があります。

システム英単語〈5訂版〉
システム英単語Basic〈5訂版〉
霜 康司・刀祢雅彦 共著
システム英単語　　　　B6判　税込1,100円
システム英単語Basic　　B6判　税込1,100円

入試数学「実力強化」問題集
杉山義明 著　　B5判　　税込2,200円

英語 ドリルシリーズ

英作文基礎10題ドリル	竹岡広信 著	B5判	税込1,210円
英文法入門10題ドリル	田中健一 著	B5判	税込 913円

英文法基礎10題ドリル	田中健一 著	B5判	税込990円
英文読解入門10題ドリル	田中健一 著	B5判	税込935円

国語 ドリルシリーズ

現代文読解基礎ドリル〈改訂版〉	池尻俊也 著	B5判	税込 935円
現代文読解標準ドリル	池尻俊也 著	B5判	税込 990円
古典文法10題ドリル〈古文基礎編〉	菅野三恵 著	B5判	税込 990円
古典文法10題ドリル〈古文実戦編〉〈三訂版〉	菅野三恵・福沢健・下屋敷雅暁 共著	B5判	税込1,045円

古典文法10題ドリル〈漢文編〉	斉京宣行・三宅崇広 共著	B5判	税込1,045円
漢字・語彙力ドリル	霜 栄 著	B5判	税込1,023円

生きる シリーズ
霜 栄 著

生きる漢字・語彙力〈三訂版〉	B6判	税込1,023円
生きる現代文キーワード〈増補改訂版〉	B6判	税込1,023円
共通テスト対応 生きる現代文 随筆・小説語句	B6判	税込 880円

開発講座シリーズ
霜 栄 著

現代文 解答力の開発講座	A5判	税込1,320円
現代文 読解力の開発講座〈新装版〉	A5判	税込1,320円
現代文 読解力の開発講座〈新装版〉オーディオブック		税込2,200円

国公立標準問題集CanPass（キャンパス）シリーズ

英語	山口玲児・高橋康弘 共著	A5判	税込1,210円
数学Ⅰ・A・Ⅱ・B・C〔ベクトル〕〈第3版〉	桑畑信泰・古梶裕之 共著	A5判	税込1,430円
数学Ⅲ・C〔複素数平面、式と曲線〕〈第3版〉	桑畑信泰・古梶裕之 共著	A5判	税込1,320円

現代文	清水正史・多田圭太朗 共著	A5判	税込1,210円
古典	白鳥永興・福田忍 共著	A5判	税込1,155円
物理基礎＋物理	溝口真己・椎名泰司 共著	A5判	税込1,210円
化学基礎＋化学〈改訂版〉	犬塚壮志 著	A5判	税込1,760円
生物基礎＋生物	波多野善崇 著	A5判	税込1,210円

東大入試詳解シリーズ〈第3版〉

25年 英語	25年 現代文	24年 物理・上	25年 日本史
20年 英語リスニング	25年 古典	20年 物理・下	25年 世界史
25年 数学〈文科〉		25年 化学	25年 地理
25年 数学〈理科〉		25年 生物	

A5判（物理のみB5判）　各税込2,860円　物理・下は税込2,530円
※物理・下は第3版ではありません

京大入試詳解シリーズ〈第2版〉

25年 英語	25年 現代文	25年 物理	20年 日本史
25年 数学〈文系〉	25年 古典	25年 化学	20年 世界史
25年 数学〈理系〉		15年 生物	

A5判　各税込2,750円　生物は税込2,530円
※生物は第2版ではありません

2025- 駿台 大学入試完全対策シリーズ
大学・学部別

A5判／税込2,860〜6,050円

【国立】
- ■北海道大学〈文系〉　前期
- ■北海道大学〈理系〉　前期
- ■東北大学〈文系〉　前期
- ■東北大学〈理系〉　前期
- ■東京大学〈文科〉　前期※
- ■東京大学〈理科〉　前期※
- ■一橋大学　前期
- ■東京科学大学〈旧東京工業大学〉　前期
- ■名古屋大学〈文系〉　前期
- ■名古屋大学〈理系〉　前期
- ■京都大学〈文系〉　前期
- ■京都大学〈理系〉　前期
- ■大阪大学〈文系〉　前期
- ■大阪大学〈理系〉　前期
- ■神戸大学〈文系〉　前期
- ■神戸大学〈理系〉　前期

- ■九州大学〈文系〉　前期
- ■九州大学〈理系〉　前期

【私立】
- ■早稲田大学　法学部
- ■早稲田大学　文化構想学部
- ■早稲田大学　文学部
- ■早稲田大学　教育学部-文系 A方式
- ■早稲田大学　商学部
- ■早稲田大学　基幹・創造・先進理工学部
- ■慶應義塾大学　法学部
- ■慶應義塾大学　経済学部
- ■慶應義塾大学　理工学部
- ■慶應義塾大学　医学部

※リスニングの音声はダウンロード式（MP3ファイル）

2025- 駿台 大学入試完全対策シリーズ
実戦模試演習

B5判／税込2,090〜2,640円

- ■東京大学への英語※
- ■東京大学への数学
- ■東京大学への国語
- ■東京大学への理科（物理・化学・生物）
- ■東京大学への地理歴史（世界史・日本史・地理）

※リスニングの音声はダウンロード式（MP3ファイル）

- ■京都大学への英語
- ■京都大学への数学
- ■京都大学への国語
- ■京都大学への理科（物理・化学・生物）
- ■京都大学への地理歴史（世界史・日本史・地理）
- ■大阪大学への英語※
- ■大阪大学への数学
- ■大阪大学への国語
- ■大阪大学への理科（物理・化学・生物）

駿台文庫株式会社
〒101-0062 東京都千代田区神田駿河台1-7-4　小畑ビル6階
TEL 03-5259-3301　FAX 03-5259-3006
https://www.sundaibunko.jp